析氧反应及氧还原反应
催化剂调控策略

胡 觉 著

北 京

冶金工业出版社

2024

内 容 提 要

本书对氢能产业链和产业发展现状进行了简述,介绍了电解水阳极析氧反应和燃料电池阴极氧还原反应原理及高效催化剂的研究进展,并用实例介绍了析氧反应催化剂的原位结构重构、配体卤素化、决速步骤、原位诱导氧化和动力学行为等策略对催化剂析氧性能的调控,以及氧还原反应催化剂的壳层稳定、内核稳定、去金属化、多金属等策略对催化剂氧还原反应性能的调控。

本书可供氢能及新能源材料研究及开发的从业人员,以及高等院校新能源和材料专业高年级本科生和研究生阅读参考。

图书在版编目(CIP)数据

析氧反应及氧还原反应催化剂调控策略/胡觉著.—北京:冶金工业出版社,2024.4
ISBN 978-7-5024-9825-2

Ⅰ.①析… Ⅱ.①胡… Ⅲ.①电催化剂 Ⅳ.①TM910.6

中国国家版本馆 CIP 数据核字(2024)第 070707 号

析氧反应及氧还原反应催化剂调控策略

出版发行	冶金工业出版社	电　　话	(010)64027926
地　　址	北京市东城区嵩祝院北巷 39 号	邮　　编	100009
网　　址	www.mip1953.com	电子信箱	service@mip1953.com

责任编辑　武灵瑶　张熙莹　美术编辑　彭子赫　版式设计　郑小利
责任校对　王永欣　责任印制　窦　唯
北京建宏印刷有限公司印刷
2024 年 4 月第 1 版,2024 年 4 月第 1 次印刷
710mm×1000mm 1/16;17.5 印张;340 千字;268 页
定价 99.00 元

投稿电话　(010)64027932　投稿信箱　tougao@cnmip.com.cn
营销中心电话　(010)64044283
冶金工业出版社天猫旗舰店　yjgycbs.tmall.com
(本书如有印装质量问题,本社营销中心负责退换)

前　　言

"十四五"时期是为力争在2030年前实现碳达峰、2060年前实现碳中和打好基础的关键时期，必须协同推进能源低碳转型与供给保障，加快能源系统调整以适应新能源大规模发展，推动形成绿色发展方式和生活方式。在"双碳"目标的大背景下，新能源成为第三次能源转换的主角，并将成为碳中和的主导。《"十四五"新型储能发展实施方案》提出要强化技术攻关，开展氢（氨）储能等关键核心技术、装备和集成优化设计研究，将氢（氨）储能列入"十四五"新型储能核心技术装备攻关重点方向，开展依托可再生能源制氢（氨）的储能等试点示范，将探索风光氢储等源网荷储一体化和多能互补的储能发展模式列入"十四五"新型储能区域示范。

2023年1月17日，工信部等六部门发布《关于推动能源电子产业发展的指导意见》，其中在氢能领域提出：应将促进新能源发展摆在更为重要的位置，积极、有序地发展光能、硅能、氢能和可再生能源，加速固态电池、钠离子电池、氢储能/燃料电池等新型电池的研发。氢能被认为是人类永恒的能源、未来的能源，有望成为"后化石能源时代"能源主体，催生可持续发展的氢能经济。氢能具有来源多样、清洁低碳、高效灵活、应用广泛等特点，广泛应用于储能、发电、交通等领域，而采用绿电制备的绿氢将是能源、冶金、化工等行业深度脱碳的关键。在氢储能/燃料电池方面，要加快高效制氢技术研究，推进储氢材料、储氢容器和车载储氢系统等研发；加速氢、甲醇、天然气等高效燃料电池的研发和推广应用；突破电堆、双极板、质子交换膜、催化剂、膜电极等燃料电池的关键技术；支持制氢、储氢、燃氢等系统集成技术的开发和应用，并加强氢储能/燃料电池等标准体系的研究。电催化剂在促进电极与反应物之间的电荷转移、降低反应能垒、加速反应速率等方面起着重要的作用。因此，开发高性能和耐用的电解水析氧反应（OER）和燃料电池氧还原反应（ORR）催化剂对于实现高效的能量转换和利用至关重要。

近年来，高效析氧反应催化剂和氧还原反应催化剂的制备及性能调控成为备受关注、发展迅猛的前沿领域，鉴于此，作者系统总结了析氧反应及氧还原反应催化剂方面的研究进展，结合自己的研究经验及成果，著成本书。本书分为11章，第1章对开发氢能的重要性和目前氢能产业的发展现状进行了简述；第2章介绍了析氧反应和氧还原反应原理及高效催化剂的研究进展；第3~7章用实例介绍了催化剂结构重构、卤素官能团修饰、反应限速步骤优化、原位诱导氧化、反应动力学行为控制等技术对催化剂析氧性能的调控；第8~10章用实例介绍了氧还原反应催化剂的稳定策略；第11章用实例介绍了OER/ORR双功能催化剂的性能调控。本书的撰写在阐述基本理论的同时，还参考了近年来发表在国内外重要学术刊物上的研究成果，力图启发思路。本书可作为参考书供从事氢能及新能源材料研究及开发的读者使用。

感谢本书出版过程中国家自然科学基金（52364041）的支持。

近年来相关理论研究和电解水制氢、燃料电池催化剂迅速发展，书中不足之处，敬请广大读者批评指正。

作 者

2024 年 2 月

目　录

1 绪 论

随着全球经济的飞速发展和人们对化石燃料的依赖，全球变暖和化石能源危机问题日益严重，大量污染物种如 CO、CO_2、NO_x、SO_x 和细颗粒物等的排放量增加。据报道，化石燃料产生了近 65% 的温室气体。因此，大力开发包括太阳能、风能和水能在内的可再生资源对人类社会的可持续发展具有重要意义，但这些可再生资源具有很强的时间和空间依赖性。将清洁的可再生能源转化为零碳燃料中的化学能，可实现源、网、负荷三者之间的协调，是解决这一困局的关键。

开发清洁、高效、可再生能源是当今人类社会的迫切需求。氢能源主要指储存在氢气（H_2）分子中的化学能，可用于储能、发电、交通工具及家用燃料等。氢能主要具备以下特点：（1）来源多样，不仅可通过生物质热裂解或微生物发酵等途径制取，还可以来自焦化、氯碱、钢铁、冶金等工业副产氢，也可以利用电解水制取，来源非常广泛。（2）清洁低碳，氢能的直接利用副产物只有水，没有传统能源所产生的污染物及碳排放。水还可以再次制取氢气，反复循环利用，真正实现低碳甚至零碳排放。（3）高效灵活，氢热值是焦炭、石油等化石燃料热值的 3~4 倍，其通过燃料电池转化效率可达 90% 以上，且可成为连接不同能源形式（气、电、热等）的纽带，是电力系统有效的补充形式。（4）应用领域广阔，可广泛应用于能源、交通运输、工业、建筑等领域，以燃料电池电动汽车、轨道交通、船舶、分布式发电系统为最具代表性的应用形式，具有广泛的社会需求。

自 20 世纪 70 年代约翰·博克里斯提出氢经济一词以来，氢能被认为是最清洁、最具发展前景的能源利用方式之一。氢能是通过氢气和氧气反应所产生的能量。氢能可部分替代石油和天然气，有望成为我国能源消费结构的重要组成部分，有助于提升我国能源安全水平。氢能作为二次能源，拥有来源多样、方便存储和运输、应用广泛等优势，因此氢能可以推动现有能源系统向更新型、更优化的方向发展，氢能/电能的相互结合利用将会成为未来能源发展的趋势。氢能的主体是氢气，它的相对分子质量只有 2.016，是世界上已知的密度最小的气体。从氢气的化学式（H_2）可以看出，氢气中只含有氢元素，不含碳元素，太阳大气和宇宙空间中，氢原子的含量高，所以，氢被誉为"万物之母，宇宙之源"。

氢气已广泛地应用于石油工业和化学合成，并可作为燃料电池和燃气轮机等动力设备的零碳燃料。清洁的可持续氢燃料可以通过可再生能源，如地热能、潮汐能、太阳能和风能等转换得到的电能来持续稳定分解水生产，将能源开发版图从化石能源转向可再生能源。氢气服务于航天、国防、工业、交通生活的方方面面，是构筑人与自然和谐共生宏伟蓝图中不可或缺的一环，在应对复杂的环境问题和能源危机方面发挥关键作用（见图1-1）。

图1-1 彩图

图1-1　氢能源助力人与自然和谐发展示意图

1.1　氢能产业链

氢能全产业链包括制氢、储运、加氢、用氢四个环节，本节将主要介绍这四个环节的具体情况。

1.1.1　制氢

目前，氢气的来源主要为天然气重整和煤气化，以天然气、煤、石油等化石燃料为原料的制氢一般不是以氢气为最终产品，而是将制取的氢气进一步生产如氨、甲醇、液体燃料、天然气等化工产品。天然气制氢工艺的原理就是先对天然气进行预处理，然后在转化炉中将甲烷和水蒸气转化为一氧化碳和氢气等，余热回收后，在变换塔中将一氧化碳进一步变换成二氧化碳和氢气。天然气制氢有以下特点：（1）技术最成熟，天然气制氢中的甲烷水蒸气重整（SMR）是工业上最为成熟的制氢技术，约占世界制氢总量的70%；（2）能耗高，天然气制氢过程需要吸收大量的热，能耗较高；（3）氢气纯度高，天然气制氢流程简单、制取氢气的纯度较高，最高时氢气的纯度可达 99.99%；（4）成本较低：成本为 1.35 元/m^3（标态）。但是我国天然气资源供给有限且含硫量较高，预处理工艺复杂。

在煤炭资源丰富且相对廉价的国家，煤制氢是目前成本最低的制氢方式。煤制氢工艺可分为直接煤制氢和间接煤制氢两种。直接煤制氢是煤焦化制氢，主要工艺过程包括高温干馏制焦炉煤气，焦炉煤气经过脱萘脱硫、压缩及预处理、变压吸附提纯等环节。间接煤制氢是煤气化制氢，先将煤炭气化得到以氢气和一氧化碳为主要成分的气态产品，然后经过净化、CO 变换和分离、提纯等处理而获得一定纯度的氢气。工艺流程一般包括气化、煤气净化、CO 的变换及氢气的提纯等环节。

煤制氢需要大型的气化设备，煤制氢装置一次投资价格较高，在大规模制氢条件下，制氢成本可降到约 1 元/m^3（标态）。但是煤制氢过程会排放大量 CO_2，据相关研究，煤制氢的碳排放水平为每制取 1 kg H_2 排放约 19 kg CO_2，需要添加碳捕集、封存和利用（CCUS）技术和设备加以控制。利用 CCUS 技术能有效降低生产过程的碳排放水平，国外已有 CCUS 与天然气结合制氢的案例，采取稀释烟气捕获 CO_2 的技术路径可减少 90% 以上的碳排放。结合 CCUS 的煤制氢将增加 130% 的运营成本及 5% 的燃料和投资成本。此外，煤制氢中含有硫磷等强吸附性的杂质，氢气纯度较低。

与其他方法相比，工业副产氢纯化制取高纯氢气几乎无需额外资金及化石原料的投入，既可节约成本，又能实现对工业废气的处理和回收利用，适用于规模化推广。在氯碱工业、乙烷裂化、合成氨、丙烷裂化等工业生产过程中均有大量氢气可回收。每年我国各类工业副产氢气的可回收总量可达 1.5×10^9 m^3，其理论产氢规模发电量可达 2×10^8 kW·h。我国也是氯碱工业产能最大的国家，每年副产氢约为 70 万吨以上。但氯碱副产氢中含有微量的氯和少量的氧，对燃料电池有毒害作用，使膜电极电导率降低，影响发电效率，且易造成管道、设备腐蚀，发生安全事故。

工业上 92% 的氢气来源于化石燃料制氢，也就是"灰氢"，这种方法虽然成本较低，但以化石燃料制取氢气，对释放的 CO_2 不作任何处理，碳排放量高；另一种氢叫"蓝氢"，也是使用化石燃料制取，但与"灰氢"不同的是在制氢过程中会对释放的 CO_2 进行捕集和封存，此法投资巨大，成本高，且对 CO_2 减排比例的作用相当有限。制氢过程的必要条件是清洁高效、无污染，制氢原料正在从化石燃料向可再生能源（风能、太阳能、水能等）方向逐渐发展，由于风、光等可再生能源的波动性导致其难以直接并网大规模利用，使用间歇性的可再生能源分解水制取的氢气叫"绿氢"。然而，由于水分解反应是非自发反应，且受平衡限制，水的氧化还原活化通常需要注入一定能量，如光能、电能、高温激活才能进行。所以常见的水分解制氢技术有：太阳能光解水制氢和电解水制氢。

太阳能光解水制氢（OWS）技术以半导体为催化剂，利用太阳光的能量，将水直接分解得到氢气。当光辐射在半导体上，且辐射的能量大于或相当于半导体的禁带宽度时，半导体内电子受激发后从价带跃迁到导带，而空穴则留在价带，这样电子和空穴就发生了分离，然后分别在半导体的不同位置与水反应，电子富集的区域具有还原性，可还原水生成氢气，空穴富集的区域则具有氧化性，可将水氧化生成氧气。1972 年，日本东京大学 Fujishima 和 Honda 两位教授首次发现，用二氧化钛作催化剂，在太阳光照下，水会分解产生氢气。在这种现象之中，作为催化剂的半导体（二氧化钛）起关键作用。但是从 1972 年至今，50 多年过去了，光分解水一直只是停留在实验室之中，远远没有达到工业生产的地步，主要是因为还有三大难题没有解决：（1）制氢效率不足 10%；（2）催化剂容易发生光腐蚀现象，很快失去活性，这使得生产催化剂的成本非常高昂，实用价值低；（3）只有在紫外光照射下才会产生氢气。

光催化剂的光响应范围直接决定了其理论最大运输效率。自然太阳光谱中紫外光的总含量不到 3%。近 40% 的太阳光位于可见光谱区间，理论上可以使光催化 OWS 的太阳能—氢（STH）效率达到 24%。然而，目前报道的可见光响应催化剂仅对波长为 400~485 nm 的光有响应，能量转换效率低。同时，由于电子带负电，空穴带正电，异性相吸，这使得"电子-空穴"对很容易复合，导致制氢效率低，大多已报道的光催化系统的 STH 效率低于 3%，严重阻碍了光解水制氢的发展。云南大学柳清菊教授团队通过大量研究发现，选用金属铜（Cu）改性二氧化钛（TiO_2），采用特别的方法使铜以单原子形式牢固锚定于具有大比表面的 TiO_2 纳米颗粒表面，单个原子作为化学反应的活性位点，阻止"电子-空穴"对的复合，使光催化活性达到最大化，产氢量子效率一下子就大幅提高到 56%。他们还发现，改良后的二氧化钛催化剂活性稳定，具有超长的光催化稳定性，历经几百个小时的催化分解反应，催化剂的性能几乎没有衰减。美国密歇根大学的米泽田等研究者开发了一种策略，使用纯水、聚光太阳能和氮化铟镓光催化剂，实现了高达 9.2% 效率的太阳能制氢。他们报道了光催化 OWS 在铑/氧化铬/四氧化三钴负载 InGaN/GaN 纳米线上，可观察到温度依赖性氢氧复合效应，即最佳的反应温度（约 70 ℃）可增强正向析氢反应并抑制氢氧复合反应。光催化制氢技术的长足发展仍需要进一步攻克制氢效率低的瓶颈难题。

电解水制氢效率一般在 75%~85%，工艺过程简单，无污染，可获得高纯度氢气（纯度可达 99.99%），还能有效地将太阳能、风能等可再生能源产生的间歇性、难并网电能转化为氢能存储起来，是能真正实现"零碳"排放的最理想的氢能来源。电解水制氢技术根据工作条件不同，又可以分为碱性电解水制氢、聚合物膜电解水制氢和高温水蒸气电解水制氢。碱性电解水制氢技术以 KOH、NaOH 水溶液作为电解质，采用聚苯硫醚（PPS）等作为隔膜，在直流电的作用下将水电解，生成氢气和氧气，反应温度为 60~80 ℃。产出的氢气纯度约为99%，需要进行脱碱雾处理。工业上碱性水电解槽总体效率可达 62%~82%。目前国内碱性电解水制氢成本在各电解水制氢技术路线中最具经济性。聚合物膜电解水制氢选用具有良好化学稳定性、离子传导性、气体分离性的全氟磺酸质子交换膜或碱性阴离子交换膜作为固体电解质，能有效阻止电子传递，提高电解槽安全性。聚合物膜电解槽主要部件由内到外依次是离子交换膜、催化层、电极、气体扩散层、双极板。其中扩散层、催化层与离子交换膜组成膜电极，是整个水电解槽物料传输及电化学反应的主场所，膜电极特性与结构直接影响聚合物膜电解槽的性能和寿命。高温水蒸气电解是一种固体氧化物电解池（SOEC）制氢技术，固体氧化物电解池是一种先进的电化学能量转化装置，可利用清洁一次能源产生的电能和热能，以 H_2O 为原料，高效电解制备氢气，有望实现大规模能量高效转化和存储，与以往低温下进行的电解方式相比，高温水蒸气电解系统温度为600~800 ℃，有望提高电解效率。

综合考虑，工业副产氢纯化制氢方式的优势在于无需额外加入化石原料且几乎不需额外资本投入，所获氢气在成本和减排方面均具有显著优势。尽管电解水制氢成本最高，但电解水制氢是最清洁环保的制氢方式，且氢气品质最好，在氢能供给结构的占比将在 2040 年、2050 年分别达到 45%、70%。从长远来看，可再生能源电解水制氢将逐步作为中国氢能供应的主体。

1.1.2 储运

当氢作为一种燃料时，必然具有分散性和间歇性使用的特点，因此必须解决储运问题。所以氢气的储存与输运是氢能应用的前提。氢在一般条件下以气态形式存在，易燃、易爆，且储氢要求单位体积和质量储存的氢含量大、能耗少、安全性高，但氢气无论以气态还是液态形式存在，密度都非常低，氢气的密度在常温气态时是甲烷的 1/8，是汽油的 1/55，即使是液态，氢的密度仍非常低，这些都为氢的储存带来了很大的困难。

氢储运方式主要包括低温气态储运、高压液态储运、有机液态氢化物储运、固态储运（储氢金属、活性炭吸附、碳纤维和碳纳米管吸附、玻璃微球储运、金属氢化物储运）等。高压气态储运是最常见的一种储运氢技术，通过高压压缩的方式将气态氢储存在大体积、质量重的气瓶中。以长管拖车为主，辅以气瓶集装格补充。高压气态储运氢体积利用率低，储氢量少，当运输距离为 50 km 时，氢气的运输成本为 5.44 元/kg，随着运输距离的增加，长管拖车运输成本逐渐上升。距离 500 km 时运输成本达到 20.90 元/kg。考虑到经济性问题，高压气态储运氢一般适用于 200 km 内的短距离运输。70 MPa 高压储氢罐的质量储氢密度可以达到 5.7%，已经用于商业燃料电池汽车。高压气态储氢是目前较为成熟的车载储氢技术，但是其体积储氢密度很小。液化储氢技术是将纯氢冷却到 −253 ℃（20 K），使之液化后装到"低温储罐"中储存，由于液氢的能量密度要远高于气态氢，因此更适合更长距离的输送，液氢运输温度需要保持在 20 K 左右，与环境温度之间存在较大的温差，所以液氢技术对槽罐和槽车所用的绝缘材料有很高的要求。该技术储氢密度大，但氢液化困难，导致液化成本较高，目前，高压储氢罐成本为 50 万~60 万元/个，而深冷液氢储运设备成本为 120 万~150 万元/套。

固态储氢技术需要利用一定性质的材料做储氢介质。碳纳米材料包括石墨烯、碳纳米纤维、碳纳米管、富勒烯等，储氢质量分数可达 3%~5%。金属有机框架（MOFs）材料密度低，比表面积大，储氢量大约能达到 4.5%（质量分数），同时其储氢容量与其表面积成正比。储氢金属之所以能吸氢是因为它和氢气发生了化学反应，首先氢气在其表面被催化而分解成氢原子，然后氢原子再进入金属点阵内部生成金属氢化物，这样就达到了储氢的目的。储氢合金对氢具有选择吸收特性，只能吸氢而不能吸收（或极少吸收）其他气体，这使其具备了提纯或分离氢气的功能。氢化反应后氢以原子态（而不是分子）方式储存，故储氢密度高、安全性好，适于大规模氢气储运。有机液体储氢是通过加氢反应将氢气固定到芳香族有机化合物中，并形成稳定的氢化有机化合物液体。有机液体储运氢具有以下优点：（1）反应过程可逆，储氢密度高；（2）氢载体储运安全方便，适合长距离运输；（3）可利用现有汽油输送管道、加油站等基础设施。同时也存在以下不足：（1）技术上操作条件相对苛刻，加氢和脱氢装置较复杂；（2）脱氢反应需在低压高温下进行，反应效率较低，容易发生副反应；（3）高温条件容易使脱氢催化剂失活。甲醇（CH_3OH）是自然界中最佳的储氢介质，其来源广泛，成本低，甲醇作为液体，其储存和运输的安全性和便捷性都是得天独厚的，能量密度高，其储氢质量分数高达 12.5%，明显优于液化、高压和其他储氢技术，且成本较低，大规模甲醇制氢技术已实现商业化。液氨储氢也是常见的自然储运氢方式。同体积的液氨比液氢多至少 60%的氢，如都采用高压运输氢气的方式，高压氢的运输量不如氨载氢运输的 1/5。可见以氨的形式运载氢气会有极大的优势，经济性优势凸显。由于氨的储运体系成熟，且液氨的储运更安全，储罐的成本只有高压储氢罐的 1/50。同时，氨的储运能耗及损失比氢低很多，同样距离和输送条件下，氨甚至比天然气可输送的能量还要多一倍，如果以后具备大量的液氨生产基地，直接改造天然气管道就可以运输液氨。

总体而言，高压气态储运氢技术成熟、充放氢速度快、成本低，目前车用储氢主要采用这种技术，但高压气态储运氢技术单位体积储氢密度低，后期需要提高体积储氢密度；低温液态储运氢技术体积储氢密度高、液态氢纯度高，主要用于航空航天领域，但液化过程耗能大、易挥发、成本高，后期技术攻关集中在降低能耗、成本、减小挥发损耗上；固体储运氢技术体积储氢密度高、安全，可以实现不需要高压容器，具备纯化功能，可得到高纯度氢，是未来重要发展方向，但仍存在质量储氢密度低、成本高、吸放氢有温度要求等问题需要攻克；有机液体储运氢技术储氢密度高，储存、运输、维护保养安全方便、可多次循环使用，但成本高、操作条件苛刻、有副反应发生。

1.1.3　加氢

氢能产业链的第三个环节是加氢，氢气加注是通过将不同来源的氢气经过压缩机增压储存在高压罐中，再通过加氢机为氢燃料电池汽车加注氢气。氢燃料电池的应用和商业化离不开加氢站基础设施的建设，2019年以后，中国加氢站数量爆发式增长，按照前瞻产业研究院的统计，2020年已达到88座。根据欧阳明高院士发布的《面向碳中和的新能源汽车创新与发展》[1]，2025年我国将计划推广5万~10万台氢燃料电池车；2030—2035年实现80万~100万辆应用规模。下游氢能源汽车的迅猛发展将带动制氢与储氢行业的快速发展，其中加氢站作为氢燃料汽车发展的重要配套设施将迎来重大发展机遇，中石化集团计划"十四五"期间建设1000座加氢站。对氢能全产业链进行系统布局，让加氢像加油一样方便。预计2035年我国加氢站数量将超过5000座，2022—2035年复合增长率将达到25.1%。目前我国从事核心设备研发的企业较少，加氢核心设备主要依赖进口，自主产品发展不成熟，导致了我国加氢站建设成本高。目前，在加油站基础上改建、扩建加氢站，已在日本、美国等国家和地区被证明是加快加氢站网络布局的重要方式。燃料电池汽车的储氢系统一般采用高压气瓶，压力可达35 MPa或70 MPa。在加注氢气时，如果不对氢气进行预冷，经过加压后进入气瓶后会引起气瓶的温度快速上升，甚至到达气瓶所能承受的最高温度。根据国际标准ISO 11439，钢质或复合材料制成的储氢罐的最高工作温度为85 ℃，而铝合金制成的储氢罐的最高工作温度为65 ℃。如果超过这些温度，可能会导致储氢罐的性能下降或损坏。因此，在加注氢气时应该对氢气进行预冷，以降低进入储罐的温度。根据美国能源部（DOE）的要求，加注5 kg或6 kg压力为70 MPa的氢气应该在3 min或5 min内完成，这意味着加注速率为100 g/s或120 g/s。在这种情况下，为了保证储罐内部温度不超过85 ℃，需要将进入储罐的氢气预冷到−40 ℃左右。

1.1.4　用氢

氢能的利用主要涉及交通运输领域及冶金、化工等工业领域。其中交通领域是氢能消费的重要突破口，燃料电池车的发展前景较大。应大力开发氢燃料电池汽车技术和氢内燃机技术，实现交通行业的碳减排。在电力行业中，氢能与风电、太阳能等离散能源结合，提高可再生能源利用效率；与核电、风电、水电等结合，起到调峰的作用；固体氧化物制氢和固体氧化物燃料电池技术结合，实现分布式能源供给电解液；开发整体煤气化燃料电池（IGFC），实现传统煤发电近零碳排放。在冶金行业中，开发氢冶炼技术，使氢气替代碳起还原作用，减少冶金行业碳排放。宝钢和河钢推进气基竖炉富氢还原工艺，河钢集团于 2020 年 11 月与特诺恩签订合同，建设全球首例 120 万吨氢冶金示范工程，建成 60 万吨直接还原工厂使用含氢量约 70% 的补充气源，每吨直接还原铁仅产生 250 kg CO_2，成为全球最绿色的直接还原工厂之一。燃料电池是氢能利用的最重要的形式，通过燃料电池这种先进的能量转化方式，使氢能源能真正成为人类社会高效清洁的能源动力。燃料电池技术也因其清洁、高能源转换效率等特点，成为近年来备受瞩目的新能源技术之一。燃料电池是一种将存在于燃料和氧化剂中的化学能直接转化为电能的电化学装置。作为一种新型化学电源，燃料电池是继火电、水电和核电之后的第四种发电方式，与火力发电相比，关键的区别在于燃料电池的能量转变过程是直接方式。在燃料电池中，反应物可以连续供给，反应产物可以不断排出，因此，燃料电池可以在相当长的时间内连续运行，且不需要更换部件或为电池充电。由于燃料电池依靠电化学反应等温地直接将化学能转化为电能，不受卡诺循环的控制，理论转换效率可达到 83%；由于受各种极化的限制，实际电能转化效率均在 40%~60% 之间，若考虑余热利用，效率可达 80% 以上。除了核能发电外，其他发电技术的单位质量燃料所能产生的电能是无法与燃料电池相比拟的。

1.2　氢能产业发展现状

当今人类最大的困扰就是全球气候变暖的大难题，解决日益严重的全球气候变暖问题从根源上就是要减少 CO_2 的排放。2019 年全球共排放 CO_2 约 340 亿吨，中国排放量全球第一。目前就 CO_2 排放，分为四类国家：第一类是达峰后下降国家，主要是发达国家，如美国、欧盟国家等；第二类是平台期国家，中国就属于此类；第三类是增长期国家，如印度等即将开展工业化的国家；第四类是未启动的国家，主要是以农业为主的国家。应对全球气候变化，欧盟率先提出 2050 年达到碳中和；美国于 2021 年提出，2035 年实现无碳发电，2050 年达到碳中和；我国于 2020 年 9 月承诺：2030 年达到碳达峰，2060 年达到碳中和，可见，全球大部分国家正在制定碳中和的目标和规划。氢能产业的发展是实现"双碳"目标的核心内容。2050 年，氢能产业有望成长为 10 万亿美元的市场。

1.2.1 电解水制氢产业发展现状

由于氢能在碳中和议题下具重大战略意义，全球主要经济体均针对氢能制定了国家层面的发展战略。美国于 2020 年底发表了《氢能项目计划》，为美国的氢能研究、开发和示范应用提供了战略支撑，旨在促进不同经济部门的氢生产、运输、储存和使用，鼓励可再生能源、化石能源、核能、电力等多部门的参与。预计到 2050 年，美国本土氢能需求将增至 4100 万吨/年，占未来能源消费总量的 14%，同时计划里还对氢能成本也做了具体的规划。欧盟 2020 年发布了《欧盟氢能战略》和《欧盟能源系统整合策略》，主要在于大力开展电解水制氢，目标到 2024 年将可再生能源生产的氢增长到 100 万吨，到 2030 年增长到 1000 万吨，电解水工厂的建造将投入 240 亿~420 亿欧元，2050 年达到全欧盟碳中和，氢能满足全欧盟 24% 的能源需求。德国高度重视"绿色氢能源"，将氢视为德国能源转型成功的关键原材料，2020 年发布总投资 90 亿欧元的《国家氢能战略》，推出 38 项具体措施，涵盖氢的生产制造和应用等多个方面。韩国现代在氢燃料电池重型卡车领域颇有建树。韩国已于 2019 年出台了《推动氢经济发展路线图》，韩国企业也积极响应。

电解水制氢产业的发展与制氢成本息息相关，日本规划 2030 年制氢成本（标态）降至 30 日元/m^3，氢气供应量达 300 万吨/年，2050 年成本（标态）进一步降至 20 日元/m^3，氢气供应量提升至 2000 万吨/年。美国则规划在 2026—2029 年将电解水制氢成本降低至 2 美元/kg，基本实现与灰氢平价，至 2030 年成本进一步降至 1 美元/kg，清洁氢产能达到 1000 万吨/年，此外，美国通过 IRA 对制氢税收进行抵免。欧洲规划 2025—2030 年安装至少 40 GW 可再生氢能电解槽，生产 1000 万吨可再生氢能，并通过碳关税支持氢能发展。电解水制氢成本对设备价格敏感度较低，以碱性电解槽为例，在 0.4 元/(kW·h) 电价下，当设备价格由 1500 元/kW 降低至 500 元/kW，制氢成本仅由 25.79 元/kg 降低至 24 元/kg，降幅仅 6.9%，与设备价格 67% 的降幅差距极大。电解水制氢成本对电价敏感度相对较高，在 1500 元/kW 设备价格下，当电价由 0.4 元/(kW·h) 降低至 0.1 元/(kW·h)，制氢成本由 25.79 元/kg 大幅降低至 10.11 元/kg。当电价低于 0.35 元/(kW·h)，碱性电解相较蓝氢具备经济性，当电价低于 0.2 元/(kW·h)，碱性电解水成本低于大部分灰氢成本，当电价低于 0.1 元/(kW·h)，碱性电解水基本可完全实现经济性。

氢能作为清洁能源，应用占比将逐步提升，预计 2022—2030 年氢气需求将以 1000 万吨/年的增速增长，2030 年达到 1.5 亿吨，2050 年达到 5 亿吨。2022 年电解水制氢占比约为 0.15%，2023 年增长至 0.3%，随后逐步提升至 2025 年的 1.5%，2030 年的 12%，2050 年的 70%。电解水制氢平均耗电量（标态）由

2022 年 4.8 kW · h/m³ 逐步降低至 2025 年的 4.5 kW · h/m³, 2030 年的 4 kW · h/m³, 2050 年进一步降低至 3.8 kW · h/m³。电解槽年利用小时数由 2022 年 3000 h 逐步提升，2025 年提升至 3500 h，2030 年、2050 年分别提升至 4000 h、5000 h。目前碱性电解槽占据主要市场，2050 年碱性电解槽与 PEM 电解槽占比各半。2050 年，碱性电解槽与 PEM 电解槽单价均降低至 500 元/kW。预计 2025 年全球电解水设备新增市场规模达 167 亿元，2050 年累计市场规模近 1.5 万亿元。全球电解水设备供给以中国为主，中国市场集中度较高。2022 年全球电解槽市场出货量约 1 GW，国内电解槽出货量则近 750 MW，中国为全球电解槽设备主要来源国。

1.2.2 燃料电池产业发展现状

美国是燃料电池技术发源地，在离子交换膜等方面具有技术优势。截至 2022 年底，北美在运营的加氢站有 100 座左右，燃料电池车保有量超过 1.5 万辆，在运营的燃料电池车寿命最长的已超过 30000 h。欧洲对氢能的发展也非常支持，截至 2022 年底，欧洲在运营的加氢站超过 260 座，欧洲道路上运行的氢能商用车大多是燃料电池城市公交车，在 2019—2021 年期间，欧洲累计投放了超过 200 辆氢燃料电池客车。截至 2022 年底，日本境内目前在运营的加氢站有 165 座，燃料电池汽车保有量为 8150 辆左右，但是其在家用燃料电池项目累计部署超过 40 万套。日本以丰田为代表的企业，持有氢能相关专利超过 25000 件，占全球相关专利的 50% 以上，处于高度垄断地位。东京奥运会期间，丰田提供了 100 辆燃料电池大巴车 Sora 和 500 辆第二代燃料电池汽车 Mirai。日本较早就出台了氢能发展战略和线路图，目标到 2030 年的第一阶段，保有 30 万辆燃料电池汽车和 530 万套家用燃料电池系统。韩国属于氢能领域的后来居上者，具有很大的野心和技术实力。截至 2022 年底，韩国保有氢燃料电池汽车 29369 辆，跃升为世界第一。目前全球最畅销的燃料电池汽车是现代的 NEXO，市场占有率全球第一，销量已突破 3.2 万辆。我国是世界上最大的产氢国，2022 年纯氢产量为 3781 万吨，已建成投入使用的加氢站超过 330 座，位居全球第一，燃料电池汽车保有量超过 12682 辆。2021 年 8 月，北京、上海、广东佛山牵头的三个城市群入选首批氢燃料电池汽车示范城市。据中国汽车工业协会的数据，2023 年 1—7 月，氢能燃料电池汽车累计产销 0.3 万辆，氢能燃料电池汽车产销量均具有较大增长。

氢能利用的关键核心技术，俗称"八大件"，即：氢燃料电池中的催化剂、扩散层、质子交换膜、膜电极、双极板、电堆，以及氢燃料电池汽车的空气压缩机、氢循环泵八项技术，"八大件"既制约了氢燃料电池这个行业的发展，同时也对上游电解水制氢的技术路线、整个氢能产业链构成一个制约。这些年我国也在针对这八项核心技术展开攻关。当前氢燃料电池系统国产化程度已提升至 60%

~70%。催化剂是燃料电池能否高效运行的核心，主要采用铂基贵金属催化剂，占燃料电池单电池成本的50%左右，目前生产的厂家有英国的庄信万丰、日本的田中、比利时的优科美，以及我国的贵研铂业股份有限公司。质子交换膜（PEM）是质子交换膜燃料电池（PEMFC）的核心组件之一，其主要作用为阻隔电池阳极和阴极之间反应气体穿透、离子传输及电子绝缘三个方面。如质子交换膜必须具备以下性能特点：（1）具有良好的质子电导率，一般在高湿度条件下可达到0.1 S/cm；（2）具有足够的机械强度和结构强度，以适于膜电极组件的制备和电池组装，并在氧化、还原和水解条件下有良好的稳定性，能够阻止聚合物膜降解；（3）反应气体在膜中具有低的渗透系数，以免氢气和氧气在电极表面发生反应，造成电极局部过热，影响电池的电流效率；（4）水合/脱水可逆性好，不易膨胀，以免电极的变形引起质子交换膜局部应力增大和变形。双极板目前主要采用金属材料、石墨材料及金属/石墨复合材料；不锈钢、氮化钛等金属双极板正在成为主流。电堆由多个单电池以串联方式层叠组合构成，其耐久性、比功率等是重要指标。燃料电池在国防、航天和民用的移动电站、分立电源、潜艇、电动车、计算机与通信等众多领域具有非常广泛的应用前景和巨大的市场潜力。随着科技进步和氢能技术的全面发展，燃料电池将会深入到人类活动的各个领域，直至走进千家万户。燃料电池技术的广泛应用急需降低成本、延长寿命，以及增加配套设施建设。

加快氢能产业发展是解决能源和环境问题的必由之路，随着国家重点研发计划"氢能技术"重点专项的实施，氢能绿色制取、安全致密储运和高效利用等关键技术将取得突破，产业自主可控程度有望提升；在应用方面，随着氢燃料电池汽车示范城市建设工作的启动，将有望带动燃料电池汽车推广走出颓势，同时，氢能在化工、钢铁等"难以减排领域"的应用，也有望得到更多重视和发展。

2 析氧反应及氧还原反应催化剂调控基础

对可再生能源的持续需求，要求开发具有成本效益和生态友好的能源转换和储存技术。近几十年来，人们探索了各种实现可持续能源系统的方法，包括太阳能热分解和电解水装置、燃料电池和可充电金属-空气电池等。然而，这些已开发技术中的主要限制因素是两个关键反应，即析氧反应（OER）和氧还原反应（ORR），这两个反应涉及对反应动力学要求更高的多电子转移过程。图 2-1 展示催化剂的 OER 和 ORR 极化曲线和水的 Pourbaix 图。可见，OER 和 ORR 互为逆反应，两者都表现出迟缓的反应动力学。这与反应的高能垒密切相关，它会显著降低电解水制氢和燃料电池的整体能效。电催化剂在促进电极与反应物之间的电荷转移、降低反应能垒、加速反应速率等方面起着至关重要的作用。因此，开发高性能和耐用的 OER/ORR 催化剂对于实现高效的能量转换和利用至关重要。

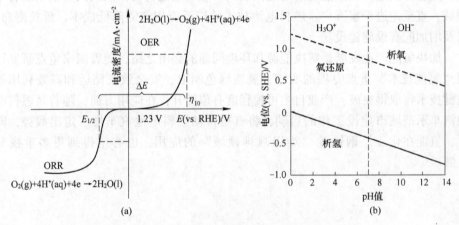

图 2-1　两个关键反应 OER 与 ORR 的基础知识

（a）OER 和 ORR 的极化曲线；（b）水的 Pourbaix 图

η_{10}，$E_{1/2}$—获得 10 mA/cm^2 的 OER 电流密度的过电位和 ORR 的半波电位[2]

2.1　析氧反应基本原理

2.1.1　电解水概述

电解水以水为原料，水是一种丰富的可再生氢资源，当两个 H$_2$O 分子分裂

成一个 O_2 和两个 H_2 分子时，可以在化学键中储存 4.92 eV 的能量，并且没有温室气体和其他污染气体排放[3]。由于电解水是通过提供电力来克服热力学势垒而发生的，因此阳极和阴极反应都必须采用合适的电催化剂来降低超电势（η，又称过电位，是氧化还原反应的理论值和实验值之间的电势差）。将施加到电极上的外部电压作为驱动力，使水分子分解成氢气和氧气（见式（2-1））。氢可以储存起来作为燃料，氧被释放到大气中。因此，水分解反应可以被分为两个半反应：阴极析氢反应（HER，见式（2-2）和式（2-4））和阳极析氧反应（OER，见式（2-3）和式（2-5））[4]。

$$2H_2O \longrightarrow 2H_2 + O_2 \qquad (2\text{-}1)$$

酸性环境下：

阴极反应： $\qquad 4H^+ + 4e \longrightarrow 2H_2 \qquad E_c^{\ominus} = 0 \text{ V} \qquad (2\text{-}2)$

阳极反应： $\qquad 2H_2O(l) \longrightarrow O_2(g) + 4H^+ + 4e \qquad E_a^{\ominus} = 1.23 \text{ V}$
$$(2\text{-}3)$$

碱性环境下：

阴极反应： $\qquad 4H_2O + 4e \longrightarrow 2H_2 + 4OH^- \qquad E_c^{\ominus} = -0.83 \text{ V} \quad (2\text{-}4)$

阳极反应： $\qquad 4OH^- \longrightarrow O_2 + 2H_2O(l) + 4e \qquad E_a^{\ominus} = -0.40 \text{ V}$
$$(2\text{-}5)$$

2.1.2 析氧反应机理

电催化析氧反应过程是一个四电子转移过程，这通常需要一个大的过电位来提供所需的能量。原则上，给定催化剂的总体 OER 性能受限于多种中间体的形成，因此，调节活性位点上活性中间体的结合能在 OER 催化剂的优化中起着关键作用。根据 Sabatier 原理，理想的 OER 催化剂应具有活性中间体与活性位点的最佳结合强度，从而促进吸附和解吸过程。Norskov 等人通过密度泛函理论（DFT）计算和 Sabatier 原理，深入研究 OER 基元反应步骤，提出热力学过电位（η_{TD}）作为催化剂活性的判定指标，一般来说，较小的热力学过电位表明催化剂具有较高的电催化活性。并将 η_{TD} 与反应中间体的吸附自由能 $\Delta G_{O^*} - \Delta G_{HO^*}$ 联系起来，计算出 $\Delta G_{O^*} - \Delta G_{HO^*}$ 和 η_{TD} 之间存在的火山关系[5]，因此可通过优化 $\Delta G_{O^*} - \Delta G_{HO^*}$ 来调节催化剂的 OER 催化活性。

OER 反应机理十分复杂，科研工作者提出了很多可能的解释，被人们广泛接受的催化反应机理主要包括两种：以金属作为氧化还原中心的吸附机理（AEM）和以氧作为氧化还原中心的晶格氧机理（LOM）。在 AEM 机理中，人们认为金属中心是 OER 反应的唯一活性位点，由于 HO^* 和 HOO^* 的吸附能之间存在线性关系，因此，OER 中间体与活性位点之间的吸附能强度是决定催化剂活性的关键，如图 2-2（a）所示。在酸性和碱性环境中，反应机理不同，这分别与

H^* 和 HO^* 的结合强度有关（式（2-6）～式（2-14））。然而，一般来说，从 O^* 到 HOO^* 的转换被认为是 OER 反应的速率决定步骤（RDS）。

对于酸性环境下[6-7]：

$$M + H_2O(l) \longrightarrow MOH + H^+ + e \qquad \Delta G_1 \qquad (2-6)$$

$$OH^- + MOH \longrightarrow MO + H_2O(l) + e \qquad \Delta G_2 \qquad (2-7)$$

$$MO + H_2O(l) \longrightarrow MOOH + H^+ + e \qquad \Delta G_3 \qquad (2-8)$$

$$MOOH \longrightarrow M + O_2 + H^+ + e \qquad \Delta G_4 \qquad (2-9)$$

对于碱性/中性环境下[6]：

$$M + OH^- \longrightarrow MOH + e \qquad \Delta G_1 \qquad (2-10)$$

$$MOH + OH^- \longrightarrow MO + H_2O(l) + e \qquad \Delta G_2 \qquad (2-11)$$

$$2MO \longrightarrow 2M + O_2(g) \qquad \Delta G_3 \qquad (2-12)$$

$$MO + OH^- \longrightarrow MOOH + e \qquad \Delta G_4 \qquad (2-13)$$

$$MOOH + OH^- \longrightarrow M + O_2(g) + H_2O(l) + e \qquad \Delta G_5 \qquad (2-14)$$

除了 AEM 之外，LOM 是近年来得到最广泛认可的 OER 机理[8]。在 LOM 机理中，OER 的活性中心并不局限于金属，晶格氧也可以在 OER 过程中发挥重要作用[9]。图 2-2（b）所示的 LOM 机制（碱性环境）反应如下：

$$OH^- + * \longrightarrow HO^* + e \qquad (2-15)$$

$$HO^* + OH^- \longrightarrow O^* + H_2O + e \qquad (2-16)$$

$$O^* + O_L \longrightarrow O_2 + V_O \qquad (2-17)$$

$$OH^- + V_O \longrightarrow HO^* + e \qquad (2-18)$$

$$H^* + OH^- \longrightarrow * + H_2O + e \qquad (2-19)$$

式中，* 为活性位点；O_L、V_O 分别为晶格氧和表面氧空位。

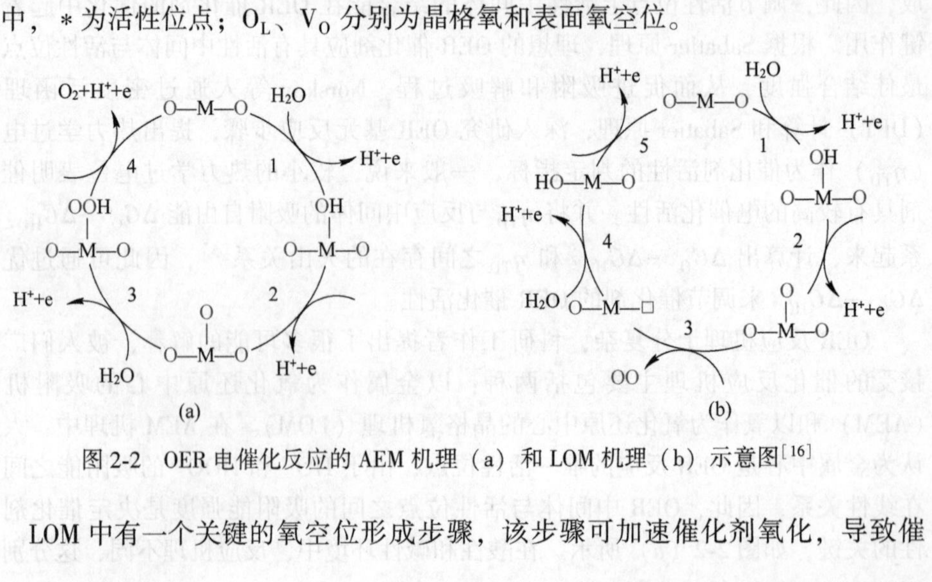

图 2-2　OER 电催化反应的 AEM 机理（a）和 LOM 机理（b）示意图[16]

LOM 中有一个关键的氧空位形成步骤，该步骤可加速催化剂氧化，导致催化剂不稳定，这也被认为是 OER 电催化剂长期稳定性较差的主要原因[10]。同时，在 OER 过程中，由 LOM 引起的金属离子溶解到溶液中可能会产生额外的驱动力并影响电催化剂的长期稳定性[11]。

AEM 和 LOM 两种机理之间的主要区别在于如何形成 O—O。LOM 机理中，由于含氧中间体可以与晶格氧直接偶联形成 O—O 键，因此催化剂可显示出更快的反应动力学[12]。然而，在实际的 OER 过程中，这两种机理往往同时存在并相互竞争，金属—氧键（M—O）的配位数对催化反应机理有一定的影响。当金属—氧键（M—O）的配位数增加时，倾向于发生 LOM 机理[13]。尽管与 AEM 相比，LOM 的 OER 活性有所提高，但它通常伴随着金属溶解和结构不稳定性[14]。因此，平衡两种机理之间的关系有助于开发高效稳定的 OER 催化剂[15]。

2.1.3 催化剂 OER 性能评价

评价 OER 催化剂性能主要有以下指标。

2.1.3.1 过电位（η）

过电位（η）是评价电催化剂催化活性最重要的指标之一，是指实验测得的电位与能斯特方程计算的热力学平衡电位之差，即为催化反应达到一定电流密度（j）时所需的实际电压（E_j）超过理论电压（E_t，1.23 V vs. RHE）的部分（见式（2-20））。电化学反应往往需要一定的过电位来克服反应势垒来加速电化学反应的动力学过程。然而，同一电流密度时的 η 值越大，所消耗的电能越多，能量转换效率越低。η 值越小，达到某一电流密度所需的实际电压越低，耗能相对越小，催化剂活性越高。反应催化剂本征活性的起始过电位往往被定义为 1 mA/cm^2（电流密度）处的过电位。与起始过电位相比，在电流密度为 10 mA/cm^2 处的过电位也得到研究人员的认可，认为其具有更广泛的应用范围。

$$\eta_j = E_j - E_t \tag{2-20}$$

根据线性伏安曲线（LSV）可获得达到某一电流密度下所需要的实际电压。值得注意的是，一些含 Co、Ni、Fe 元素的材料，其 LSV 曲线中 Co、Ni、Fe 元素的氧化峰会影响 OER 过电位的测算，导致测量的过电位小于实际值。为了避免误差，研究者们通常使用较低扫速获取 LSV 曲线以降低氧化峰的影响。此外，经过长时间的恒电流处理后，氧化峰对 E-t 曲线的影响会逐渐减小，当电压稳定后，就可得到完全归因于 OER 的实际过电位。

2.1.3.2 Tafel 斜率

Tafel 斜率与 OER 的速率密切相关。根据 Butler-Volmer 方程（见式（2-21））：

$$j_k = j_0 \times \left[e^{\frac{\alpha n F \eta}{RT}} - e^{\frac{-(1-\alpha)nF\eta}{RT}} \right] \tag{2-21}$$

式中，j_k 为动力学电流；α 为电荷转移系数。

在高过电位区域，$e^{\frac{-(1-\alpha)nF\eta}{RT}} \ll e^{\frac{\alpha n F \eta}{RT}}$，因此式（2-21）可写为：

$$j_k = j_0 \times e^{\frac{\alpha nF\eta}{RT}} \tag{2-22}$$

式（2-22）或进一步改写为：

$$\eta = \frac{2.303RT}{\alpha nF}\lg j_k - \frac{2.303RT}{\alpha nF}\lg j_0 \tag{2-23}$$

当通过将 η 对 $\lg|j_k|$ 作图，得到 Tafel 曲线，在高过电位区域为一条直线，直线的斜率 $\frac{2.303RT}{\alpha nF}$ 即为 Tafel 斜率，用符号 b 表示。Tafel 斜率是动力学电流密度增加 10 倍或减少至原来 1/10 所需的电位差，与催化剂的催化性能相关，通常认为 Tafel 斜率越小，OER 催化反应动力学越快速。目前采用最广泛的是从 LSV 和循环伏安（CV）曲线获得 Tafel 斜率。在真正获取 Tafel 斜率时，常需要在一个较宽过电位范围内测试多条 Tafel 曲线并得到 Tafel 斜率。Tafel 图描述 η 与电流密度的关系（见式（2-24）），Tafel 斜率可以通过拟合 Tafel 图的线性区域确定，这是得到 Tafel 斜率的最常用方法[9]。

$$\eta = b\lg j + a \tag{2-24}$$

LSV 和 CV 属于暂态测试，LSV 或 CV 曲线的扫描速率、曲线 iR 补偿都会影响得到的 Tafel 斜率，也有研究者们使用计时电流（CA）稳态测试法获取 Tafel 斜率[10]。

2.1.3.3　电荷转移电阻

OER 的基元反应步骤涉及含氧中间体吸附到催化剂表面，OER 过程中催化剂表面的电荷转移电阻（R_{ct}）值与催化剂-电解质-氧气三相界面的电荷转移过程直接相关，影响催化剂表面对中间体的吸附难易程度。利用电化学交流阻抗谱（EIS）测试得到的 Nyquist 图可拟合出电化学测试系统内阻（R_s）和催化剂表面发生 OER 的电荷转移电阻（R_{ct}）。R_s 值可用来对电流密度进行校正，计算催化剂的 OER 过电位。R_{ct} 值越小表明三相界面的电荷转移过程越快，OER 动力学过程越快速。

2.1.3.4　电化学活性表面积

电化学活性表面积（ECSA）是指催化剂表面参与电化学反应的有效面积。ECSA 的精确测量对于催化剂活性的判定尤为重要。但准确测量催化剂材料的 ECSA 会受到电极、催化剂表面形貌、电解液反应、表面吸附、非法拉第过程等诸多因素的影响，具有一定挑战性。欠电位沉积法（UPD）和比表面积测试法（BET）均可有效反映催化剂的 ECSA。但是，这些方法有一定局限性。目前来说，双电容层测量法被公认为是反映 ECSA 比较可靠的方法[17]。根据式（2-25），电催化剂的 ECSA 与 C_{dl} 成正比关系，其中 C_s 是在特定电解液中，催化剂在单位面积光滑材料平面上的电容。C_{dl} 可以通过测试电催化剂在非法拉第区的不同扫描速率 CV 曲线来计算获得。

$$ECSA = \frac{C_{dl}}{C_s} \tag{2-25}$$

2.1.3.5 周转频率

催化剂的活性位点本征活性决定了催化剂的性能，通常由单位质量或单位体积内催化剂的活性位点数量来确定。催化剂的周转频率（TOF）被定义为每个催化位点单位时间转化的产物分子总数。OER 催化剂 TOF 值常用的计算方法有[18]：

$$TOF = \frac{|j|A}{4nF} \tag{2-26}$$

式中，$|j|$ 为电流密度绝对值；A 为工作电极的面积；F 为法拉第常数；n 为催化剂活性位点的数量，n 值可根据式（2-27）计算获得。

$$n = \frac{m_{catalyst} \times C}{M} \tag{2-27}$$

式中，$m_{catalyst}$ 为催化剂负载在电极上的质量；C 为活性位点浓度。

2.1.3.6 活性

通过负载质量归一化 OER 动力学电流可获得催化剂的单位质量活性（MA）[19-20]。单位质量活性的比较通常是在相似的材料体系上进行的。可根据式（2-28）计算不同催化剂的单位 MA。

$$MA = \frac{j}{m} \tag{2-28}$$

式中，m 为催化剂的有效负载量[20]。

同理，通过电化学活性表面积归一化 OER 动力学电流可获得催化剂的单位面积活性（SA）。

2.1.3.7 稳定性

稳定性是评估催化剂实际应用潜力的另一个关键参数。稳定性测量有两种电化学方法：重复循环伏安法（CV）和恒电流（或恒电位）法。重复循环伏安法是通过在特定电位区域内进行多次重复 CV 测试，并比较某一循环运行前后（例如 10000 次运行）的过电位变化。多次电位循环后过电位的微小变化表明催化剂是稳定的。恒电流（或恒电位）法是使电催化剂在恒电流密度（或过电位）下监测电位（或电流密度）随时间的变化。对于恒电位方式，施加一定电流密度，持续测量一段时间。在较长的测量时间里如没有电位（或电流）变化表明催化剂具有良好的稳定性。

2.2 析氧反应催化剂研究进展

2.2.1 贵金属基催化剂

OER 是一个高过电位的动态缓慢过程，为了克服催化剂在 OER 过程中发生的动力学迟缓的问题，需要高效的电催化剂来降低其过电位。目前 OER 反应中广泛应用的是贵金属基（NME）催化剂。NME 的组成优化通常以减少贵金属的使用和提高活性中心的催化效率为目标。因此，第一个重要的任务在于明晰 OER 催化的实际活性位点。然而，由于外加高过电位导致 OER 过程中的相变，情况可能有所不同。第二个任务是对活性位点进行优化，在贵金属体系中合理地引入外源原子使催化剂电子或几何结构改变，致使 OER 中间体在催化剂表面的吸附强度改变，通常会显著提高催化活性。杂原子既可以是贵金属，也可以是过渡金属。

2.2.1.1 Ir 和 Ru 氧化物

RuO_2 和 IrO_2 被公认为是最先进的 OER 电催化剂，就一般情况来说，RuO_2 的 OER 催化活性要优于 IrO_2，但是稳定性比 IrO_2 差。为了提高 RuO_2 催化剂的稳定性，一些研究者选择在 RuO_2 基底上掺入少量过渡金属元素。例如，Yang 等人[21]通过 MOF 模板法，合成了嵌入无定形碳骨架中的超小 Ru/Cu 掺杂的 RuO_2。超小的 RuO_2 纳米颗粒表现出优于商用 RuO_2 的析氧性能，在超小的 RuO_2 纳米颗粒中掺杂 Cu，进一步提高了催化剂的析氧性能。DFT 计算表明，Cu 掺杂可以有效地调整 d 带中心，从而调整 RuO_2(110) 晶面上 Ru 活性位点的电子结构，最终改善 RuO_2 的 OER 性能。但是由于贵金属基催化剂的价格高，资源有限，因此降低贵金属的使用量，提升贵金属原子的使用率和探索高效低贵金属催化剂具有重要意义。减少贵金属原子的使用量是最为直接的方法[22]。有研究者报道了在碳布上构建的 $RuO_2/(Co,Mn)_3O_4$ 纳米复合材料（见图 2-3）[23]，Ru 的负载量（质量分数）为 2.51%，与商业 RuO_2 催化剂相比，$RuO_2/(Co,Mn)_3O_4$ 在酸性电解液中表现出更优的 OER 催化活性，10 mA/cm^2 时，过电位仅为 270 mV。光谱和理论研究表明，在 Co_3O_4 中引入 Mn 会导致电子重新分布，并在 $RuO_2/(Co,Mn)_3O_4$ 催化剂中生成富含电子的 Ru 物种。随着电子结构的调制，氧在 $RuO_2/(Co,Mn)_3O_4$ 上的吸附减弱，因此 OER 过程中速率决定步骤加快。

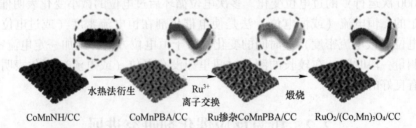

CoMnNH/CC　　CoMnPBA/CC　　Ru掺杂CoMnPBA/CC　　RuO₂/(Co,Mn)₃O₄/CC

水热法衍生　　离子交换 Ru³⁺　　煅烧

图 2-3　碳布上构建的 $RuO_2/(Co,Mn)_3O_4$ 纳米复合材料的制备流程图

IrO_2 在碱性和强酸性介质中较稳定，然而，由于 OER 电化学过程的复杂性，高效 IrO_2 基 OER 催化剂的开发仍需从以下几个方面入手：

（1）深入了解 OER 过程中的催化剂表面结构及其演化。Casalongue 等人通过原位 X 射线光电子能谱（XPS）等先进技术对 OER 过程进行了原位探测，证明在 OER 过程中，催化剂表面发生了从 Ir(Ⅳ) 到 Ir(Ⅴ) 的价态变化，以及从氧化物—氢氧化物—氧化物的结构变化[24]。这一结构变化和 Ir(Ⅴ) 的测得也揭示了 OOH 介导的去质子化机理。OOH 中间产物的形成涉及到较高的能垒，这与 Rossmeisl 等人的研究结果一致[25]，XPS 结果表明，在 0.7 nm 探测深度内，顶部原子层上 14.6%的 Ir(Ⅳ) 在 OER 过程中转变为 Ir(Ⅴ)。在 IrO_2 表面结构向氢氧化物演化的指导下，Chandra 等人巧妙地通过控制退火温度制备了具有端羟基和桥羟基的 $IrO_x(OH)_y$ 薄膜[26]，促进了电子在晶界处的转移，从而产生有效的电子传输路径。$IrO_x(OH)_y$ 中 Ir 位点的本征催化活性超过了非晶态 IrO_x 和晶态 IrO_2。可见，了解 OER 过程中的催化剂表面结构及其演化对于实现高效的 OER 催化具有重要意义。

（2）阐明 OER 过程中的杂原子掺杂效应。杂原子掺杂用于调节 IrO_2 基 OER 电催化剂的组成，不仅可使贵金属负载量最小化，而且由于其诱导产生的几何/电子协同效应，可提高催化剂性能。例如，Sun 等人将 Cu 原子引入到 IrO_2 晶格中，揭示了具有独特电子构型（$3d^{10}4s^1$）的 Cu 原子掺杂对主体 IrO_2 晶格结构的影响，以及对 OER 催化性能的影响[27]。CuO_6 八面体 Jahn-Teller 效应较强，Cu—O 轴向键拉长而赤道键缩短，致使邻位 Ir—O 赤道键发生畸变。这种促进了 Ir-5d 轨道（$t_{2g}^5 e_g^0$）简并能级分裂，d_{xy} 和 d_{x2-y2} 轨道上升，d_{z2} 轨道下降，Ir-5d 轨道上的电子被重排，d_{z2} 轨道被部分填充[28]，从而影响催化剂的 OER 各步骤反应能垒，在从酸性到中性和碱性的较宽 pH 值范围内实现了较小的 OER 催化过电位。Koper 课题组提出采用较小的镧系元素或钇原子部分取代 IrO_2 中的 Ir，引起的晶格应变可以削弱 IrO_2 对含氧中间体的吸附能，从而有助于催化剂 OER 性能的改善[29]。与 IrO_2 相比，W 掺杂的 IrO_2 表面 Ir^{x+} 与 O^{y-} 的态密度重叠面积更大，表明 Ir^{x+} 与 O^{y-} 之间产生了更强的相互作用，催化剂的耐蚀性增强，电催化稳定性也增强。通过杂原子掺杂调节 Ir 的电子构型，为指导高活性 IrO_2 基催化剂的组成工程奠定了重要的基础。

（3）确定合理的催化剂的结构-活性-稳定性关系。平衡催化活性和稳定性一直是一个棘手的问题。Markovic 团队通过表面蚀刻的方法，对 $Ir_{0.75}Ru_{0.25}$ 合金近表面成分进行原子调整，形成富 Ir 表面，抑制了 Ru 原子在高过电位条件下在酸性溶液中的溶解，实现了优异的稳定性[30]。Markovic 团队还根据 Ir 和 Os 溶解速率的差异，对 $Ir_{25}Os_{75}$ 进行表面选择性蚀刻/脱除形成 IrO_2 壳。研究中他们创造出活性-稳定性因子（ASF）作为评估氧化物基 OER 催化剂稳定性的指标：

$$ASF = \frac{j-S}{S}\bigg|_\eta \tag{2-29}$$

式中，j 为在恒定过电位 η 下的电流密度；S 为在恒定过电位 η 下 Ir 的溶解速率。

ASF 数值越高，则说明催化剂的稳定性越好。结果表明，蚀刻后 $Ir_{25}Os_{75}$ 催化剂的 ASF 比传统的 Ir 基氧化物催化剂高 30 倍，比脱合金 $Ir_{50}Os_{50}$ 催化剂高 8 倍。

Strasser 团队也通过类似的富 Ir 表面的形成来优化 OER 的活性和稳定性。研制了 Ni 含量可调的 Ir-Ni-O 双金属薄膜体系，Ni 在酸性腐蚀溶液中作为牺牲元素，OER 过程中 Ni 的部分浸出导致反应中间体 HO^* 适当地结合在催化剂表面，使催化活性和稳定性均得到优化。Ir-Ni 混合氧化膜的单位质量活性（以 Ir 计）比商业 IrO_2 提高了 20 倍[31]。这些研究发现为进一步开发更实用的 Ir-M 氧化物催化剂提供了动力。

（4）识别催化剂从表面到本体结构的作用深度。将催化剂的尺寸缩小到纳米团簇或单原子可以最大限度地利用金属原子，这引起了人们对发掘单原子活性催化剂和研究金属中心与载体之间相互作用的浓厚兴趣。Zhang 等人[32]精心地利用一锅还原方法成功在 $Co(OH)_2$ 纳米片上锚定了 Ir 原子。富缺陷、低配位数的 $\alpha\text{-}Co(OH)_2$ 促进了 Ir 向 Ir 氧化物的转化，并使不稳定的 $\alpha\text{-}Co(OH)_2$ 向更稳定的 $\beta\text{-}CoOOH$ 转化，产生 OER 催化活性中心。此外，Babu 等人[33]将质量分数为 1.7% 的 Ir 单原子锚定在 Co 纳米片上，形成 Ir-Co 双活性中心。DFT 计算揭示了 OER 催化的双核串联路径，即吸附在 Co 位上的 OH^*（Co—OH^*）首先解离为 O^*，然后转移到 Ir 位（Ir—O^*）上形成 $Ir\text{—}OOH^*$。同时，邻近的 Co 表面氧原子（Co—O—Ir 中间体）作为 H 受体与 OOH^* 产生氢键，使 OOH^* 的吸附自由能降低，从而降低反应限速步骤（$O^* \rightarrow OOH^*$）能垒，加快 OER 反应动力学。

鉴于上述研究对 NME 作为 OER 催化剂的尺寸控制的指导，建立合适的金属-载体相互作用对于改善催化剂电化学性能至关重要。适当的载体除了作为分散剂和稳定剂外，还可以通过调节界面相互作用来优化催化剂/载体的物理化学性质、负载量、活性比表面积、电子结构、耐腐蚀性能、电荷转移速率等参数均对催化剂的活性和稳定性产生影响。

Zhang 等人制备了单壁碳纳米管（SWCNT）负载的铑纳米团簇（Rh-NCLS），使铑的负载量（质量分数）降低到 6.7%，同时，由于 SWCNT 具有第一类范霍夫奇点，构成库伯对的两个电子在动量空间属于同一量子态，受到泡利不相容原理的限制，在自旋空间的配对会受到抑制，产生电子极化[34]，使 Rh 电子聚集在 Rh-SWCNT 界面上，形成的正电荷区域有利于吸附反应物 OH^-，从而促进 OER 过程。碳材料的电子极化能力与其电子结构有关，呈现出单壁碳纳米管＞多壁碳纳米管＞石墨烯＞炭黑的趋势，碳载体极化能力与碳载催化剂的电催化性能成正比[35]。值得一提的是，在使用碳载体的酸性电解质中，碳在 1.5 V（vs. RHE）下的快速腐蚀将导致严重的活性表面积损失和活性物质的脱附。这使得人们开始寻找具有理想金属-载体相互作用的载体。两年前，Strasser 的研究小组对金属-载体界面效应进行了深入的研究，发现 Ir 原子的电子结构因载体不同而产生变化。与碳载体相比，掺锑氧化锡（ATO）有利于产生较低的 Ir 氧化态（平均低于 Ir^{4+}），氧化层更薄，降低了阳极催化剂的溶解速率，从而使催化剂的稳定性提高[36]。

2.2.1.2 双金属及多金属 Ir 基合金

受 IrO_2 体系中 Cu 掺杂的有利作用所激发，Ir-5d 轨道电子重排，涌现出 10 余种 IrCu 基双金属或三金属合金[37]。在所有 IrM（M = Cu、Fe、Co、Ni）合金中，Ir 由金属态演化为氧化态（Ir^{3+}、Ir^{4+} 或 $Ir^{>4+}$），成为 OER 催化的本征活性位点。Cu 的加入使 Ir 的电子结构由于 Jahn-Teller 效应而发生畸变，使 Ir 的 e_g 轨道被部分占据，d 带中心发生偏移，从而可通过 Cu 的原子比例使 Ir 对中间体的吸附强度进行优化。北京大学郭少军教授团队在 IrCoNi 系统中观察到 Ir 的 d 带中心朝远离费米能级方向移动，导致与纯 Ir 相比，对含氧中间体的结合能减弱，IrM 纳米颗粒对含氧中间体的结合能呈现 Ir>IrNi>IrCo>IrCoNi 变化趋势[38]。同样，IrW 合金也具有相似的结合能优化效应，同时，W 的引入可以在 OER 催化过程中提高 IrW 合金在酸性电解质中的耐蚀性[39]。然而，Co 和 Ni 的掺杂对催化活性的调节作用至今仍存在争议。Alia 等人提出，Ir 与 Co 合金化诱导的 Ir 晶格压缩，削弱了 Ir 表面对 O 的吸附，从而提高了催化剂的本征活性[40]。另一种推测认为，IrNi 合金中 Ni 在 OER 过程中溶解，生成了具有更高活性的 Ir 位点，使得催化剂的 OER 性能提升，但这些推测均缺乏可信的证据[31]。Ir 基双金属/三金属合金在 OER 催化方面的优化，包括对活性催化位点的影响、相变及金属掺杂效应的调控等还需要更多更确实的证据。

2.2.1.3 Ir 和 Ru 以外的贵金属

铑（Rh）、铂（Pt）和钯（Pd）等除 Ir 和 Ru 以外的贵金属也被用作 OER 电催化剂。对 Pt 和 Pd 催化剂的合理设计，使得构建的双功能或三功能电催化剂在 OER、ORR 和 HER 的电催化方面具有应用前景。单独的 Rh、Pt、Pd 电催化剂对 OER 的催化效率远远不够，进一步提高 OER 的性能需要对组分进行优化，以创造更多的活性位点。Ru 催化剂在运行过程中受到正偏压时的过度氧化环境的影响，从而触发晶格击穿，RuO_2 中的晶格氧以氧分子的形式释放，导致 Ru 催化剂在析氧过程中会发生部分溶解，Wu 等人[41]提出通过开发基于嵌入 Pt-Cu 合金上的孤立 Ru 原子的电催化剂来构筑高稳定性 OER 催化剂，如图 2-4 所示。结果分析表明，在 Pt-Cu 合金中嵌入单个原子会阻碍来自 Ru 原子的电子转移，从而防止其过度氧化。同时，Pt-Cu 基体也被证明是一个电子库，在反应过程中向反应中间体提供电子，以防止 Ru 原子的过度氧化和溶解。郭少军等人通过有机相合成方法制备了超薄二维 PtPdM（M = Fe、Co、Ni）纳米环，与商业 Pt/C 和

Ir/C 相比，二维 $Pt_{48}Pd_{40}Co_{11}$ 纳米环催化剂具有丰富的表面台阶原子，表现出更优异的 ORR 和 OER 催化活性。而且，由于 PtPdM 催化剂中金属 Ni、Fe 和 Co 向氢氧化物或氧化物结构演化，使得催化剂的 OER 活性提高[38]。使用 Cu 作为牺牲模板获得的 RhCu 纳米框架也具有较优的 OER 催化活性，研究认为 RhCu 的 OER 催化活性位点来自于被氧化的 Rh(Ⅲ)[42]。

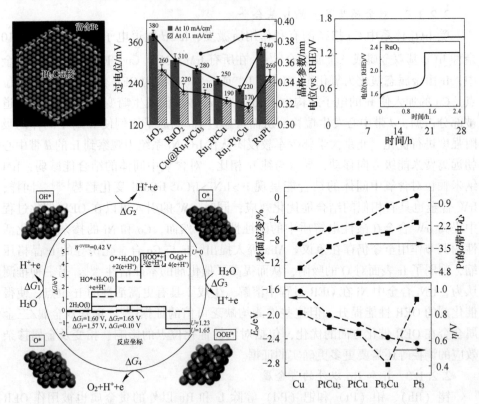

图 2-4　Pt-Cu 合金上嵌入 Ru 原子的电催化剂的 OER 性能及 DFT 分析

2.2.2　铁钴镍基催化剂

毫无疑问，以钌（Ru）和铱（Ir）基催化剂为代表的贵金属具有出色的 OER 催化活性，然而，高成本和低资源储量限制了它们的进一步大规模应用，研究非贵金属催化剂用于高效 OER 反应也是目前研究的热点。在碱性介质中，$3d$ 过渡金属，尤其是 Fe、Co、Ni 表现出比其他金属更高的 OER 活性。纯 Ni 和 Fe 的氧化物/氢化物 OER 电催化性能不理想，而 Ni 和 Fe 的化合物则表现出优异的 OER 活性。早在 1987 年，Corrigan 就观察到，在氧化镍电极中加入微量的铁可以显著提高 OER 性能[43]。然后，Yang 等人发现，掺铁的 β-Ni(OH)$_2$ 电催化剂的 OER 活性随着加入 β-Ni(OH)$_2$ 晶格中的铁的数量而增加，确定铁是可能的 OER 催化活性中心[44]。Subbarman 的研究表明 3d 过渡金属二价阳离子的 OER 活性趋势为：Mn^{2+}<Fe^{2+}<Co^{2+}<Ni^{2+}[45]，并认为 OER 活性随着 M^{n+}—OH* 相互作用强度的降低而增加。对于上述四个 3d 元素，Ni 与 OH* 的最佳相互作用强度符合催化剂设计的 Sabatier 原理，镍可能是 OER 的活性部位。在这一研究的指导下，以 Fe、Co、Ni 为主的非贵金属 OER 催化剂，如 FeNi[46]、FeCo、CoNi[47]、FeMn 等日益成为研究热点。

OER 过程中，NiFe 基催化剂在高氧化电位的作用下，Fe、Ni 通常以其高氧化态（Fe^{3+}、Ni^{3+}）的形式存在。DFT 计算发现，Fe^{3+} 阳离子是 γ-Ni$_{1-x}$Fe$_x$OOH 的活性中心，其中 Fe^{3+} 位点催化 OER 所需的过电位低于 Ni^{3+}。此外，铁可以降低 NiFe 基催化剂中 M—OOH 形成步骤能垒。Tang 等人制备了一系列的镍铁（氧）氢氧化物，以研究铁/镍比例对 OER 活性的影响，并发现在（氧）氢氧化物框架中适度的金属替代（铁替代镍或镍替代铁）可以大大降低 Tafel 斜率和过电位[48]。Chen 等人[49]通过调节活性金属位点的局部电子结构制备了高效 OER 催化剂，如图 2-5 所示。研究发现，当 Fe^{3+} 物种与 Ni^{2+} 或 Co^{2+} 在双金属催化剂中共存时，可以通过部分电荷转移重新分配电子，甚至重新排列它们的配位结构，促进了 Ni^{2+} 或 Co^{2+} 的氧化，并增强了它们的 OER 活性。更重要的是，FeOOH 纳米颗粒中存在的高氧化态 Fe$^{(3+\delta)+}$ 物种与镍铁层状双氢氧化物（NiFe-LDH）相互作用形成氧桥（Fe$^{(3+\delta)+}$—O—Ni^{2+}），可调节 Ni^{2+} 物种的局部电子结构以形成相对较短的 Ni—O 键，这种界面相互作用促进了 NiFe-LDH 中 Ni^{2+} 的氧化，提升了催化剂的 OER 电化学性能。Lee 等人[50]通过在 Fe^{3+} 阳离子存在下蚀刻泡沫镍（NF），合成了 Ni$_{0.75}$Fe$_{2.25}$O$_4$ 纳米粒子，NF 上的 Ni$_{0.75}$Fe$_{2.25}$O$_4$ 表现出比贵金属催化剂 IrO$_2$ 更低的 OER 催化过电位（低 73 mV），且在 50 mA/cm^2 电流密度下的持续析氧 100 h 未见明显电位降低。DFT 计算确定了 Fe 是 OER 的主要活性中心，由于 Fe 被 Ni 部分取代，Fe 的 e_g 轨道填充率降低，有利于对 OER 中间体的吸附。用商业 Pt/C 和 Ni$_{0.75}$Fe$_{2.25}$O$_4$ 催化剂分别作阴极和阳极构筑碱性膜电解槽（AEMWE），在 1 mol/L KOH 电解质中，当施加 1.9 V 的槽电压时可获得 2 A/cm^2 的电流密度，远高于用 IrO$_2$ 作阳极时的电流密度（1.18 A/cm^2）。Morales 等人报告了在 Fe$_{0.3}$Ni$_{0.7}$O$_x$/MWCNTs-O$_x$ 中额外加入 MnO$_x$ 作为增强复合材料 ORR 活性的策略，利用氧化锰基材料的良好的 ORR 活性，进一步制备了 OER、ORR 双功能电催化剂，研究表明富含稀土的过渡金属氧化物的结合导致不同金属之间强烈的协同作用，从而调节催化活性。Li 等人[51]通过插入钼酸盐离子设计出镍铁层状双氢氧化物（NiFe-LDH）的超薄纳米片，纳米片厚度很薄能够使活性位点得到充分利用，提高催化活性。在 1 mol/L 的氢氧化钾溶液中过电势为 280 mV 时，电流密度约 10 mA/cm^2，相较于普通的 NiFe-LDH 纳米片的 OER

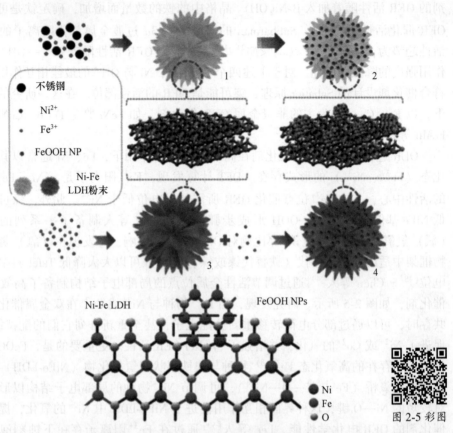

图 2-5　通过活性金属位点的局部电子结构的调节制备高效 OER 催化剂的流程图

催化活性更加显著[52]。冯晓磊、曲宗凯等人[53]采用成核晶化隔离的方法制备 NiFe-LDH 作为前驱体，然后放入马弗炉 550 ℃下焙烧 2 h 制备 NiFe$_2$O$_4$/NiO 纳米复合材料，并探究在 1 mol/L KOH 溶液中的催化析氧反应性能，发现该催化剂的 OER 催化作用及循环稳定性较为显著。很多研究者通过将少量 Ru 掺入到铁钴镍基催化剂中，在改变活性中心电子结构的同时提高贵金属原子利用率，从而制备高活性的 OER 催化剂。如图 2-6 所示，Hu 等人[54]开发了非晶态 FeCoNi 层状双金属氢氧化物（LDH）负载的 Ru 单原子（Ru-SAs/AC-FeCoNi）催化剂。层状双金属氢氧化物（LDH）由于具有丰富的缺陷位点和大量不饱和配位结构，可以作为稳定单个 Ru 原子的锚定位。并且协同效应使这种混合物具有极低的过电位；DFT 计算表明，Ru-SAs/AC-FeCoNi 可以优化催化剂中间体的吸附能，从而提高 OER 活性。Ru 的引入能够有效改变电子结构，并且由于电负性的差异，阳离子活性中心之间的相互作用也会通过产生晶格缺陷和畸变而引入更多的活性中心[55]。Qu 等人则通过调节 Ru 掺入后的材料表面的吉布斯自由能来提高其催化活性，在 3D 自支撑泡沫镍上制备了 Ru-NiFe-P 纳米片。所制备的 Ru-NiFe-P 催化剂在 0.1 mol/L KOH 中，在 100 mA/cm² 时的过电位仅为 242 mV。在 NiFe 磷酸盐中，部分催化 Ni 位被 Ru 原子取代，并且通过削弱催化剂表面的氢吸附优化了催化剂对氢的吸附自由能，自由能的降低大大提高了催化剂的催化性能，增加了活性位点的数量，并增强了活性位点的本征催化活性。

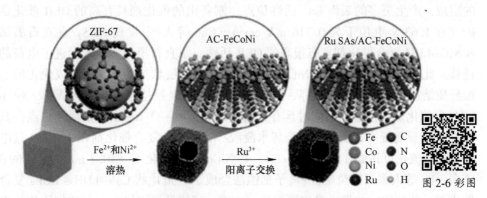

图 2-6　非晶态 FeCoNi 层状双金属氢氧化物（LDH）负载的单 Ru 原子（Ru-SAs/AC-FeCoNi）
杂化物催化剂的制备流程图

　　镍钴基电催化剂具有明显的电子亲和特性和可调的原子配位环境及电子结构，在 OER 催化中具有很好的应用潜力。尖晶石型镍钴氧化物因为其电子导电性能良好，并且在碱性介质及高阳极电位下仍具有较好的稳定性而被认为是具有实际应用潜力的 OER 催化剂。但是尖晶石型化合物在高温制备过程中容易团聚，使其电催化活性较低。Wang 等人[56]发现暴露（110）晶面的 $NiCo_2O_4$ 纳米片显示出比暴露（111）晶面的 $NiCo_2O_4$ 八面体和暴露（111）和（110）晶面的 $NiCo_2O_4$ 截断八面体具有更高的 OER 催化活性。Wu 等人[57]在溶液中合成了介孔 $Ni_xCo_{3-x}O_4$ 纳米网阵列，由于 $Ni_xCo_{3-x}O_4$ 中镍分布得不均匀，催化剂表现出高的电导率和活性位点密度。Peng 等人[58]采用 $NaBH_4$ 还原法制备了带有氧缺陷的 $NiCo_2O_4$ 催化剂，其多壳空心结构和氧缺陷的存在有助于增加催化剂活性表面积，提高传质和电荷转移能力，使催化剂表现出优异的 OER 催化性能，在 10 mA/cm² 电流密度时的过电位为 240 mV，Tafel 斜率为 50 mV/dec。Habrioux 等人[59]发现具有三维有序尺寸的 $Ni_xCo_{3-x}O_4$ 尖晶石在电位循环过程中发生表面重构，形成层状、交叠的氢氧化镍和氢氧化钴复合结构，催化剂表面产生新的 NiOOH 活性位点。值得一提的是，很多氧化物催化剂在 OER 作用下都会进行表面重构，但对于结构稳定的氧化物，表面可能会进行较低程度的重构，形成很薄的氧化层，对 OER 性能的影响较小。

　　层状双氢氧化物（LDH）具有的结构特性及较强的阴离子选择特性，表现出较高的 OER 催化潜力，并且还可通过在 LDH 层板间插入具有催化活性的成分及物质进一步增强 LDH 的催化性能。Xu 等人[60]通过微波辅助的方法制作出 ZnCo-LDH 纳米片，其 OER 催化活性较为突出，电流密度比 ZnCo-LDH 纳米颗粒低很多，且具有更好的催化稳定性。Chen 等人[61]采用自模板策略合成了 NiCo-LDH。DFT 计算表明 Co^{3+} 位点是 OER 催化活性位点，并通过优化 NiCo-LDH 中 Ni 和 Co 的组成，产生更多的表面 Co^{3+} 活性位点，制备出的催化剂具有高的 OER 催化性能（在 1.63 V 电位下为 0.716 mA/cm^2）。Chu 等人[62]发现 Ni_3S_2/垂直石墨烯 @ NiCo-LDH 复合催化剂具有很高的 OER 活性，垂直石墨烯的引入促进了电荷的迁移。此外，垂直石墨烯和 NiCo-LDH 具有相似的层状结构，易于形成优化的二维异质结构。乔世璋教授团队[63]报道了一种三维氮掺杂石墨烯水凝胶/NiCo-LDH 电催化剂，该催化剂同时具有金属—O 和金属—O/N—C 双重活性位点，其 OER 性能显著提高，氮掺杂石墨烯水凝胶/NiCo-LDH 复合催化剂在 400 mV 过电位下的电流密度达到 145.3 mA/cm^2，是 NiCo-LDH 催化剂（40.7 mA/cm^2）的 3 倍多。Lu 等人采用原位聚合-离子刻蚀法合成了三角片状 CoNi-LDH@ PCPs 复合催化剂，其结构中的聚吡咯包覆棉垫（PCP）三维纤维网络为电荷和物质传输提供了有效通道，CoNi-LDH@ PCPs 复合催化剂在 10 mA/cm^2 电流密度时的过电位为 350 mV。

氮、磷、硫等阴离子的存在可优化催化剂表面的原子和电子结构，增加活性位点密度和电导率，并调节对反应中间体的吸附强度，因此，镍钴基氮化物、磷化物和硫化物在 OER 中得到了广泛的研究。Wang 等人[64]通过简单的电沉积和在氨气中退火，在大孔镍泡沫上生成多孔的氮化镍钴纳米片，三维连通的多孔结构增加了催化剂的表面积和表面活性位点，促进了电荷转移和气体扩散，从而得到了高的 OER 催化活性（10 mA/cm^2 电流密度时的过电位为 290 mV）。Liu 等人[65]采用电化学沉积和原位氮化技术合成了氮化 NiCo 纳米颗粒/$NiCo_2O_4$ 纳米片/石墨纤维复合材料，由于其独特的电子结构、丰富的表面电活性位点及多界面电场效应，催化剂在 10 mA/cm^2 电流密度时的过电位仅为 183 mV。DFT 计算表明氧化物和氮化物的界面电场效应可诱导电子运动、驱动电子转移，从而提高了 OER 催化活性。Zhao 等人[66]采用金属有机框架（MOF）磷化策略合成了 Co_xNi_yP 纳米管催化剂，通过调节 Co 与 Ni 的原子组成调节催化剂的 OER 性能。研究表明当 Co 与 Ni 的原子比在 4:1 时，该催化剂具有最高的 OER 催化活性，10 mA/cm^2 电流密度时的过电位为 245 mV，且在 300 mV 过电位时 TOF 值是 0.032 s^{-1}。同样地，Wang 等人[67]以 MOF 为前驱体合成在碳布上直接生长 $NiCo_2S_4$ 纳米棒（$NiCo_2S_4$@ CC），由于 S^{2-}（0.184 nm）比 O^{2-}（0.14 nm）具有更大的阴离子半径，$NiCo_2S_4$ 中的 O 被 S 取代后晶体结构会产生较大的应变，暴露出更多的缺陷位点，并降低金属和阴离子之间的键能，增强金属位点的氧化还原能力，$NiCo_2S_4@CC$ 催化剂具有较优的 OER 催化性能（100 mA/cm^2 电流密度时的过电位为 370 mV）。

Co 和 Fe 在非晶态 Co_x-Fe-B 中的协同作用也大大提升了催化剂的 OER 性能，实验和计算证明，Co 和 Fe 位点对 OER 都是有活性的，Fe 可以在较高的氧化水平下稳定 Co，同时促进 OOH* 中间体的生成[68]。有研究发现 Co 中引入少量 Fe（约 10%）也会产生协同效应，OER 过程中，Co^{3+} 被氧化成 Co^{4+}，Co 催化剂中少量 Fe 的引入可缓解 Co^{3+} 的氧化，并产生新的 Fe^{3+} 活性中心，促进催化剂表面对 OH* 的吸附的同时降低 M—OH 形成步骤能垒。除铁外，其他掺杂剂，如钼和氮杂原子也可能促进 OER 活性。Mo 掺杂剂可修饰 $CoSe_2$ 的电子结构并激活 Co^{2+}/Co^{3+} 态，从而降低 M—OH 和 M—O 吸附的能垒。Han 等人[69]报道的钴镍硫化物（$Co_xNi_{1-x}S_2$、$Co_{1-x}Ni_xS_2$）具有高密度的晶体与非晶界面，将 $Co_{1-x}Ni_xS_2$ 与氮掺杂石墨烯复合后，锚定在载体吡啶 N 位点的钴原子易形成金属-半导体结晶。这些结晶的内部带弯曲，有助于电子从 $Co_{1-x}Ni_xS_2$ 转移到石墨烯。同时，在 OER 过程中部分氧化的无定型 $Co_{1-x}Ni_xS_2$ 层的形成有利于 OH* 和 H 原子的吸附和解吸，从而提高催化剂的 OER 性能。

2.2.3 MOF 基催化剂

金属有机框架（MOF）化合物是以金属离子为连接中心，有机配体为桥联体，通过配位键、π—π 键、氢键、范德华力等作用力，自组装具有周期性的配位化合物[70]。MOF 是一种高度有序的多孔材料，具有较大的比表面积、充足的活性位点、可调节的孔径大小、孔隙率高且环境多变及灵活可调的组成成分等特点，已成为新型 OER 催化剂的代表。

在众多的 MOF 中，一般 Fe、Co 和 Ni 基的 MOF 具有最高 OER 活性。合成具有可预测结构和有价值特性的 MOF 材料一直是各个研究领域的目标之一，MOF 的合成方法也在不断升级，主要方法有超声法、溶剂热法（或水热法）和微波加热法等。国家纳米科学中心唐智勇课题组[71]使用金属离子和对苯二甲酸（1,4-BDC）在 DMF/乙醇/H_2O 的混合溶剂及三乙胺添加剂的作用下，通过高功率超声合成了二维超薄 NiCo-UMOFNs。此外，他们还在此基础上，使用 2,5-二羟基对苯二甲酸（H_4DOBDC）作为有机配体，合成了 $Ni_{0.5}Co_{0.5}$-MOF-74[72]。贾希来/王戈课题组[73]在添加剂三乙胺的协助下，通过高功率超声合成了二维超薄的 NiFe-UMNs。溶剂热法（或水热法）将金属离子与有机配体分散在溶液中，在一定的温度和压力下自组装形成 MOF。常用的有机溶剂有乙醇、甲醇、DMF 和 N,N-二甲基乙酰胺（DMAC）等。通过控制反应物配比、体系 pH 值、温度等因素可以合成性能优异的 MOF。贾希来课题组[74]通过结合超声合成法和溶剂热合成法，合成了（U+S）-CoFe-MOF。制备的这些 MOF 基催化剂因具有充足的活性位点和灵活可调结构，表现出优异的电催化 OER 活性。

除了在电催化中使用原始 MOF 催化剂的许多优点外，MOF 还可以用作各种纳米材料的前体和模板，例如合金、层状双氢氧化物、金属氧化物、金属磷化物、金属氢氧化物、金属碳化物、金属硒化物、金属硫化物、氮化物、单原子催化剂和异质结构。这些 MOF 衍生材料最耀眼的优点是多孔碳基材料具有高导电性和高稳定性。近年来，研究者们通过各种策略调控原始 MOF 以提升电催化 OER 活性，并得到显著效果。

2.2.3.1　维度的控制

MOF 的形貌有零维（0D）纳米颗粒/球、一维（1D）纳米棒/线/管、二维（2D）层状/片状结构、三维（3D）分层纳米结构和块状材料。研究表明，MOF 的形貌对 OER 活性有很大的影响。其中，具有纳米层的 2D MOF 纳米片因其表面有许多金属离子的不饱和配位位点，以及快速的质量传输和电荷转移特性而表现出较高的电催化活性。唐志勇课题组[71] 在金属离子和 1,4-BDC 在 DMF/乙醇/H_2O 的混合溶液中，在添加剂三乙胺（TEA）的协助下，通过高功率超声合成了平均厚度为 3.3 nm 的 2D 超薄 NiCo-UMOFNs。NiCo-UMOFNs 实现 10 mA/cm^2 的电流密度仅需过电位 250 mV，相比体相 NiCo-MOF 低了 67 mV。杨永芳课题组[75] 在 DMF、乙醇、TEA 和 H_2O 的存在下，通过简单搅拌 Fe/Co 金属盐和 1,4-BDC 的反应混合物，在室温下制备了厚度约为 2.2 nm 超薄的 2D MOF-Fe/Co 纳米片。在 1 L 的反应容器中实现 2D MOF 纳米片的大规模合成，产率高达 93%，这有望实现 2D MOF 的商业化应用（见图 2-7（a））。2D MOF-Fe/Co 在 10 mA/cm^2 时的过电位和 Tafel 斜率分别为 238 mV 和 52 mV/dec，远优于传统方法制备的 3D MOF-Fe/Co（311 mV，77 mV/dec）和块状 MOF（427 mV，156 mV/dec）（见图 2-7（b）和（c））。

2.2.3.2　金属元素的掺杂

MOF 的低电导率是制约电催化应用的最大障碍。研究者们常通过引入辅助金属来改变金属中心价态，增加电化学活性区域，并优化 e_g 轨道，改变电荷转移路径及调节电子结构，从而改善 OER 电催化性能。MOF 的金属掺杂优化电催化活性主要是利用金属间的协同效应。金属掺杂能够调节金属离子的价态和电子结构，进而优化活性中心的吸脱附能[76]。

王磊课题组[78] 采用一步法在泡沫镍上原位生长微球状 Ir 掺杂 Ni/Fe 基 MOF 阵列。所获得的 MIL-(IrNiFe)@NF 电催化剂由于具有优异的转移系数和分级结构，在不同溶液中表现出优异的电催化活性。张苗副团队[79] 制备出一种菊花状纳米花结构的三金属 MOF。制备具有优异的 OER 活性催化剂归因于其特殊的结构和 Ni 活性中心，并且纳米片催化剂组装成菊花状纳米花结构并掺杂 Co，有效地增加了电极材料与电解液之间的接触面积，从而为离子和电子传输提供良好的

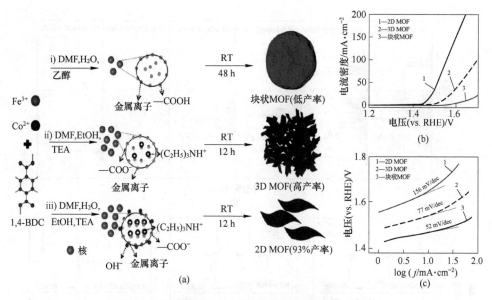

图 2-7 不同形貌 MOF 催化剂制备流程及性能[75]

（a）块状、3D 和 2D MOF 的合成示意图；（b）iR 补偿的极化曲线；（c）相应 LSV 曲线转化的 Tafel 斜率

环境。黄明华课题组[77]采用界面诱导的策略制备了一系列双金属 Ni 基 MOF（NiM-MOF，M＝Fe，Co，Cu，Mn，Zn）研究电子结构与催化活性的关系。实验结果与理论预测一致表明 OER 活性顺序遵循 NiFe-MOF＞NiCo-MOF＞NiCu-MOF＞NiMn-MOF＞NiZn-MOF 的关系。催化活性表现出对 d 波段中心（E_d）的突出火山形依赖性和 e_g 填充（f_e）用于催化金属中心。E_d 越接近费米能级，活性位点与反应中间体（OH^*、OOH^* 和 O^*）之间的结合越强（见图 2-8[77]）。例如，黄小青课题组[80]通过溶剂热法在泡沫镍上制备了一系列 FeNi 基三金属 MOF，发现分别引入了 Co^{2+} 和 Mn^{2+} 离子均能有效提升 OER 活性。三金属混合的协同效应，加速了电解质在 Ni 活性中心的扩散作用和电子转移作用。徐彩玲课题组[81]制备

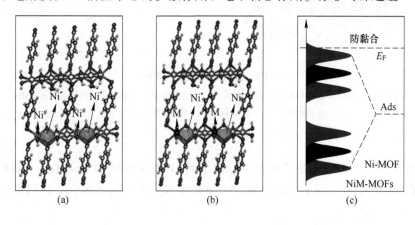

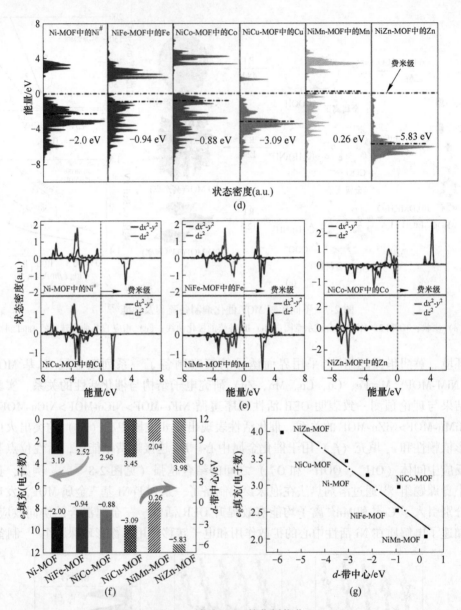

图 2-8　镍基 MOF 催化剂优化

(a)（b）优化的 NiMOF 和 NiM-MOF 的结构；(c) 催化剂与吸附剂之间的键形成示意图；

(d)（e）在 NiM-MOF 中掺杂 M 的 d 态上预测的状态密度和 e_g 状态密度；

(f)（g）NiM-MOF 中取代 M 的 E_d 与 f_e 相应的值和相关性

了一种由金属原子与水分子和有机配体中的 O 和 N 连接的 Co-MOF，通过将 Fe 引入 Co-MOF 中可以调节中心金属原子与配体水分子之间的键强，进而加速电化学活化速率。DFT 计算表明引入 Fe 后能改变 Co 的电子态，而且载流子密度明显增加并表现金属行为，进而优化了吸附中间体的自由能。

2.2.3.3 异质结构的调控

将两种或多种催化材料构建成异质结构也是一种提高催化活性的有效策略。MOF 的异质结构能够显著提升电催化活性，这主要是异质结构具有协同效应、应变效应和电子相互作用的结构优势。异质结构不仅可通过组合不同的组分，在界面处产生电子再分布、实现协同效应，还能够通过改变该结构的组成和晶相产生新的界面结构，实现高效的催化功能。乔世璋课题组[82]将 2D Ni-MOF 和 Pt 纳米晶杂化构筑异质界面，通过界面成键诱导调控中间体与催化剂的相互作用，从而提高 OER 和 HER 的催化活性。在异质界面新形成的 Ni—O—Pt 键上的电荷重新分布，可增加 OH* 吸附能及降低 H* 吸附能，分别优化 H* 和 OH* 的吸附。黄晓课题组[83]通过内部扩散相辅助法制备了 $Ti_3C_2T_x$ 纳米片与 MOF 复合的 $Ti_3C_2T_x$-CoBDC。得到的复合结构因同时具备 CoBDC 和 $Ti_3C_2T_x$ 的特性，表现出优异的 OER 活性。翟全国课题组[84]制备了一种高度有序的分层多孔结构的导电 MOF/层状双氢氧化物（cMOF/LDH）异质纳米管阵列。结果表明两组分的协同作用显著促进了异质纳米管阵列的化学和电子结构及其表面的电活性。

2.2.3.4 缺陷的调控

MOF 中原子或离子、配体的缺失或偏移可破坏其周期性排列，使 MOF 产生缺陷（见图 2-9（a））。Fischer 和 Kieslish 等人[85]综述了近年来缺陷 MOF 的发展。在 MOF 中引入缺陷的方法主要有从头合成法和后合成处理法（见图 2-9（b））[85]。后合成处理法是通过各种手段将制备好的 MOF 进一步处理获得缺陷结构，如溶剂辅助配体交换法、水洗和高温。而从头合成法常在反应溶液中加入一元羧酸。MOF 中缺陷对于催化和能源转化存储等领域的应用有着重要意义[86]。MOF 的缺陷可以局部调节孔隙度、开发金属活性位点和表面调控，进而提高催化能力[87]。

目前，使用仪器表征 MOF 中的缺陷仍是一个大挑战。比如 XRD 达不到小缺陷的分辨率，X 射线吸收光谱和对分布函数需要同步加速器。近年来，MOF 的结构缺陷探究得到了很多新的发现。韩宇等人[89]报道使用低剂量高分辨透射电子显微镜（HRTEM）和电子晶体学的联用技术直接观测 MOF UiO-66 空间中的结构缺陷，并在亚单胞尺度对缺陷进行成像和结构演变观察。研究发现制备的 UiO-66 中存在配体缺失和金属簇缺失两种缺陷。此外，他们还发现 MOF 在结晶过程中也经历 Ostwald 熟化。在此过程中，缺陷不断变化，延长结晶过程，最后仅剩配体缺失缺陷。冯潇课题组[90]将无缺陷的 Zn/Zr UiO-66 进一步酸刻蚀除去不稳定的 Zn 节点，得到缺陷的 UiO-66。缺陷的引入能够有效调控材料的电子结构，同时引入配位不饱和的缺陷位点作为高活性的催化位点[91-93]。张一卫课题组[94]使用 O_2-Ar 等离子体射频处理 Co-MOF，产生大量的氧空位缺陷，再进一步引入 Fe

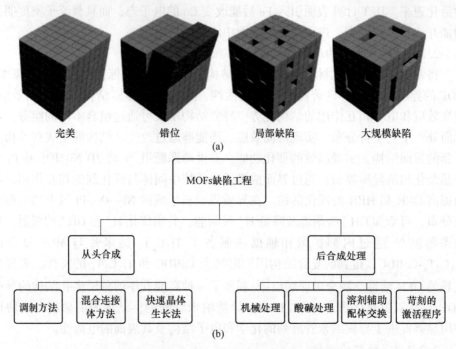

完美　　　　错位　　　　局部缺陷　　　　大规模缺陷

(a)

MOFs缺陷工程

从头合成　　　　　　　　后合成处理

调制方法　混合连接体方法　快速晶体生长法　　机械处理　酸碱处理　溶剂辅助配体交换　苛刻的激活程序

(b)

图 2-9　MOF 基 OER 催化剂缺陷调控方法

（a）缺陷的定义示意图[88]；（b）在 MOF 中引入缺陷的主要方法[85]

和碳化处理制备了富含缺陷的 Fe_1Co_3/V_0-800。相比无 O_2-Ar 等离子体射频处理的样品，在 10 mA/cm^2 的电流密度下，Fe_1Co_3/V_0-800 过电位减小幅度约 70 mV。

在 MOF 中，有机配体占相当大一部分空间，研究者们也通过各种手段丢失部分有机配体连接，从而实现配体缺陷。李光琴、刘敏课题组[95]在合成过程中引入缺陷的单羧酸配体（如二茂铁甲酸、对醛基苯甲酸和对氨基苯甲酸）制备配体缺陷 MOF 的策略来调控电催化性能（见图 2-10（a））。如图 2-10（b）所示，电化学测试表明引入二茂铁甲酸的缺陷 MOF 纳米阵列（CoBDC-Fc-NF）表现出最优的 OER 性能，在电流密度为 100 mA/cm^2 时具有 241 mV 的超低过电位，相比无配体缺陷的 CoBDC-NF 低 77 mV。MOF 催化活性的显著升高是由于一元羧酸的加入对其电子结构调控和暴露更多活性位点。孙治湖课题组[96]提出了一种简单的连接子剪刀策略，通过用一元羧酸部分取代二元羧酸来诱导 MOF 催化剂中的晶格应变。晶格膨胀率为 6% 的 NiFe-MOF 具有最优的 OER 活性，在 10 mA/cm^2 的电流密度下具有 230 mV 过电位和 86.6 mV/dec 的 Tafel 斜率。刘庆华课题组[97]通过紫外辐射诱导对苯二甲酸发生部分分解，使 MOF 中部分配体丢失，从而减弱了层间的作用力，并且晶格沿着 [100] 晶向发生膨胀效应，随着辐照时间的不同产生了不同量的晶格应变量。DFT 理论研究表明，晶格应变导致费米能级向 Ni 的 3d 带的负方向移动，这有利于 OOH* 中间体的形成。在过电位为 300 mV 下，晶格应变的 4.3%-MOF 材料对 OER 的比质量活性为 2000 A/g，比未产生晶格应变的 MOF 材料高 2 个量级。

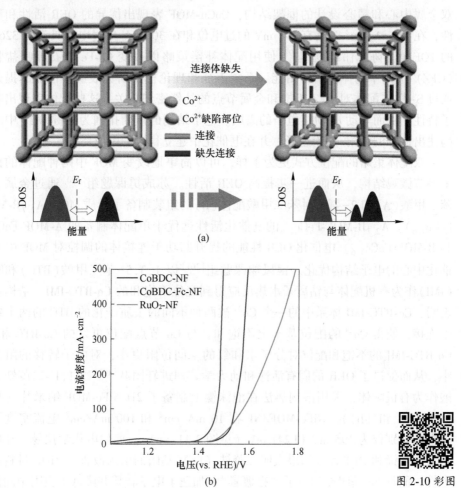

图 2-10　MOF 基 OER 催化剂缺陷调控示例

(a) 引入缺失配体调制 MOF 的电子结构示例；(b) OER 的 LSV 曲线[95]

2.2.3.5　配体策略

目前，MOF 基纳米材料作为 OER 电催化剂，还存在一些需要克服的障碍和进一步提高性能的空间。有机配体作为 MOF 中的重要组分，它的选择将会影响 MOF 的配位模式和网络结构。有机配体不仅能与金属配位形成特定的框架结构，同时也能获得有机配体的柔性和官能团的选择性等。不同的构型可以提供不同的孔径结构，而且配体上的官能团也能够调节电子的性质，从而吸附特定的气体分子，这能显著优化电催化活性。

研究者们对配体调控电催化 OER 活性做了大量研究。楼雄文课题组[98]通过连续的阳离子和配体交换策略制备了新型 CoCu-MOF 纳米盒。凭借着高度暴露的双金属中心和精心设计的框架结构，CoCu-MOF 表现出优异的 OER 活性和稳定性，在 10 mA/cm² 时具有 271 mV 的过电位和在 300 mV 的过电位具有 0.326 s⁻¹ 的 TOF 值。陈忠伟课题组[99]使用配体补偿策略以改变 Co-Fe 沸石咪唑盐骨架 (CFZ) 上的中间体吸附自由能。系统表征和理论模型研究表明，性能的提升与通过 S-桥连配体对 CFZ 不饱和金属节点的补偿密切相关，这些配体表现出吸电子特性，从而驱动 d-轨道电子的离域。电子结构的重新排列为关键 OH* 中间体构建出良好的吸附/脱附途径，并在电催化中建立稳定的配位环境。

双配体策略的配位方式更为多样，可以简单地改变 MOF 中两种配体的比例来调节微观结构，从而进一步提高 OER 活性。苏成勇课题组[100]通过金属、对苯二甲酸 (A) 和 2-氨基对苯二甲酸配体 (B) 的组装制备了异质 MOF ($A_{2.7}$B-MOF-FeCo$_{1.6}$)。$A_{2.7}$B-MOF-FeCo$_{1.6}$的电催化活性远优于单配体制备的 A-MOF-FeCo$_{1.6}$ 和 B-MOF-FeCo$_{1.6}$。电催化 OER 性能的提升归功于连接体的调控对 MOF 中本征催化中心的电子结构优化。银凤翔课题组[101]以 1,3,5-苯三甲酸 (BTC) 和咪唑 (IMI) 作为有机配体与钴离子水热反应得到配位不饱和的 Co-BTC-IMI。结构表征表明，Co-BTC-IMI 体系中的一个 Co²⁺ 被两种不同的去质子化的 BTC 的两个氧原子连接，使得 Co²⁺ 的配位基本上不饱和。与 Co 节点配位更好的 Co-BTC 相比，Co-BTC-IMI 的不饱和配位对分子水和氧的空间位阻更小，对电子转移的阻力更小，从而促进了 OER 的固有活性和动力学。刘进轩团队[102]以 1,1′-二茂铁二羧酸作为有机配体，采用溶剂热法在泡沫镍上制备了 2D NiFc-MOF 纳米片 (见图 2-11 (a) 和 (b))。NiFc-MOF/NF 在 10 mA/cm² 和 100 mA/cm² 电流密度下的过电位分别仅为 195 mV 和 241 mV (见图 2-11 (c))。原位电化学拉曼、导电原子力显微镜和 DFT 计算结果表明二茂铁 (Fc) 基团的引入改善了 MOF 材料的导电性，而且 Fc 基团充当电子"摆渡者"，加速了电子转移并降低了吸附中间体的自由能 (见图 2-11 (d) 和 (e))。Tania Rodenas 团队[103]将含氟有机官能团 (—F) 的配体合成 2D 四氟苯二甲酸钴 (CoTFBDC)，与剥离石墨 (EG) 形成异质结构再进一步热处理制备了 CoTFBDC/EG-250。由两种不同的 2D 纳米材料制备的层状复合材料促进了电活性，这得益于电活性 F 原子和 Co 原子之间的强相互作用。

2.2.3.6　其他优化策略

杂原子掺杂、与导电基体复合、界面调控及 MOF 催化剂后处理等也是一些常用来优化催化活性的重要手段。李高仁课题组[104]通过 Fe 掺杂和 FeOOH 异质

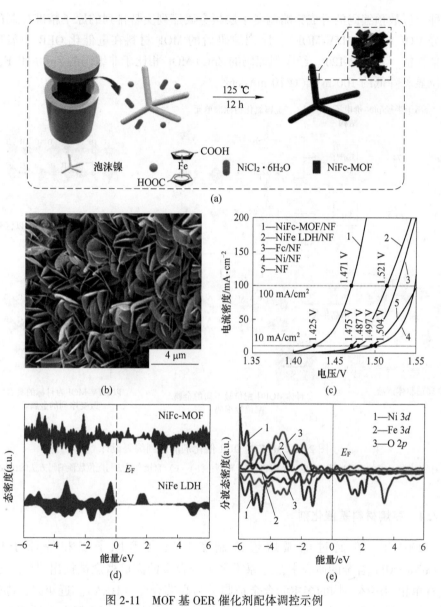

图 2-11 MOF 基 OER 催化剂配体调控示例

（a）NiFc-MOF 在 NF 上的合成图解；（b）NiFc-MOF/NF 的 SEM 图像；（c）OER 的 LSV 曲线；

（d）（e）NiFc-MOF 的态密度和分波态密度[102]

界面工程双重调控合成了 Fe-doped-(Ni-MOF)/FeOOH，X 射线吸收光谱（XAS）表明双重调控可以通过 Fe—O—Ni—O—Fe 键有效激活 Ni-MOF 的 Ni 位点。Ni 有利的 d 带中心有效地调节关键中间体的吸附/解吸能，OER 活性提高了 9.3 倍。金属节点的分布方式也极大地影响了其催化性能[105]。邓鹤翔课题组[106]报道了一种配位数预编码的合成策略制备了层板金属序列交替排列的原子精准控制的多组分 MOF 材料（MTV-MOF），序列编码后的 MOF 材料在电催化 OER 中展现出最佳性能（见图 2-12）。经序列编码的 ZnCo-MOF 相比于非编码的 ZnCo-MOF，过电位显著降低约 100 mV（@ 10 mA/cm²）。

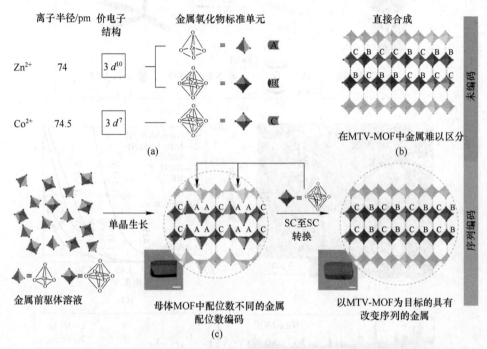

图 2-12　MOF 基 OER 催化剂的序列编码设计

（a）Zn²⁺ 和 Co²⁺ 的离子半径、价电子结构和 SBUs 构型；（b）（c）直接合成法与配位数预编码方法的比较[106]

2.2.4　高熵材料基催化剂

2004 年，在通过电弧熔炼法制备具有高等原子熵和等原子比的 CuCoNiCrAlFe 合金的研究中，等原子多组分合金的高熵概念被提出[107]，之后，具有单相固溶体结构的多主元合金被归类为高熵合金（HEA）。近年来，高熵材料（HEM）在耐热性、储氢、电池、光热转换、催化/电催化等多个领域都显示出了良好的应用前景[108-110]。与传统合金不同，HEA 可以克服各种金属元素之间巨大的不混溶间隙，形成单相固溶体。基于熵稳定效应、缓扩散效应、鸡尾酒效应和组分定制可调等优势，HEA 还被越来越多地用于电催化。从催化应用的角度来看，不同金属元素在 HEA 中的随机分布可能有助于超越单一金属源的同质性，从而导致意想不到的协同效应，以刺激吸附/解吸的动力学屏障，进一步获得有前景的电催化性能。此外，其可调节的成分、电子结构及在腐蚀性电解质中的良好耐久性使其成为先进电催化的潜在候选材料。HEM 的制备方法及其在不同领域的应用已有不少报道，然而，提高 HEM 催化性能的设计和调控策略却很少涉及。同时，由于该领域的快速发展，迫切需要对 HEM 基催化剂的不同设计策略进行详细的比较，以发现不同元素组合用于不同反应的协同效应，本节着重介绍 HEM 基催化剂的设计和调控策略。

2.2.4.1　纳米结构设计策略

由于 HEM 的性质在很大程度上受其晶体结构的影响，普遍认为从纳米尺度上精确控制 HEM 的结构（如晶体尺寸、暴露的晶体面和表面应变等）是调节其催化性能的有效方法。厦门大学黄小青教授和香港理工大学黄勃龙教授等为碱性氢氧化反应（HOR）合成了独特的 PtRuNiCoFeMo HEA 纳米线（见图 2-13（a）和（b））。HEA 超纳米线的直径为 $1.8 \ nm \pm 0.3 \ nm$，具有扭曲的表面原子结构，具有丰富的原子阶梯和丰富的缺陷晶格失配（见图 2-13（c）~（f））。此外，HEA 超纳米线中 Ni、Co、Fe 和 Mo 向 Ru 的电子转移可以调节电荷密度从而优化反应物及中间体与催化剂的结合强度。得益于亚纳米特性和电子传递效应，HEA 超纳米线的单体质量（Pt+Ru）活性和单位面积活性分别达到 $6.75 \ A/mg$ 和 $8.96 \ mA/cm^2$，分别是商用 PtRu/C 和 Pt/C 的 4.1/2.4 倍和 19.8/18.7 倍。同样的，青岛科技大学的赖建平教授和王磊教授报道了一种通过简单的低温油相策略

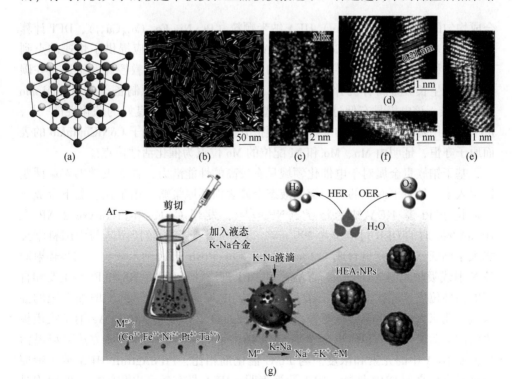

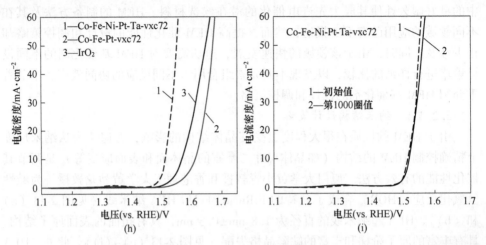

图 2-13 高熵合金 OER 催化剂的尺度调节

(a) 亚纳米 HEA 纳米线的晶体结构；(b) 高角度环形暗场扫描电镜图；(c)~(f) 经过
像差校正的 HRSTEM 图像[112]；(g) 通过剪切辅助液态 K-Na 液滴表面还原工艺合成高熵
合金纳米颗粒（HEA-NPs）以实现高效电催化 HER 和 OER 的示意图；(h) Co-Fe-Ni-
Pt-Ta-vxc72、Co-Fe-Pt-vxc72 和 IrO₂ 的极化曲线；(i) Co-Fe-Ni-Pt-Ta-vxc72 在 1000 CV
循环前后 OER 极化曲线[113]

图 2-13 彩图

合成均匀的超小（约 3.4 nm）HEA 纳米颗粒（$Pt_{18}Ni_{26}Fe_{15}Co_{14}Cu_{27}$），DFT 计算
表明，纳米级 $Pt_{18}Ni_{26}Fe_{15}Co_{14}Cu_{27}$ HEA 表面为氧化还原反应提供了快速的点到
点电子转移。最近，中国科学院福建物质结构研究所温珍海教授课题组通过在碳
布上原位生长五金属有机骨架（MOF），然后进行热解还原制备了 CoNiCuMnMo
HEA 电极，该电极具有低过电位和高选择性，对 OER 具有良好的催化性能[111]，
进一步采用基于机器学习的蒙特卡罗模拟方法研究了纳米粒子 CoNiCuMnMo 的表
面原子守恒，证明由 Mn、Mo 和 Ni 配位的 Mo 位点为催化活性位点。

　　基于铂族贵金属对于电催化领域具有较高的性能潜力，青岛大学冯宏斌课题
组引入了一种自下而上的剪切辅助液态金属表面还原策略，用于在室温下合成亚
2 nm 超小 Pt 基 HEA 纳米粒子（NP）[113]，发现 Co-Fe-Ni-Pt-Ta-vxc72 NP 在
10 mA/cm² 时的 OER 过电位为 290 mV。北京大学夏定国教授团队与中国科学技
术大学储旺盛副研究员合成了 2 nm 超小 NiCoFePtRh HEA 纳米颗粒。同步辐射原
位 X 射线吸收光谱（Operando XAS）和 DFT 理论计算表明，Rh 和 Pt 是主要和直
接的活性位点，Fe/Co/Ni 能有效地调节 Pt/Rh 原子的电子结构，增加系统的混
合熵。北京大学郭少军教授等人报道了一种通过不同金属前体和 Ag 纳米线模板
之间的电荷交换制备超薄贵金属基 HEA 纳米带的策略。这种合成方法可以灵活
地控制 HEA 中的元素和浓度。与 Pt/C 催化剂相比，PtPdAgRuIr HEA 纳米带催
化剂具有更高的 ORR 性能。DFT 计算表明，HEA 具有较高电化学性能的原因是

高浓度还原性元素与其他元素的协同作用保证了高效的点对点电子转移。显然，与传统的块形态相比，通过不断研究将 HEA 的尺寸显著的减小，将上述 HEA 应用于相应的电催化反应时，均表现出较好的电催化性能。虽然减小 HEA 的尺寸增加了其比表面积，但开发新的 HEA 仍还需要暴露更多的活性位点，因此探索更多合成方法势在必行。在合成方面，现有 HEA 制备方法倾向于合成具有大比表面积的纳米结构电催化材料，如纳米线、纳米花、空心纳米球、纳米片等形貌。因此，有必要开发新的 HEA 制备技术和方法。此外，HEA 合成条件苛刻的问题还有待进一步改善。

2.2.4.2　纳米多孔/中空结构设计策略

由于纳米多孔/中空材料具有比表面积大、传质能力强等优点，通过脱合金获得的纳米多孔金属材料作为前沿的催化剂已经进行了大量的研究。此外，通过自上而下脱合金策略制备纳米多孔催化剂还具有制备规模大、重复性高、不需要任何有机化学品等优点。哈尔滨工业大学邱华军课题组通过脱合金策略制备了一系列具有不同孔隙结构的纳米多孔 HEA 和高熵金属氧化物（HEO）。由于铝基前驱体合金成本低，易在碱性溶液中选择性溶解，同时在溶解过程中仍能保留其他金属元素的特点，通过脱合金作用合成了具有不同孔径的纳米多孔 HEA。由于纳米多孔 HEA 具有多元素表面，在多金属协同作用下，纳米多孔 HEA 表现出优异的 OER 催化活性（见图 2-14（a）～（c））。北京化工大学胡传刚教授等人通过一锅溶剂热法合成了具有纳米空心球形结构的 PdCuMoNiCo HEA 纳米颗粒，与固体颗粒相比，其比表面积要高得多。而且 HEA 中 Pd 为活性中心，其他元素辅助调节中间体的吸附能，可加速催化反应过程[114]。在另一项研究中，美国马里兰大学胡良兵课题组通过柠檬酸气体发泡剂分解策略合成中空 HEA 纳米颗粒。如图 2-14（d）所示，在高温条件下柠檬酸分解生成的 CO_x/H_2O 气体，使液滴

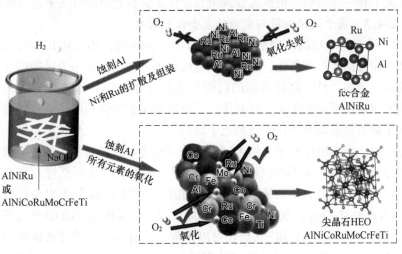

(a)

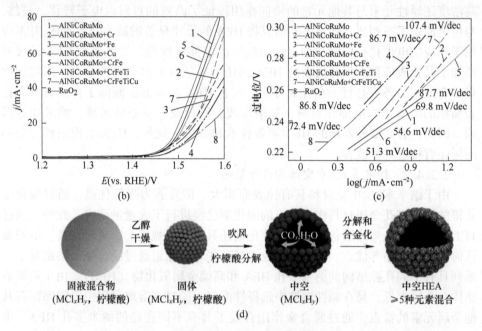

图 2-14　高熵合金 OER 催化剂的孔结构调节

（a）fcc 结构合金和低晶尖晶石氧化物形成示意图；（b）（c）所制备样品的 OER 极化曲线和 Tafel 斜率；

（d）中空 HEA 颗粒形成过程中液滴到颗粒演化的示意图[115]

"膨胀"，随后混合金属前驱体快速减少，多组分 HEA 中空颗粒生长[115]。上述结果表明，合理调整组成是改善 HEA 电催化剂性能的有效设计策略。但是目前所合成的纳米多孔/中空结构 HEA 多采用传统化学法及脱合金法，无法精确控制孔结构大小和中空形貌，仍然需要探索和设计更多有意思的方法来进行突破。

2.2.4.3　基于高熵材料与金属的复合设计策略

HEM 具有熵驱动的结构稳定性和丰富的配位环境，不仅使其具有较高的催化活性，而且适合在光催化、热催化和电催化等多种反应中作为辅助催化剂或催化剂载体。例如，具有高结构熵的高熵氧化物（HEO）可以作为分散和稳定贵金属纳米团簇甚至单原子的良好载体。具有可调元素组合和电子结构的高熵载体也可用于调节贵金属基活性位点的电子结构。

据报道，贵金属单原子与纳米颗粒组合可能会导致意想不到的协同效应，可减小电催化中间体的吸附/解吸的动力学障碍，从而影响本征活性。浙江大学张玲洁教授和南京工业大学的暴宁钟教授课题组通过引入 Ag 作为电子供体来激活高熵 CuCoFeAgMo(oxy) 氢氧化物中的金属位点，以实现高效的 OER 过程。他们提出，每个金属位点的金属-氧杂化可以作为一个有效的描述符来说明不同金属位点的特定催化活性。同时，他们证明了 CuCoFeAgMo(oxy) 氢氧化物中 Ag 位点具有较低的极限能垒, 可以大大提高第四系 CuCoFeAgMo(oxy) 氢氧化物的 OER 活性。此外, 具有较高费米能级的 Ag 团簇被验证为电子供体, 可以增加中间产物的 O 2p 态与 Co、Cu、Fe 和 Mo 的 d 态之间的杂化。Ag@CoCuFeAgMoOOH 催化剂表现了突出和稳定的 OER 性能, 在 100 mA/cm² 的电流密度下, 过电位低至 270 mV, Tafel 斜率为 35.3 mV/dec, 并能维持 50 h 以上的稳定性。

通过前驱体合金设计和自上而下的脱合金策略, 哈尔滨工业大学邱华军教授课题组制备了具有纳米孔铂修饰的 HEO (Pt@HEO) 复合材料。他们发现, 在纳米多孔 (AlCoFeMoCr)₃O₄₋ₓ 上形成均匀且固有掺杂的 Pt 团簇 (约 2 nm) 的关键是在 Al₃CoFeMoCr 金属间相中加入金属 Pt。在对 OER/ORR 双功能电催化剂的设计过程中, 他们发现 Pt 团簇的掺入可以明显提高 HEO 载体的 OER 活性, 尽管现在 Pt 主要应用于 ORR, 但有了 HEO 的支持也能增强 Pt 的 OER 活性。通过实验观察和 DFT 计算发现了 HEO 中 Pt 与 P 的协同作用。此外, HEO 载体和贵金属纳米团簇的元素组成可以很容易地被调整, 考虑到 HEO 载体和纳米团簇都具有催化活性, 这将被用于开发更先进的、具有高耐久性的多功能催化剂。因此开发先进的 HEA 复合异质结材料将会促进更多新型高熵催化剂的设计, 推动高熵合金催化剂的发展。

2.2.4.4 基于高熵材料与碳基材料的复合设计策略

碳基底的应用是先进电催化剂设计中最常见的策略之一, 它不仅能提高材料的导电性, 而且能提供稳定的化学和电化学反应界面。多组分高熵材料在制备过程中具有热力学稳定性或亚稳态。当多组分 HEM 处于亚稳态时, 需要在高温或高化学势等条件下制备 HEM, 这有利于单相固溶相的形成。马里兰大学胡良兵教授团队开发了一种快速的高温合成策略, 通过动力学俘获来淬火形成 HEM 单相固溶相[116]。例如, 胡良兵教授的团队采用碳冲击方法制备了单分散在碳基板上的 HEA 和 HEO 纳米颗粒。高的合成温度不仅保证了合金结构均匀无相分离, 而且增强了 HEA/HEO 纳米颗粒与碳基板之间的键合效应, 进一步提高了催化剂耐久性 (见图 2-15 (a))。胡良兵教授团队还制备了包含 10 种金属元素组成的 HEO/C 催化剂, 与 Pd/C 相比具有更低的 Pd 负载量, 而且催化剂的耐久性显著的提高, 在 100 h 后仍然保持 86% 活性。郑州大学尚会姗教授团队报道了一种碳离子交换策略制备了新型碳纤维 Co-Zn-Cd-Cu-Mn 硫化物纳米阵列 (CoZnCdCuMnS@CF)。利用多种金属之间的协同效应, 以及高熵 Co-Zn-Cd-Cu-Mn 硫化物纳米阵列与碳纤维载体的强界面作用, 在碱性介质中 CoZnCdCuMnS@CF 具有良好的 OER 催化活性和稳定性。在 10 mA/cm² 电流密度下的过电位为 220 mV, 稳定运行 113 h 仍能保持较好的 OER 催化活性 (见图 2-15 (b) 和 (c))。虽然碳基非贵金属材料在电催化领域逐步得到广泛研究与应用, 其性能、结构、制备工艺等各个方面都有了提高, 但就催化活性而言, 碳基催化剂材料仍然存在局限性，有待提高。因此通过探索改变催化材料形状、调整材料结构的方法可以实现材料结构和缺陷的有效调控。

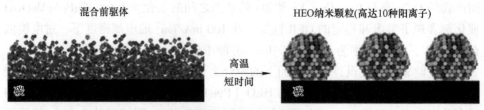

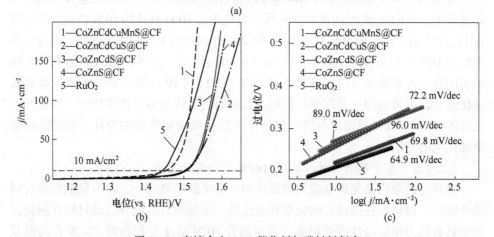

图 2-15 高熵合金 OER 催化剂与碳材料复合

（a）基于碳基板的 HEO 纳米颗粒的合成原理图[117]；（b）CoZnCdCuMnS@CF 的 OER 极化曲线；

（c）CoZnCdCuMnS@CF 的 Tafel 斜率[118]

2.2.4.5 应变效应

表面应变效应是影响反应中间体与催化剂表面结合效应的另一个重要因素。为了解催化剂的表面应变如何影响中间体的吸附能，目前已经开展了一些相应的研究，研究发现了许多新颖的 HEM 设计思想，可以调节 HEM 催化剂的表面催化过程。青岛科技大学王磊课题组报道了一种通过调节应变效应增强催化性能的研究。与 400 ℃ 处理后的 PtFeCoNiCu HEA 相比，700 ℃ 热处理后的 PtFeCoNiCu HEA 核壳结构催化剂表现出更高的催化活性。如图 2-16 所示，这是由于压缩应变使得 HEA-700 中 Pt—Pt 键缩短，且非贵金属 Fe 与核心中的 Co、Ni 和 Cu 原子的电子转移到表面 Pt 层而产生压缩应变，使 Pt 的 d 带中心向下移动[119]。丹麦哥本哈根大学 Jan Rossmeisl 教授等人统计分析了 RuIrPtRhPd 和 PdPtAgAuCu HEAs 上 OH* 和 O* 的吸附能与合金晶格常数和每个单独结合位点的关系[120]。他们发现，当束缚原子周围的原子环境进入松弛结构时，晶格畸变会减轻局部应

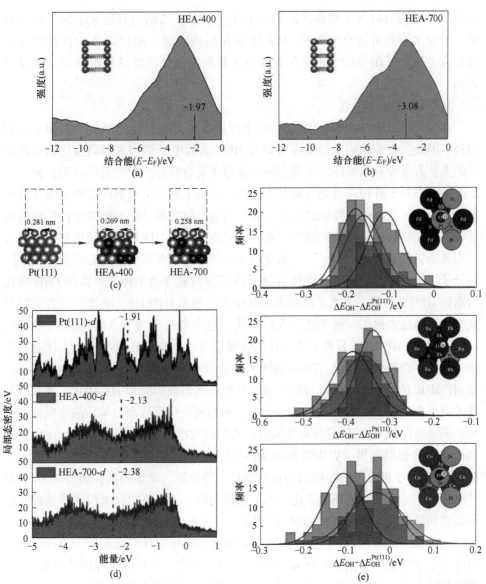

图 2-16　高熵合金 OER 催化剂的表面应变效应

（a）（b）HEA-400 和 HEA-700 的表面价带光电发射光谱；（c）Pt(111)、HEA-400 和 HEA-700
几何优化原子结构的 DFT 计算；（d）Pt(111)、HEA-400 和 HEA-700 体系中表面 Pt 原子的
d 轨道（虚线代表 d 波段中心）；（e）OH*（ΔE_{OH}）吸附能分布柱状图

图 2-16 彩图

变对吸附能的影响，而当在催化剂的局部应变对 HEA 表面活性的影响忽略不计
时，吸附能增强的主要原因是由于邻近原子扰动了结合位点的电子环境。因此，
组成元素的选择应以配体效应的电子扰动为指导。值得一提的是，计算通常使

用原子排列均匀的合金结构,这与实验条件下形成的结构有很大不同。由此可见,应变工程非常适合于调控 HEA 电催化剂的性能,通过调节催化剂的壳层结构或金属原子组成的大小来优化应变工程对电催化活性的影响是未来的发展方向。

2.2.4.6 缺陷工程

在催化过程中,HEM 的物理和化学性质直接影响反应中间体的表面吸附和解吸。因此,表面缺陷工程是通过调控 HEM 表面电子结构来提高催化剂催化活性的重要方法和有效策略。尽管多种元素原子混合容易产生大量的缺陷,但引入缺陷的策略对于各种高熵化合物是不同的,需要了解产生缺陷的多种策略并分析催化剂缺陷与其电催化性能的构效关系。当前,氩等离子体刻蚀策略已广泛应用于金属氧化物和氢氧化物的缺陷工程中,湖南大学王双印教授课题组将该技术的应用范围扩展到高熵 LDH[121]。高能电子与氧分子的非弹性碰撞会将能量传递给氧分子,有助于形成化学活性比氧分子高得多的氧等离子体,使高熵 LDH 转化为高熵 HEO。在低温等离子体技术的帮助下,制备好的 HEO 纳米片具有大量的氧空位和高比表面积。近年来,人们合成了包含多元金属节点的高熵 MOF 材料(HE-MOF)。HE-MOF 具有大于 5 种的金属组分、丰富的孔隙度、超大比表面积和丰富的不饱和金属节点。Chen 的团队开发了一种将阳离子缺陷引入 NiCoFeZnV 基 HE-MOF 的溶剂热方法。他们发现,在酸性水溶液中处理 HE-MOF,产生的阳离子空位会改变 HE-MOF 的电子结构,从而加速催化反应动力学。晶格氧活化已被证明是电催化 OER 反应的有效策略。大量研究已经证实,与传统的 AEM 机制相比,LOM 机制提供了更快的 OER 动力学和更低的能垒。然而,晶格氧的可逆插入/脱插对于催化剂的晶体结构稳定性是一种挑战。幸运的是,通过对 HEO 的研究提出了一种新的晶格氧活化方法。在最近的一项研究中,厦门大学能源学院孙毅飞团队通过简单的溶胶–凝胶法开发了一种新型 5 种等摩尔金属位于 B 位点的高熵钙钛矿钴酸盐[121]。该高熵钙钛矿钴酸盐催化剂在电流密度为 10 mA/cm² 时实现了 320 mV 过电位和 45 mV/dec 的 Tafel 斜率。实验结果和理论计算表明,高熵结构有利于氧空位的形成,使 OER 机制从 AEM 机制向更有利的 LOM 机制转化(见图 2-17)。目前,缺陷工程对 HEA 的催化活性有一定改进,但由于 HEA 表面和内部结构的复杂性,目前 HEA 电催化剂中活性位点和缺陷的识别和动态演化行为尚不清楚,HEA 的缺陷结构与催化活性之间的关系有待进一步研究。

2.2.4.7 组分调节策略

多组分电解催化剂的最大优势之一是元素组分可调,这为设计/筛选应用于不同反应的有效催化剂提供了很大的设计空间。因此多组分诱导的协同效应和鸡

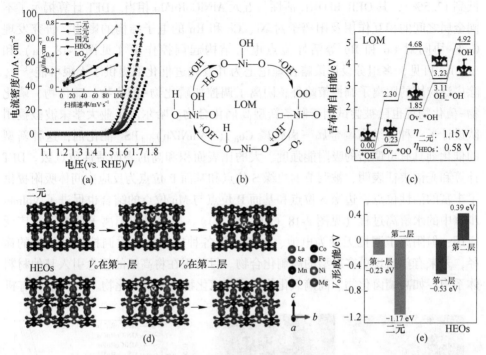

图 2-17 高熵合金氧化物的晶格氧活性方法

（a）具有不同构型熵的样品与 IrO₂ 相比较的 OER 极化曲线（插图显示了电流密度与扫描速率的关系图）；（b）LOM 路径示意图；（c）LOM 在 HEO 和二元表面上的吉布斯自由能图（插图分别为 HEO 的吸附模型）；（d）二元氧化物和 HEO 的表面第一层和第二层板上氧空位形成的模型；（e）不同表面氧生成能的总结[122]

图 2-17 彩图

尾酒效应使多组分催化剂更引人注目。在理论上，HEM 中的阴离子和阳离子都可以调节表面电子结构和催化活性。

阳离子调控并优化催化剂的催化性能已经被广泛应用于过渡金属氧化物、硫化物和磷化体。哈尔滨工业大学邱华军课题组为了获得高性能的 OER 电催化剂，通过脱合金设计的 Al 基前驱体合金制备了一系列纳米多孔合金/氧化物。通过详细研究比较，他们发现五元 AlNiCoFeCr 和 AlNiCoFeMo 具有同样高的 OER 性能，明显优于所选的三元 AlNiFe 和四元 AlNiCoFe。为了创造高活性和多功能催化剂，该课题组用同样的脱合金方法将 Ru 加入纳米多孔合金/氧化物体系中。有趣的是，他们发现只含 20% Ru 的五元 AlNiCoRuMo 样品比 Ru 含量更高的三元 AlNiRu、四元 AlNiCoRu 等表现出更优的 HER、OER 和 ORR 催化活性。因此，多组分高熵材料设计具有高性能、低 Ru 含量的特点，为开发低成本的先进催化剂提供了广阔的前景。为了进一步降低 Ru 含量，他们继续在五元 AlNiCoRuMo 中加入 Fe、Cr 和 Ti 形成 8 组分 AlNiCoRuMoFeCrTi HEO（Ru 理论含量从 20% 降低到 12.5%），其 OER 和 ORR 活性与五元 AlNiCoRuMo 相当。DFT 计算揭示了不同金属之间的相互作用及阳离子对 Ni、Co 和 Ru 的电子结构的影响，研究发现 Cr-Fe 协同对 Co 和 Ru 等活性位点电子结构起调控作用（见图 2-18（a）和（b））。可见，多组分设计策略在理论上为开发先进催化剂提供了无限可能[123]。除广泛应用的阳离子调控策略外，阴离子调控如磷化物-硼化物、硫化物、磷化物-硫化物等也已被尝试用于制备新型高熵化合物。哈尔滨工业大学宋波教授团队设计了一种二维高熵金属三卤代磷 $Co_{0.6}(VMnNiZn)_{0.4}PS_3$ 催化剂，这种新型的催化剂具有可调谐的吸附能强度、大的比表面积和高的表面活性位点数。DFT计算和光谱表征表明，被调节的边缘 S 位点和基面 P 位点为反应中间体吸附提供了丰富的活性位点，边缘 S 位点和基面 P 位点与 Mn 位点的结合也促进了 Volmer 步骤中的水解离过程（见图 2-18（c）和（d））。虽然目前阳离子调控已被广泛应用，但阴离子调控无疑为电池、电解质等各种应用的性质调控提供了新的途径，未来有望出现更多新型的高熵化合物。目前正在将高熵的概念引入其他材料体系中，如高熵卤化物、高熵氧化物、高熵硫化物、高熵氮化物、高熵金属有机

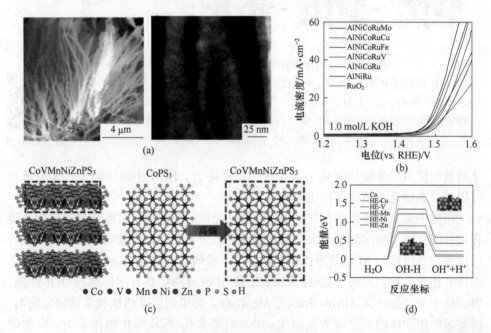

图 2-18　高熵合金 OER 催化剂的组分调节示例

（a）脱合金 AlNiCoRuMo 纳米线的 SEM 和 HAADF-STEM 图像；（b）不同电极的 OER LSV 曲线[123]；（c）CoVMnNiZnPS₃ 的晶体结构（单斜结构）及 CoPS₃ 和 CoVMnNiZnPS₃ 在顶视图上的结构多样性；（d）计算 $Co_{0.6}(VMnNiZn)_{0.4}PS_3$ 和 CoPS₃ 的水解离反应能（包括 Co、V、Mn、Ni 和 Zn 位点）[124]

图 2-18 彩图

骨架材料、高熵层状双氢氧化物、高熵钙钛矿氟化物等。对这些高熵材料的研究才刚刚开始。因此，挖掘其在各个领域的应用价值也非常重要。随着研究的不断扩展，这些材料可能在未来的某些领域发挥重要作用。

2.3 氧还原反应基本原理

2.3.1 质子交换膜燃料电池概述

燃料电池的重要组成部分是燃料和氧化剂，以氢气为燃料、氧气为氧化剂的燃料电池被称为氢氧燃料电池。有关燃料电池的研究，可以追溯至 20 世纪 60 年代，NASA 将质子交换膜燃料电池首次用在宇宙飞船的辅助电源上。在 20 世纪 80 年代，杜邦公司发明了聚电解质 Nafion，同时世界各国加强了对质子交换膜燃料电池（PEMFC）的研究和开发。质子交换膜燃料电池具有燃料易得、安全无腐蚀，工作温度低等诸多优点，成为发展迅速的燃料电池之一。

氢气作为燃料被连续输送到燃料电池的阳极，在酸性条件及阳极催化剂的作用下发生电化学氧化反应（见式（2-30））生成质子，同时释放出两个自由电子。质子通过电解质从阳极传递到阴极，自由电子则通过外电路电子导体从阳极通过负载后传输到阴极。在阴极，氧气在催化剂的作用下，与从电解质传递过来的质子和从外电路传递过来的电子结合生成水（见式（2-31）），电池总反应见式（2-32）。由于两个电极反应的电势不同，从而在两个电极间产生电势差，并释放出能量。

阳极反应： $$H_2 \longrightarrow 2H^+ + 2e \tag{2-30}$$

阴极反应： $$1/2O_2 + 2H^+ + 2e \longrightarrow H_2O \tag{2-31}$$

电池总反应： $$H_2 + 1/2O_2 \longrightarrow H_2O \tag{2-32}$$

燃料电池通常在恒温恒压下工作，因此电池反应可以看作是一个恒温恒压体系，吉布斯自由能变化量可以表示为：

$$\Delta G = \Delta H - T\Delta S \tag{2-33}$$

在标准条件下（25 ℃，0.1 MPa），燃料电池的理论效率，即可能实现的最大效率（f_r）为：

$$f_r = \Delta G_r/\Delta H_r \times 100\% = (-237.2\ \text{kJ/mol})/(-285.1\ \text{kJ/mol}) \times 100\% = 83\% \tag{2-34}$$

然而在实际的燃料电池中，存在着由于极化导致的电动势下降，以及对燃料的不充分利用等非理想因素从而导致效率的降低。燃料电池的理论电动势 E 是阳极与阴极两个半反应的电极电势差，标准状况下为 1.23 V，但工作时电池的输出电压 V 会小于理论电动势 E，并且随着输出电流的增大而变小。实际输出电压 V

与热力学决定的理论电动势 E 的差值被称为过电位（η）。随着电流密度的增大，过电位增大，造成还原电势升高，氧化电势降低，从而使电池电动势降低。

极化是由于在电池工作的动态过程中偏离热力学平衡态造成的，取决于电化学反应的控制步骤，包括由传质控制的浓差极化和由电极反应控制的电化学极化两种机理。当整个电化学反应由电极反应控制时，产生的极化为电化学极化，极化曲线由 Bulter-Volmer 方程给出：

$$j = j_0 \left[\exp\left(\frac{\alpha_A n\eta F}{RT} \right) - \exp\left(-\frac{\alpha_C n\eta F}{RT} \right) \right] \tag{2-35}$$

式中，j_0 为交换电流密度，由在平衡电势下的电极反应速率给出；α_A、α_C 分别为阳极和阴极的传递系数，$\alpha_A + \alpha_C = 1$。

电化学极化改变两个电极反应的活化能，从而改变反应速率，影响输出的电流密度。

当输出电流较大时，电极附近溶液中反应物与生成物的浓度与溶液本体会有很大的不同，造成浓差极化，电化学反应由传质过程控制。造成浓差极化的过程包括扩散、对流及电迁移等。由扩散引起的浓差极化造成的极化曲线为：

$$V = E + \frac{nF}{RT}\ln\left(1 - \frac{j}{j_d} \right) \tag{2-36}$$

可见，减小浓差极化，需要降低扩散层的厚度，提高极限电流密度。

PEMFC 具有工作温度低、启动快、比功率高、结构简单、操作方便等优点，被公认为电动汽车、固定发电站等的首选能源，由双极板、膜电极（MEA）和垫片等组成，图 2-19 为以氢气为燃料的 PEMFC 的结构示意图。从图中可以看出，PEMFC 结构的最外侧是双极板部分，它的材质一般是石墨材料。然后是气体扩散层（GDL）电极，它的材料一般是经过疏水处理的碳纤维，这样能够使气体均匀地扩散进催化剂层。接着是催化层（CL），众所周知，催化层是将化学能转化为电能的部分，同时，也是发生催化所在的位置。催化层内侧便是质子交换膜部分，质子交换膜是一种固态的电解质[125]。膜电极和双极板构建了氢气、氧气及冷却剂的流场，垫片主要保持着燃料电池系统的气密性，防止气体发生泄漏。

在 PEMFC 中阳极发生 HOR，阴极发生 ORR。ORR 相较于 HOR 具有更缓慢的反应动力学，且常用的 PEMFC 催化剂为 Pt 基催化剂，其成本高、稳定性差等缺点严重限制了 PEMFC 的商业化发展。因此，急需开发出高效、稳定、低廉的燃料电池阴极 ORR 催化剂。

2.3.2　氧还原反应机理

PEMFC 的阴极 ORR 反应涉及多个电子转移步骤，机理比较复杂，目前为

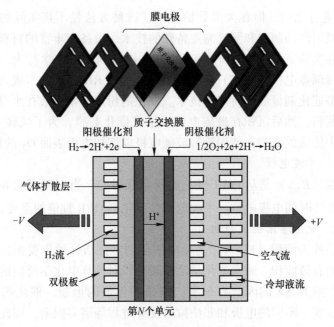

图 2-19　PEMFC 单电池的组成示意图

止，普遍认为存在两种 ORR 反应路径，分别为：直接 4e ORR 路径及间接的两步 2e ORR 路径。在直接 4e ORR 路径中，氧气首先吸附在催化剂的表面，随后被直接反应还原为水，而间接两步 2e ORR 路径中，催化剂表面吸附的氧气分子首先被还原为过氧化物，随后再发生过氧化物的还原或者化学歧化[32]。由于在 2e ORR 路径所产生的过氧化物中间产物会破坏催化剂的活性，4e ORR 路径是高功率密度和高能量密度的理想选择。

碱性环境下的 ORR 反应方程式为：

直接 4e ORR 路径：

$$O_2 + 2H_2O + 4e \longrightarrow 4OH^- \tag{2-37}$$

间接 2e ORR 路径：

$$O_2 + H_2O + 2e \longrightarrow HO_2^- + OH^- \tag{2-38}$$

$$HO_2^- + H_2O + 2e \longrightarrow 3OH^- \tag{2-39}$$

在酸性电解质中，4e ORR 路径中氧气会被催化剂直接还原为水，2e ORR 同样会分为两步，首先催化剂表面的氧气会先被还原为过氧化氢（H_2O_2），然后 H_2O_2 中间产物再与 H^+ 反应生成水[33]。其具体反应方程式为：

直接 4e ORR 路径：

$$O_2 + 4H^+ + 4e \longrightarrow 2H_2O \tag{2-40}$$

间接 2e ORR 路径：

$$O_2 + 2H^+ + 2e \longrightarrow H_2O_2 \tag{2-41}$$

$$H_2O_2 + 2H^+ + 2e \longrightarrow 2H_2O \tag{2-42}$$

2.3.3　催化剂 ORR 性能评价

理想情况下，ORR 催化剂的性能应在燃料电池系统中进行评估，并与基准

Pt/C 催化剂进行比较，但在大多数情况下，这种方法是不切实际的，因为燃料电池中膜电极组件的制造和测试需要特殊的技术、设备和丰富的材料。快速筛选技术更适合在实验室规模上表征新开发 ORR 催化剂的电化学行为。具有多孔催化剂层的旋转圆盘电极（RDE）和旋转环盘电极（RRDE）技术成为表征液体电解质中负载型催化剂最广泛使用的技术。催化剂粉末通常分散在水/醇混合物中，形成均匀的浆料，然后沉积在玻碳电极上形成催化剂膜，为了减轻 ORR 催化性能测量过程中传质的影响，使用旋转玻碳电极以增加电极表面 O_2 的传质速率。

2.3.3.1　半波电位

半波电位（$E_{1/2}$）是从 ORR 极化曲线中获得的，当电流密度等于极限扩散电流密度的 1/2 时的电极电位。半波电位是催化剂 ORR 性能的重要评价指标。

2.3.3.2　电化学活性表面积

电化学活性表面积（ECSA）是反应催化剂本征活性的重要指标之一，即参与催化反应的有效面积。通常电化学活性表面积对计算电化学反应的动力学参数至关重要。影响 ECSA 的因素有很多，例如催化剂的形貌、催化剂表面吸附状态、电解液浓度、不同的电极和非法拉第反应过程等诸多因素，因此在测试中需要尽可能减少外在条件的干扰。通过比表面积测试（BET）是推断 ECSA 的方法之一。目前的研究表明，双电层电容（C_{dl}）是计算 ECSA 的有效方法，也可采用一氧化碳剥离和铜欠电位沉积的方法计算电化学活性表面积。

2.3.3.3　动力学电流密度

催化剂 ORR 活性的评估依赖于动力学电流密度（j_k）的获得，其方法为：以低的扫描速率分别测试在 2500 r/min、2025 r/min、1600 r/min、1025 r/min、900 r/min、625 r/min、400 r/min 转速下测试 LSV 曲线，再通过 Koutecky-Levich 方程（K-L 方程）计算动力学电流密度。当 RDE 表面发生的反应受扩散和动力学过程控制时，观察到的总电流密度（j）相当于扩散电流密度（j_1）和动力学电流密度（j_k）之和，称为 K-L 方程（见式（2-43））。

$$\frac{1}{j} = \frac{1}{j_1} + \frac{1}{j_k} = \frac{1}{B} \cdot \frac{1}{\omega^{1/2}} + \frac{1}{j_k} \tag{2-43}$$

其中
$$B = 0.62nFC_0D_0^{2/3}\frac{1}{\nu^{1/6}}$$

式中，j 为实际测得的电流密度；j_1 为扩散限制电流密度；j_k 为动力学电流密度；ω 为 RDE 旋转的角速度；n 为电子转移数；F 为法拉第常数（96485 C/mol）；C_0 为 O_2 的体积浓度；D_0 为 O_2 的扩散系数；ν 为电解液中电解质的运动黏度，在 0.1 mol/L KOH 电解质溶液中 D_0 值为 $1.9×10^{-5}$ cm²/s，ν 值为 0.01 cm²/s。

2.3.3.4　电子转移数

催化剂活性位点上的 ORR 过程可通过二电子反应路径生成 H_2O_2，也可通过四电子反应路径生成 H_2O，所以 ORR 反应过程中的电子转移数（n）是 ORR 机理分析的重要指标，可通过 RRDE 技术获得。

$$n = 4j_{disk} \frac{1}{j_{disk} + j_{ring}\frac{1}{N}} \tag{2-44}$$

式中，j_{ring} 为环电流；j_{disk} 为盘电流；N 为环电极的电流收集效率，可通过在铁氰化钾溶液中的 CV 测试来获得。

电子转移数也可通过 K-L 方程来获得：

$$\frac{1}{j_{disk}} = \frac{1}{j_1} + \frac{1}{0.62nFC_0D_0^{2/3}\frac{1}{v^{1/6}}}\omega^{-1/2} \tag{2-45}$$

可见，$1/j_{disk}$ 与 $\omega^{-1/2}$ 呈线性关系，并从斜率可推导出 n。

2.3.3.5 选择性

选择性是评价催化剂在特定电位区间的对于二电子氧还原反应和四电子氧还原竞争反应的指标之一。通常由式（2-46）计算，选择性越高，对应的氧还原反应的转移电子数越接近于 2，通常的特定区间是在 0.1~0.7 V 相对于可逆氢电极的状态下确定的[126]。

$$S_{H_2O_2}(\%) = 200 \times \frac{I_{ring}/N}{|I_{disk}| + I_{ring}/N} \tag{2-46}$$

2.4 氧还原反应催化剂研究进展

2.4.1 Pt 基贵金属催化剂

ORR 缓慢的动力学影响着 PEMFC 的大规模应用及进一步的发展，这就需要高效、稳定的电催化剂来加速 ORR 缓慢的动力学过程。目前，商业应用的 PEMFC 中使用的催化剂基本上是 Pt 基电催化剂，但是其稳定性差，并且其中所使用的贵金属 Pt 在全球储量较少，价格较为昂贵，造成 PEMFC 成本增加。因此，增强 Pt 基催化剂的稳定性及降低催化剂中贵金属 Pt 的含量这方面的研究至关重要。为了进一步促进 PEMFC 的发展，近年来广大研究者们对其进行了较为广泛的研究，可以通过以下几个方面来提高 Pt 基催化剂的 ORR 活性和稳定性：（1）改性催化剂的载体或优化催化剂的形貌；（2）掺入杂原子或其他的金属原子，使其与 Pt 纳米颗粒结合更紧密或者形成合金；（3）降低贵金属 Pt 的负载量，使其在载体上更加分散，提升贵金属 Pt 的利用效率，甚至达到原子级别，形成 Pt 单原子催化剂。

2.4.1.1　Pt 催化剂载体与形貌调控

商业 Pt/C 催化剂中的 Pt 一般情况下是具有多面体形状的纳米晶体，有研究表明，在 ORR 中，Pt 的每个晶面起的作用是不同的，许多研究者们致力于研究催化剂中 Pt 的结构控制和形态。基于单晶各向异性的特点，可以严格控制 Pt 的还原速率，Hornberger 等人通过晶种模板化制备了超小的八面体 Pt 纳米颗粒，由于所制备的 Pt 八面体纳米颗粒具有超小的尺寸和表面（111）晶面，其 ECSA 要比其他的 Pt 纳米颗粒大得多。夏天宇等人采用一锅法制备了 Pt-Ni 合金纳米链（Pt-Ni PNCs），TEM 观察到有序的八面体纳米链结构，高分辨率 TEM（HRTEM）图像显示出间距为 0.22 nm 和 0.19 nm 的晶格条纹，分别略小于面心立方（fcc）Pt 的（111）和（200）的晶格间距，EDS 揭示 Pt-Ni PNCs 中 Pt 分布均匀，而 Ni 主要相对集中在中心，表明 Pt-Ni PNCs 的表面富含 Pt。富 Pt 表面、超小尺寸、多面体—线—多面体的有序排列共同增加了 Pt-Ni PNCs 催化剂的表面活性位点并增强了质量和电荷转移。李慕凡等人合成了 Pt-Ni 合金纳米线，再通过电化学脱合金的方法溶解 Ni 合成锯齿状的 Pt 纳米线。该催化剂表面具有大量低配位数的阶梯 Pt 位点，使催化剂具有很大的 ECSA 的同时，催化剂的活性位点的本征活性也得到提高，ORR 性能及稳定性增强。孔志杰等人合成了一种具有可控双金属成分的 PtFe 合金纳米线（PtFe TNW），其表现出混合面心立方–体心立方的合金结构，初始脱合金后其扭曲形态和晶格应变是其活性和耐久性高的主要原因。杜尚丰等人通过一锅法合成的 PtNi-MWCNT 催化剂具有 0.51 A/mg 的高质量活性，几乎是 TKK Pt/C 催化剂的两倍。经过 2500 圈电位循环扫描的加速耐久性测试，PtNi-MWCNT 仍保留其初始质量活性的 89.6%。

近年来，研究者们为了获得最大化的比表面积，Pt 通常以纳米颗粒（2 ~ 5 nm）的形式存在于碳载体上，因为碳材料具有高比表面积、优异的电子导电性和化学稳定性。在碳载体上面直接生长纳米颗粒的方法可以简单且有效地解决催化剂与载体之间的电子传输，从而达到提高催化剂活性和稳定性的目标。Reza 等人通过改性多元醇的方法合成了 Pt/TNTS-Mo 电催化剂，其中载体上的亚氧化物表面会对 OH^* 起到横向排斥，减弱了 Pt 表面对 OH^* 的吸附，从而提高了其 ORR 活性和稳定性。Ruiz-Camacho 等人采用超声法制备了分别负载在氧化石墨烯（GO）、还原氧化石墨烯（rGO）、活性炭（C）和 GO-C 复合材料上的 Pt 纳米颗粒催化剂，在不同碳载体上的 Pt 颗粒大小不同，其酸性下的 ORR 性能也不同。透射电子显微镜（TEM）结果表明，GO 材料制备的催化剂中 Pt 颗粒的分散性最高，这是因为氧官能团表面基团促进了 Pt 纳米颗粒的均匀分布，Pt/GO-C 复合材料制备的催化剂对 ORR 单位质量活性比传统 Pt/C 催化剂高 85%。Gupta 等人通过还原碳纳米管上的 Pt 盐合成了 Pt/CNT 纳米复合材料，他们发现在无缺陷的纯化 MWCNT 上还原 Pt 可以实现高活性的催化表面，同时还证明在中性

pH 值及惰性气氛（N$_2$）下还原的 Pt 纳米颗粒易形成螯合物，有利于提高其稳定性。

共价有机框架材料（COF）是一类新型的晶态有机多孔聚合物，由 C、H、O、N 等非金属元素通过共价键连接而成。近年来，通过 Knoevenagel 反应构建碳碳双键（C＝C）COF 已成为最有吸引力的课题之一。姜政等人[127]通过将 Pt 纳米颗粒限制在 COF 上合成了 Pt/COF 电催化剂，其在酸性电解质中具有优异的 ORR 活性，半波电位达到 0.89 V（vs. RHE）。如图 2-20（a）所示，COF 上多个吡啶氮为成核位点，在 COF 表面和孔通道上可控地生长 Pt 纳米颗粒，从而产生均匀的 Pt 分布和更多表面 Pt 活性位点。如图 2-20（b）所示，周明安等人利用一种三维 COF 衍生碳锚定 Pt 原子和 Pt 纳米颗粒，所得的催化剂具有丰富的碳位点用来锚定 Pt 单原子及纳米颗粒，这使得催化剂在酸性介质中表现出显著的 ORR 催化活性和稳定性。刘昊等人设计并制备了负载在超薄纳米碗状 N 掺杂碳上的超细 Pt 纳米颗粒电催化剂（Pt NP@ BNC），该碳来源于 AA 堆叠二维 TpPa-COF 层。如图 2-20（c）所示，TpPa-COF 中丰富且分散均匀的亚胺基团是锚定金属物种的理想选择，热解并转化为 N 掺杂碳壳，同时将 Pt 前驱体还原为均匀支撑在 N 掺杂碳上的超细 Pt NPs，其超细的纳米结构大大增加了催化剂催化性能。中国科学院上海高等研究院郭宇等人[44]首先合成了一种超稳定的 COF@ MOF 衍生催化剂。如图 2-20（d）所示，将 Zn 原子和亚纳米 Pt/Zn 双金属纳米

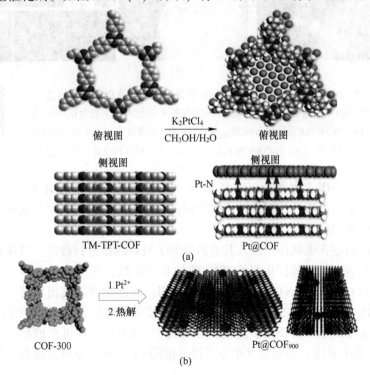

俯视图 $\xrightarrow[\text{CH}_3\text{OH/H}_2\text{O}]{\text{K}_2\text{PtCl}_4}$ 俯视图

侧视图　　　　　　　　　侧视图

Pt-N

TM-TPT-COF　　　　　　Pt@COF

(a)

COF-300 $\xrightarrow{\text{1.Pt}^{2+} \quad \text{2.热解}}$ Pt@COF$_{900}$

(b)

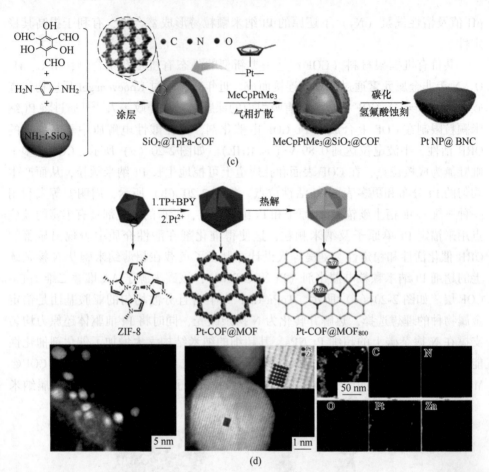

图 2-20　铂与共价有机框架复合 ORR 催化剂的合成流程及结构信息

（a）TM-TPT-COF 和 Pt@ COF 模型的俯视图和侧视图（蓝色为 N，灰色为 C，绿色为 Pt）[127]；（b）Pt²⁺@ COF-300 和 Pt@COF₉₀₀ 催化剂的合成示意图[42]；（c）Pt NP@BNC 催化剂的合成示意图；（d）Pt-COF@MOF₈₀₀ 的合成示意图、TEM 图像及 EDX 映射图像

图 2-20 彩图

颗粒固定在空心碳上制得。COF 和 MOF 的协同作用赋予了催化剂高比表面积、中空结构和丰富的活性位点，使得催化剂在酸碱电解液中均表现出优异的催化活性、稳定性和 ORR 选择性。

也可以通过在碳载体中掺入其他的杂原子对碳载体进行改性，增强载体对 Pt 的锚定，从而可以改善催化剂的 ORR 活性和稳定性。华南理工大学冯鹏等人设计了磷掺杂 CNT（P-CNTs）负载的 Pt 催化剂，该催化剂表现出显著增强的电催化性能。Pt 与 P-CNTs 之间存在强相互作用，使得催化剂表现出很好的 ORR 活性和长期稳定性。华中科技大学夏宝玉课题组[47]报道了一种可扩展和方便的熔盐合成 Pt 合金生长法，该催化剂中原子级分散的 Pt 合金成分由氮掺杂石墨烯纳米片包裹，其中杂原子（N）掺杂赋予了强大的金属–载体相互作用，使纳米合金与载体牢固结合，提高了催化剂抗腐蚀能力和迁移稳定性。安徽师范大学盛天等人通过不含表面活性剂的方法将 P 引入到商业 Pt/C 的近表面（P_{NS}^+-Pt/C），X 射线光电子能谱分析表明 P 的引入导致 Pt 晶格畸变和 d 带中心下移，电化学结果表明 P_{NS}^+-Pt/C 的 ORR 活性和稳定性均得到增强。DFT 计算进一步证实 P 掺杂可以诱导 Pt 表面畸变，使得其活性位点具有最佳的 OH^* 结合能。

由于碳载体在苛刻的电化学反应中容易被氧化和腐蚀，从而导致 Pt 催化剂中的 Pt 颗粒脱落并重新团聚，因此研究者们开发了一些高稳定性的金属氧化物材料作为 Pt 载体。Mustain 等人采用电沉积的方法将 Pt 纳米颗粒沉积在 Sn 掺杂氧化铟（ITO）纳米颗粒上（Pt/ITO），其表现出很高的 ORR 催化活性和稳定性，单位质量活性高达（621±31）mA/mg。催化剂中的 Sn 和 Pt 之间存在了强相互作用，增强了 Pt 对 Pt/SnO_2 的活性，同时 In_2O_3 的高稳定性为 Pt/ITO 提供稳定性支撑（见图 2-21（a））。田新龙等人研究出了一种低 Pt 负载的新型催化剂，具有很高的催化活性。此催化剂是将 Pt 原子置于钛镍二元氮化物的纳米颗粒上制备得到的，其单位质量活性和面积活性均远高于商业 Pt/C 催化剂，它还表现出极好的稳定性，其优异的稳定性可能是由于超薄 Pt 层与 TiNiN 载体之间的协同效应（见图 2-21（b）），同时金属氮化物也提供了良好的稳定性。Ghoshal 等人通过简单的湿化学法合成了多功能 Pt-Nb 复合材料催化剂（PtNb/NbOx-C），其中 Nb 既作为组分与 Pt 形成合金，又作为氧化物载体存在。如图 2-21（c）所示，Pt-Nb 合金相互作用改善了 Pt 的 ORR 催化活性及耐久性。Sievers 等人制备了自支撑的 PtCo 氧化物网络，该网络具有高比活性和高的电化学表面积（见图 2-21（d））。高 ECSA 是通过铂钴氧化物骨架纳米结构实现的，该结构在自支撑 ORR 催化剂中表现出有竞争力的高活性特点。

2.4.1.2 Pt 基合金催化剂研究现状

合金 PtM（M=过渡金属）催化剂可减小 Pt 的负载量，降低催化剂成本，Pt 被其他过渡金属元素部分取代后产生的应变效应和电子效应均会影响 Pt 的 ORR

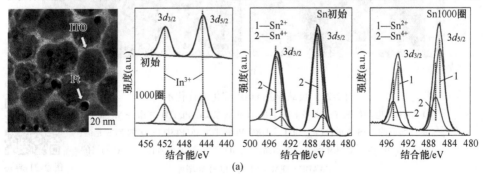

(a)

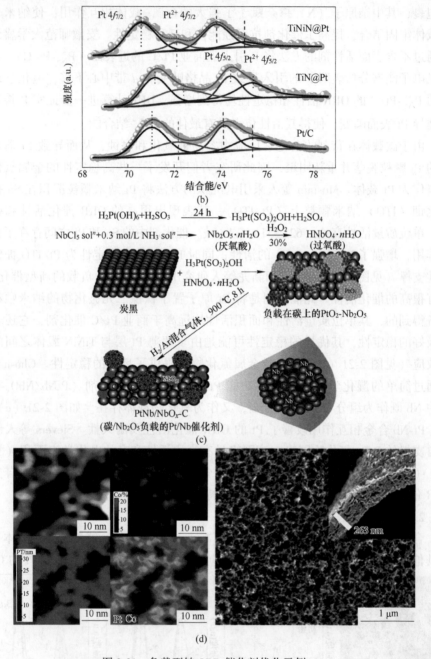

(b)

(c)

(d)

图 2-21 负载型铂 ORR 催化剂优化示例

（a）Pt/ITO 电催化剂在 1000 次循环后的 TEM 图像及在 Pt/ITO 中 In 3d 和 Sn 3d 稳定性前后的 XPS 光谱；（b）Pt/C、TiN@Pt 和 TiNiN@Pt 中 Pt 4f 的 XPS 光谱；（c）PtNb/NbO$_x$-C 催化剂的合成示意图；（d）自支撑纳米多孔 Pt-CoO 网络的 HAADF STEM（EDS）和 SEM 图像

图 2-21 彩图

性能。有研究发现，铂合金化可以改变其对 ORR 中间体的结合能，同时，合金元素的类型和数量也对 ORR 活性有较大的影响，铂合金化已成为调控铂基催化剂性能的常用策略。但铂基合金催化剂中的 M 在酸性介质中易被溶解，导致催化剂稳定性下降并失活[62]，因此增强合金催化剂的稳定性成为关键。

近年来，贵金属 Pt 和过渡金属 Fe 之间的相互作用被研究者们所重视，并对此进行了大量的研究。上面讲到锯齿状的 Pt 纳米线具有很大的 ECSA，可以获得很好的 ORR 活性和稳定性，罗明川等人合成了锯齿状的 PtFe 纳米线催化剂，其具有稳定的高指数晶面（HIF）和偏析的富 Pt 表面，能够显著提高燃料电池的电催化性能。通过像差校正的 STEM 表征了 Pt 的原子结构，发现催化剂中的不平坦表面以 HIF 为主，如（311）和（211）晶面，这些晶面之前就被报道证实对电催化有着正面的作用。彭饶等人合成的 PtFe 中空纳米链（PtFe-HNCs）由连续空腔的多孔氮掺杂碳（NC）组成，其多孔且完全开放的独特结构使得催化剂暴露了更多的活性位点，还为催化剂提供了卓越的稳定性。除此之外，Pt—O 的结合强度通过 Fe 的合金化和弯曲结构得到了有效的调节，使催化剂具有优异的 ORR 活性。Song 等人发现 PtFe 催化剂的有序度与 ORR 性能之间存在很强的正相关关系，高度有序的 PtFe/Pt 催化剂具有很高的质量活性，且稳定性较好。研究者发现，具有丰富的表面空位的载体通常具有良好的催化活性。PtFe/Pt-V 纳米线具有相互连接的结构和丰富的表面空位，使其在酸碱电解质中均表现出良好的ORR 性能，DFT 计算表明，富 Pt 表面存在的丰富空位会削弱对含氧中间体的吸附强度，从而提高 ORR 活性。

夏宝玉教授课题组通过多尺度设计原理，合成了一种集成在钴-氮-纳米碳基体中的铂合金催化剂 PtCo@CoNC/NTG，PtCo@CoNC/NTG 显示出增加的质量活性（0.9 V 时为 1.52 A/mg），比商业 Pt/C 催化剂高 11.7 倍，并且在 30000 次循环后保持 98.7%的稳定性。AC-STEM、XAFS、DFT 计算和电化学评估等阐明含有多维结构和多原子活性位点（Pt、Co）协同加强了催化剂的 ORR 催化活性和稳定性。程青青等人提出了利用氧化钴辅助的结构演化策略，可以可控地合成富 Pt 壳层的 Pt_1Co_1 金属间化合物（Pt_1Co_1-IMC@Pt），其负载量（质量分数）可达到 44.7%，实验和理论可以表明，Pt-Co 原子的有序排列赋予了表面 Pt 较低的 d 能带中心，可增强 Pt-Co 位点的抗氧化性，从而同时提高了 ORR 活性和耐久性。胡叶州等人制备了空心多孔氮掺杂碳包覆 $PtCo_3$ 金属间化合物电催化剂（O-$PtCo_3$@HNCS），其中预包埋 Co 纳米颗粒不仅可以提供大量的微孔来实现活性位点的增加，而且中孔的形成可以有效降低 ORR 的传质阻力。

PtNi 合金同样可以增强 ORR 的活性和稳定性。夏宝玉课题组通过溶剂热和后期刻蚀的方法，合成出了一维的中空串珠状 PtNi 合金。研究发现，该合金催化性能优异的原因来自于两方面，一方面是独特的中空结构可以使催化剂的活性位点充分暴露；另一方面配位结构和应力效应可以有效地降低中间体的吸附能。同时，研究者们对 Pt_3Ni 催化剂进行了深层次的研究，利用原位电化学扫描隧道显微镜（EC-STM）技术，在纳米水平分辨率的酸性介质中"可视化"了 Pt_3Ni（111）晶面上的活性位点。结果表明，与纯 Pt 相比，Pt_3Ni（111）晶面的活性中心位于台阶位点附近的凹区，而平台位点的活性与纯 Pt 相当甚至更低。

除了二元金属化外，研究者们也进行了三元金属化的研究。福州大学赵子鹏等人制备出具有可调成分和固定形状的八面体 Pt-Ni-Co 三元合金纳米催化剂，该催化剂表现出了高的单位面积活性，是商业 Pt/C 催化剂的 14.7 倍。八面体的结构及其他金属的引入都是其催化活性和稳定性高于商业 Pt/C 的原因。天津理工大学丁轶课题组依据 Au、Pd、Pt 三种金属原子化学和物理性质的不同，采用电化学循环伏安法对达到亚纳米尺度的 Pt-Pd-Au 壳层进行处理，获得了兼具高活性和高稳定性的 PtPdAu 三元合金壳层 ORR 催化剂，催化剂的单位质量活性为商业 Pt/C 的 15 倍，稳定性在 70000 圈后仍保持平稳。利用像差校正扫描透射电子显微镜和原子分辨元素映射，揭示了活性变化的起源是壳体从最初的 Pt-Pd 合金到具有富 Pt 三金属表面的双层结构，最后演变为均匀稳定的 Pt-Pd-Au 合金。

2.4.1.3 单原子 Pt 催化剂研究现状

单原子催化剂（SAC）因具有高催化活性、高选择性及高原子利用率等优点被广泛关注。但是单原子催化剂因具有较高的氧化态，在 ORR 的还原性环境下，金属和载体之间相互作用减弱使得金属原子容易团聚长大，导致催化剂活性下降，稳定性较差。因此，Pt 单原子 ORR 催化剂的研究还有待深入开展。

单原子催化剂（SAC）的活性位点在配位环境、电子态等方面具有高度均一性，在众多电催化反应中表现出出色的选择性和活性。经研究表明，碳材料同样可以作为 Pt 单原子催化剂的载体。中国科学院长春应用化学研究所徐伟林课题组通过对碳载体进行预处理的方法（H_2O_2 水热法），使碳载体富含碳缺陷，制备出了具有 Pt 单原子分散的 ORR 催化剂（$Pt_{1.1}/BP_{defect}$）。该催化剂在酸性条件中具有优异的 ORR 催化性能，可以与商业 Pt/C 相媲美，并且以 $Pt_{1.1}/BP_{defect}$ 为阴极材料自组装了酸性介质的 H_2-O_2 燃料电池，同样表现出良好的性能。实验和理论研究表明，$Pt_{1.1}/BP_{defect}$ 催化剂超高的 ORR 电催化性能归功于 4 个碳原子锚定 1 个 Pt 原子所构成的活性中心（Pt-C_4）具有超高的催化四电子 ORR 能力。刘晶等人报道了一种具有成本效益，高性能和耐用的碳负载 Pt SAC，其具有很高的 Pt 利用率，DFT 表明，单吡啶-氮原子锚定的单个 Pt 原子中心是主要的活性位点，对 ORR 具有高活性和高选择性。韩国科学技术院 Cho 课题组报道了以掺杂氮的活性炭（Black Pearl 2000，NBP）为载体，合成了 Pt 基催化剂（Pt_1/NBP）。通过进一步高温热解 Pt_1/NBP，研究人员以加入的三聚氰胺为 N 源使 Pt 的配位结构发生了变化，形成了 Pt 单原子催化剂（$Pt_1@Pt/NBP$），其在碳载体上保留了 47.8% 的孤立 Pt 原子和分散良好的 Pt 纳米颗粒。物理表征和 DFT 计算表明,掺杂到催化剂中的 N 原子可以有效地锚定 Pt 原子,使其充分分散,而且 Pt 与 N 之间的配位结构也产生了 Pt 单原子的活性位点,从而实现高效的四电子转移。麦克马斯特大学 Botton 等人通过原子层沉积的方法将 Pt 单原子位点沉积在 MOF 热解生成的 N 掺杂 C 材料上,调节沉积时间可以调控 Pt 的粒径。XAS 结果可以得到,在 Pt 单原子中具有更高的电子空位和 Pt-N 配位环境,使 Pt 单原子位点展现了较高的催化性能。DFT 结果显示,Pt 单原子位点的电子结构能够通过吸附羟基、氧进行调控,同时这种过程降低了反应限速步骤能垒,增强了 Pt 单原子位点的 ORR 催化活性。上海交通大学章俊良等人合成了一系列负载于碳基底上的 Pt 单原子催化剂,具有不同的相邻原子和 Pt 原子位点密度,研究发现当 Pt 催化剂位点的配位环境从 Pt-N-C 变成 Pt-S-C,氧还原反应的电子转移数由二电子变为四电子。

同样,也可以通过合金化的方法制备 Pt 单原子。上海交通大学刘庆雷和宋钫等人提出了一种杂交策略将单原子 Pt 和 Pt 合金纳米粒子杂化,优化了 $Pt_3M@$ Pt-SAC 核壳电催化剂的界面电子结构,从而显著提高了其 ORR 催化活性、选择性和耐久性。原位拉曼分析和理论计算表明,Pt_3Co 合金改变了相邻 Pt 单原子的电子结构,促进了其对 OOH^* 的吸附,从而获得了快速的 ORR 动力学(见图 2-22)。优异的耐久性归因于 Pt-SAC 的屏蔽效应,可减轻 Pt_xM 合金的溶解。澳大利亚悉尼科技大学汪国秀教授等人报道了他们发现在亚表面工程添加铂(Pt)单原子($Pt_{subsurf}$)可以显著提高表面 Pt 单原子对 ORR 的催化效率。所制备的 $Pt_1@Co/$ NC 催化剂在 ORR 方面表现出显著的性能,实验和理论计算表明,$Pt_{subsorf}$ 单原子在亚表面合金化可以有效地提高表面 Pt_1 单原子在 Co 颗粒上的 ORR 催化能力。清华大学王定胜团队以经典的 $Fe-N_4$ 为模型,引入第二种金属 Pt 在形成新的 $Pt-N_4$ 活性位点的同时,大大提高 $Fe-N_4$ 的催化活性(见图 2-22)。经过理论计算可知,通过引入 $Pt-N_4$ 位点可以有效地促进 O_2 在 $Fe-N_4$ 位点的吸脱附。进一步的理论计算证明 $Pt-N_4$ 调控 $Fe-N_4$ 的电子结构从而提高 $Fe-N_4$ 位点的催化活性,而在 $Co-N_4$ 和 $Mn-N_4$ 位点上未发现相似增强作用。

Poerwoprajitno 等人在 Ru 支链纳米颗粒上生长和扩散岛状 Pt 团簇,合成了负载单原子 Pt 的 Ru 纳米颗粒催化剂,其在热力学上是由强的 Pt—Ru 键形成和 Pt 原子岛表面能降低所驱动的。程星等人合成了一种氮掺杂石墨化碳纳米管包裹铂钴(Pt-Co)双位点单原子合金(SAA)催化剂($Pt_1Co_{100}/N-GCNT$),认为 SAA 中独特的 Pt-Co 双位点有利于氧的吸附和解离,特别是对 OOH^* 中间体的固定和 OH^* 中间体的解离有利,从而形成高效的四电子转移。尽管上述方法能使贵金属催化剂的 ORR 性能得到显著改善,但是,其高昂的生产成本及存在的可持续发展的问题,仍然没有从根本上进行解决,所以开发廉价的非贵金属催化剂材料依然是非常必要的。

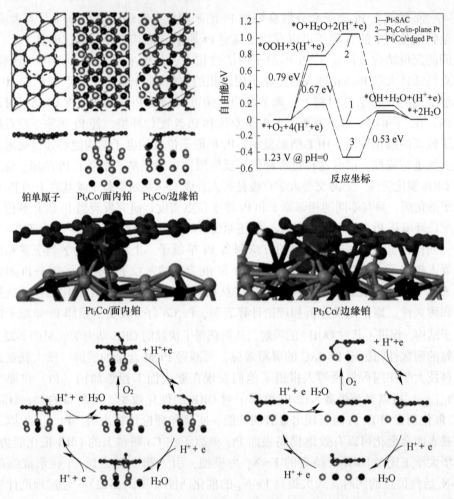

图 2-22 Pt₃M@ Pt-SAC 核壳电催化剂自由能图、轨道构型和提出的 ORR 机制的 DFT 计算

2.4.2 非贵金属催化剂

目前非贵金属氧还原催化剂主要有以下几种类型：无金属催化剂、过渡金属氧化物、过渡金属碳化物、过渡金属氮化物、过渡金属硫化物，以及过渡金属-N-C 化合物（M-N-C，M=Fe、Co、Mn 等过渡金属）。

其中，M-N-C 催化剂由其较高的活性及稳定性成为了科学家们的重点研究对象。M-N-C 催化剂相较于其他非贵金属催化剂具有以下特点：（1）M-N-C 催化剂活性普遍优于非金属催化剂；（2）M-N-C 催化剂在酸性介质和碱性介质中均具有较好的活性，但在碱性介质中的活性更佳；（3）N 元素的掺杂及存在形式对性能的提升起着重要作用；（4）金属和杂原子掺杂影响了活性位点的形成过程和分布，而活性位点也是催化剂性能的关键所在。除此之外，M-N-C 催化剂相较于其他非贵金属催化剂具有更高的金属利用率，金属物种在 M-N-C 催化剂中常以两种形式存在，即金属与碳基质中的几个氮原子配位（$M—N_x$）或无机金属纳米颗粒。其中分布均匀的 $M—N_x$ 活性位点具有的高选择性、高活性为从原子水平上研究结构性能关系提供了多个可能。这些都是其他非贵金属基催化剂所无法达到的。

特定的活性位点针对特定的催化反应具有极高的催化效率。明确的活性位点也是学者们制备催化剂针对于某一反应时的共同追求。科学家们通过调节 M-N-C 材料中心金属离子或中心金属离子的配位环境发现，这将会改变中心金属离子的电子性质和原子结构。因此，M-N-C 催化剂的性能与活性位点的组成、结构、分布、稳定性等因素密切相关。但目前仍然缺乏对 M-N-C 催化剂活性位点结构及催化反应机制的认识，这也使进一步提高 M-N-C 材料的性能仍存在巨大的不确定性。主要是因为非晶相的金属原子使得常规手段无法对其探测分析，需要更先进的谱学表征方法。无法进一步了解活性位点内在结构形成将极大阻碍在原子水平上设计提高活性位点的方法。而且在 M-N-C 材料中通常存在多种金属相，这使得真正的活性位点难以辨别。无法明确活性位点，提高催化剂性能就只能成为想象。M-N-C 催化剂的制备大多涉及高温热解步骤。因剧烈的热运动会出现许多不可控的反应导致金属原子的热迁移。这在产生具有催化活性的 $M—N_x$ 位点的同时，也会产生活性较低的金属纳米颗粒。通常需要额外的步骤，包括之后第二次热处理和酸浸出，以提高催化剂活性。缺乏对活性位点的真正了解也很大程度上限制了合理设计高性能的 M-N-C 催化剂。

在所研究的金属中，Fe 由于其自身的活跃性是用于 M-N-C 催化剂的最常见的金属物质，其次是 Co 和 Mn，如今也不乏有学者报道出高性能 Ni-N-C、Cu-N-C 催化剂。在 M-N-C 催化剂中，不同的中心金属与 N 原子配位时，配位的 N 原子种类和配位数不同也会使催化剂展现出不同的催化性能。除了中心金属及与之配位的 N 原子种类和配位数外，碳载体的结构也会影响催化剂性能，其中的微孔影响 $M—N_x$ 活性位点，而中孔和大孔则保证了反应物与活性位点之间的有效传输。高度石墨化的碳载体具有更高的耐腐蚀性且形态均一，更容易稳定 M-N-C 催化剂中单一的金属活性位点。这对提升催化剂内在活性和稳定性至关重要。

2.4.2.1 Fe-N-C 催化剂

在所有的 M-N-C 催化剂中，Fe-N-C 由于在酸性介质中具有最高的活性而吸引了广泛关注。对于更为常见的 4e ORR 过程，含氧中间体包括 OOH^*、O^*、OH^* 和 H_2O^*，而 2e ORR 产生 H_2O_2 的过程只包含 OOH^* 和 $HOOH^*$（见图 2-23（a））。从 Sabatier 原理可以知道，理想的 ORR 催化剂应具有对反应中间体适当的结合能。因此，通过调控活性位点的局部电子结构，优化反应物与中间体之间的吸附强度，对于提高 ORR 的活性至关重要。ORR 活性很大程度上取决于中心金属原子的类型、N 或 C 与金属的键合原子和碳中的孔径分布。目前研究中认为常见 M-N-C 基催化剂 ORR 活性存在如下趋势：Fe-N-C > Co-N-C > Cu-N-C ⩾ Mn-N-C > Ni-N-C。分子轨道（MO）理论认为催化剂性能在很大程度上取决于引入的金属原子的价电子数，也与 d 轨道中的电子数有一定关系[128]。Li 等人证明了 Fe-N-C 具有较好的 4e ORR 途径（见图 2-23（b）），但 2e ORR 途径则不如 Co-N-C 和 Mn-N-C，且 Co-N-C 具有较高的 H_2O_2 选择性（见图 2-23（c））[129]。在 4e ORR 途径中 OH* 的吸附是 RDS，Zhao 等人在 0 V 电压下，使用 DFT 验证了 Fe-N-C 催化剂优于 Co-N-C（见图 2-23（d））[130]。已经证明了 M-N$_4$ 位点具有高 ORR 活性，通过比较 Co-N$_4$、Fe-N$_4$、Mn-N$_4$ 和 Ni-N$_4$ 的单侧吸附和异侧共吸附自由能和理论起始电位的关系，给出了更加直观的原因，进一步说明了 Ni-N$_4$ 与氧结合较弱，不适合 ORR 催化（见图 2-23（e）和（f））[131]。也有学者在酸性 ORR 条件下发现在石墨烯平面和石墨烯边缘嵌入 Fe 和 Co 金属原子的 M-N$_4$ 位点比其他 M-N$_x$ 结构更稳定[132]。

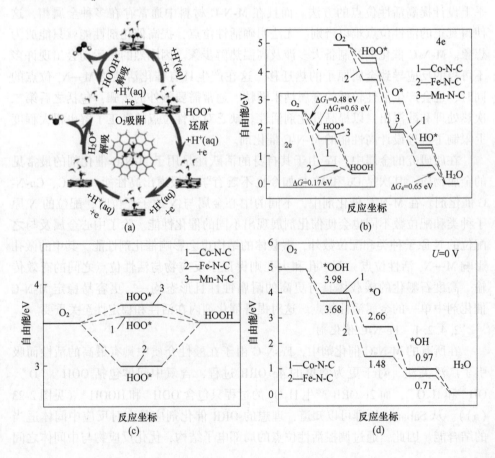

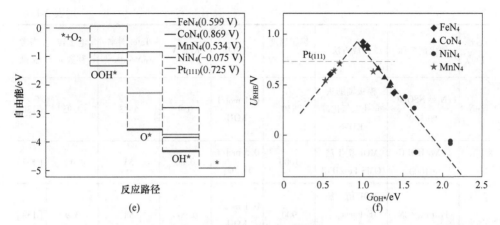

图 2-23　M-N-C 催化剂的 ORR 催化机理

(a) 2e ORR（橙线）或 4e ORR（蓝线）反应历程示意图；(b) $U = 0$ V（vs. RHE）时 2e ORR 和 4e ORR 自由能图；(c) $U = 0.7$ V（vs. RHE）时 2e ORR 的自由能图[129]；(d) M-N_4 上 ORR 过程的自由能图[130]；(e) M-N_4 位点和 Pt（111）单侧吸附的 ORR 自由能图；(f) M-N_4 单侧吸附和异侧共吸附的 G_{OH*} 和 ORR 理论起始电位的关系[131]

图 2-23 彩图

　　为了进一步增强催化剂的催化活性，研究人员提出了许多策略来增强 Fe-N-C 催化剂的电催化性能，其中包括：（1）催化剂载体的研究改进（改性碳基材料基底、使用 MOF 材料热解作为催化剂支撑材料等），探索不同的合成工艺合成单原子分散的 Fe-N-C 催化剂（如 CVD、空间限域等）；（2）Fe-N-C 催化剂中掺杂第二种金属元素等，如 Co、Ni、Mn、Pt 等，通过金属元素之间的电荷转移及相互影响，构建新的活性位点和 Fe-N-C 之间的相互作用来进一步提升其电催化性能。部分 Fe-N-C 催化剂在碱性或酸性电解液中的 ORR 性能整理在表 2-1 中。

表 2-1　Fe-N-C 催化剂在碱性或酸性电解液中的 ORR 性能

活性位点	催化剂名称	合成方法	热解温度 /℃	电解质	$E_{1/2}$/V	Tafel 斜率 /mV·dec^{-1}	电子转移数 n	参考文献
FeN$_x$	FeNC-S-Fe$_x$C/Fe	MOF 衍生法 Zn, Fe-ZIF-8	1100（1 h）	0.1 mol/L HClO$_4$	0.821	71	4	[133]
	S, N-Fe/N/C-CNT	模板辅助法 CNT	900	0.1 mol/L KOH	0.85	82	4	[134]
	FeN/C-PANI	模板辅助法 Fe-MMT	900（2 h）	0.1 mol/L HClO$_4$	0.62	—	3.1	[135]
				0.1 mol/L KOH	—	—	4	

活性位点	催化剂名称	合成方法	热解温度/℃	电解质	$E_{1/2}$/V	Tafel 斜率/mV·dec^{-1}	电子转移数 n	参考文献
FeN$_x$	FeN$_x$@ NSOMC-50-850	模板辅助法 介孔二氧化硅 KIT-6	850	0.1 mol/L KOH	0.9	55.3	3.95	[136]
	FeN$_4$/HOPC-c-1000	MOF 衍生法 OMS-Fe-ZIF-8	1000	0.5 mol/L H$_2$SO$_4$	0.80	53	4	[137]
	Fe-ISAs/CN	MOF 衍生法 Fe(acac)$_3$ @ ZIF-8	900	0.1 mol/L KOH	0.900	58	3.9	[138]
	Fe SAs-N/C-20	MOF 衍生法 ZIF-8	900 (3 h)	0.1 mol/L KOH	0.915	—	—	[139]
	0.17CVD/Fe-N-C-kat	MOF 衍生法 kat-Zn(MeIm)$_2$	1000	0.5 mol/L H$_2$SO$_4$	0.835	—	—	[140]
FeN$_4$	TimB-Fe$_5$-C	MOF 衍生法 TimB	950	0.1 mol/L KOH	0.89	58.2	3.89	[141]
				0.1 mol/L HClO$_4$	0.78	59.7		
	5%Fe-N/C	MOF 衍生法 Fe-ZIF-8	900	0.5 mol/L H$_2$SO$_4$	0.735	55.6	3.98	[142]
	ZIF/MIL-10-900	MOF 衍生法 ZIF-8 和 MIL-101	900	0.1 mol/L HClO$_4$	0.78	59.2	约4	[143]
	Fe-N-C-950	MOF 衍生法 Fe-ZIF-8	950	0.1 mol/L HClO$_4$	0.78	54.2	4	[144]
	1.5Fe-ZIF	MOF 衍生法 ZIF-8	1100	0.5 mol/L H$_2$SO$_4$	0.88±0.01	—	—	[145]
FeN$_4$	CNT/PC	模板辅助法 SiO$_2$	800	0.1 mol/L KOH	0.88	—	—	[146]
				0.1 mol/L HClO$_4$	0.79			

活性位点	催化剂名称	合成方法	热解温度 /℃	电解质	$E_{1/2}$/V	Tafel 斜率 /mV·dec^{-1}	电子转移数 n	参考文献
FeN$_4$	Fe-N-C	模板辅助法 MgO	900	0.1 mol/L KOH	0.895	54.62		[147]
				0.1 mol/L HClO$_4$	0.761	—	3.99	
	SA-Fe-N$_x$-MPCS	模板辅助法 聚合物和 SiO$_2$	900（2 h）	0.1 mol/L KOH	0.88	72		[148]
	SuR-FeN$_4$-HPC	模板辅助法 锌介导 SiO$_2$	900（2 h）	0.1 mol/L HClO$_4$	0.83	—	3.98	[149]
	Fe/N-G-SAC	模板辅助法 PDAN	—	0.1 mol/L KOH	0.89	50		[150]
	FeN$_x$/GM	溶剂辅助法 NH$_4$Cl	900	0.5 mol/L H$_2$SO$_4$	0.80	65	>3.95	[151]
	r-Fe-NC	溶剂辅助法 NaCl	1000 （2 h）	0.1 mol/L KOH	0.90	57.3	3.99	[152]
	Fe/NC-NaCl-1	溶剂辅助法 NaCl	1000（2 h）; 900（2 h）	0.1 mol/L HClO$_4$	0.832	—	约 3.98	[153]
	Fe SAs/N-C	溶剂辅助法 1,10-菲咯啉 (Phen) 配体	—	0.1 mol/L HClO$_4$	0.798	66	3.97	[154]
				0.1 mol/L KOH	0.91	68	约 4	
	SA-Fe-N-1.5-800	溶剂辅助法 氰胺（CN）	800	0.5 mol/L H$_2$SO$_4$	0.812	62	3.99	[155]
				0.1 mol/L KOH	0.910			
FeN$_2$	FeN$_2$/NOMC-3	模板辅助法 SBA-15 有序介孔 SiO$_2$	900（3 h）	0.1 mol/L KOH	0.863	58	4	[156]

A 改进催化剂载体的研究

与 ORR 其他研究材料（氧化物、硫化物、碳化物等）相比，碳基催化剂因其良好的稳定性、高比表面积、优异的导电性与掺杂剂的柔韧性，在酸中的 ORR 方面具有更大的前景。一些碳基催化剂，例如碳纳米管、炭黑和石墨烯，具有优越的导电性和力学性能。然而，原始碳是惰性的，并且由于其规则对称的电子结构，其 ORR 性能有限。因此，各种策略都集中于改善碳材料的 ORR 性能。到目前为止，碳缺陷工程已经引起了研究者们极大的兴趣，因为它对 sp^2 共轭碳原子上的电荷/自旋分布具有强大的修饰能力，这可以导致碳材料的活化。Wei 等人提出了一种简单的、环保的 H_2O_2 刻蚀策略，用于制备高缺陷 Fe 和 N 共掺杂碳催化剂（Fe-N-C/H_2O_2）。使用廉价炭黑（XC-72）为碳基底，通过水热过程中 H_2O_2 对 C 原子的有效刻蚀，成功制备了具有边缘缺陷、晶格缺陷和增加杂原子锚定能力的缺陷（DC）碳载体。由于含有丰富的缺陷，Fe^{3+} 和多巴胺单体衍生的聚合物膜可以通过强烈的杂原子–基体相互作用牢固地包覆在缺陷基底上，通过原位热解过程进一步形成三维多孔纳米片结构。所制备的催化剂在 0.1 mol/L $HClO_4$ 电解液中的电催化性能，非常接近商业 Pt/C 催化剂。Tao 等人[157]通过可控地在 HOPG（高取向热解石墨）表面上产生缺陷，并通过等离子体破坏石墨固有的 sp^2 杂化，进而诱导表面电荷在缺陷活性位点上的局部化，导致 HOPG 表面的电荷重新分布。电化学表征表明，电荷增强了电催化反应（ORR、OER 和 HER）的活性。DFT 计算证实了表面电荷诱导的高活性。

在众多改善碳基材料的 ORR 性能的策略中，掺杂缺陷是诱发电子调制最常见的缺陷类型。已经制备了各种杂原子掺杂的碳材料，如 N、S、P、B 等，并显示出良好的 ORR 性能，因为多个杂原子之间的协同效应可以使这些碳材料非电子中性，因此有利于 O_2 分子的吸附和还原。Liu 等人[160]展示了一种热解法制备 Fe、S、N 三掺杂的介孔碳材料，选择硫氰酸铁（Fe(SCN)$_3$）作为 Fe 和 S 的前体，炭黑和咪唑分别用作碳载体和氮源，在 700 ℃下热解之后，经过酸浸处理，得到最终催化剂。SCN 的催化作用可以使铁离子在杂原子掺杂的碳骨架中高度分散，并且 S 的引入可以有效地增加介孔分布、缺陷和活性中心。电化学分析表明，Fe-S/N-C 催化剂显示出良好的 ORR 活性。Tan 等人[161]以甲基橙（MO：$C_{14}H_{14}N_3SO_3Na$）、$FeCl_3$ 和吡咯为前驱体，通过一锅法轻松合成高孔隙率掺杂 Fe、N 和 S 的碳纳米管。该催化剂具有高比表面积和多孔结构。在这个过程中，MO-$FeCl_3$ 大颗粒沉淀作为反应性自降解模板，在其模板表面发生聚合形成吡咯单体，从而合成 PPy 纳米管结构。MO 和铁物种作为掺杂剂，可以分别形成 C-S-C 和 Fe-N-C 活性位点，提升了催化剂的 ORR 活性。

金属有机框架（MOF）是通过将金属原子和配体桥接成具有丰富微孔和高比表面积的三维有序晶体框架而构建的，为设计 Fe-N-C 催化剂提供了良好的平台。一般 MOF 衍生的催化剂涉及 MOF 前驱体的合成和高温热解以形成活性位点，所以利用富含 N 的有机配体配位 Fe 等金属离子时，有利于形成 N 掺杂碳和 Fe-N$_x$ 等活性位点。此外利用 MOF 作前驱体有利于继承 MOF 的良好孔隙结构，使活性位点尽可能暴露，因此合理设计 MOF 前驱体会得到理想的 ORR 催化剂。Zhang

等人[162]开发了一种化学掺杂的方法来合成铁掺杂的 ZIF 前驱体（见图 2-24 (a)）。在 ZIF 碳氢化合物网络中，铁离子部分取代锌，并与可能存在的咪唑配体形成化学键 $Fe-N_4$ 复合物。通过控制 ZIF 前驱体的粒径大小，在 20~1000 nm 粒径范围内，合成了铁掺杂的 ZIF 纳米晶的前驱体，然后进一步进行热活化，可以调节催化剂粒径大小。结果表明，在尺寸为 50 nm 的催化剂上测量可得最佳的 ORR 活性。在 0.5 mol/L H_2SO_4 中，半波电位为 0.85 V（vs. RHE），可与商业 Pt/C 催化剂媲美。Gao 等人[163]使用三种不同的铁源（即 $Fe(acac)_3$、$FeCl_3$ 和 $Fe(NO_3)_3$）合成 ZIF-8 前驱体，并研究了前驱体对催化剂最终结构和性能的影响。通过结合物理表征和电化学测试，证实了 $Fe(acac)_3$ 前驱体更易获得原子分散的 $Fe-N_x$ 配位，而 $FeCl_3$ 和 $Fe(NO_3)_3$ 则更易形成不活泼的 Fe_3C 纳米粒子。

然而，高性能 Fe-N-C 催化剂的制备主要涉及高温热解步骤，该步骤不仅生成具有催化活性的活性位点，也有催化活性较低的大型 Fe 基颗粒。因此，通常需要额外的合成步骤，包括后酸处理和热处理，以提高 ORR 活性。所以，研究者们提出了各种有效防止 Fe 团聚的合成策略。例如，"二氧化硅保护层辅助"的方法，可以优先生成 Fe-N/C 催化剂中的 $Fe-N_x$ 活性位点同时抑制 Fe 基大颗粒的形成，如图 2-24（b）所示，在没有二氧化硅保护层的对照实验中，合成出了颗粒较大的 Fe 纳米粒子，验证了二氧化硅保护层抑制 Fe 基纳米粒子的团聚。在目前普遍的合成方法中，简单地增加铁浓度以增加 Fe 单原子位点的密度通常会导致大量低活性金属纳米颗粒的形成。因此，Yang 等人[154]报道了一种简单并且可以扩展的分子固定热解的策略，该策略可以优先在 N 掺杂多孔碳纳米片（Fe-SAs/N-C）催化剂上产生高度稳定的单一 Fe 活性位点。如图 2-24（c）所示，选择 PEI 作为碳前体，并使用 1,10-菲咯啉配体作为铁离子的空间隔离剂，以促进其完全转化为单个铁原子而不形成铁纳米粒子。其中 Fe 原子含量（质量分数）为 3.5%。在 0.1 mol/L KOH 电解液中，Fe SAs/N-C 催化剂的半波电位为 0.91 V（vs. RHE），在更具挑战性的酸性电解液中，Fe SAs/N-C 催化剂同样表现出和商业 Pt/C 相当的 ORR 催化活性。

B　双金属掺杂催化剂的研究

近来有研究表明，引入第二种金属（如 Co、Ni、Mn 等）合成的 Fe 基双金属催化剂可以有效抑制 Fe 的聚合，增加双金属活性中心，并改善催化剂的导电性，具有更加优异的电催化活性。而且在金属-金属双原子催化剂中，两个金属原子相互结合，金属对与碳基底中的 N 原子配位，研究人员指出，这种结构能够进一步增强金属中心的催化活性。Zhu 等人报道了一种简单的一步双溶剂浸渍方法获得了具有原子 Fe-Ni 双金属对（Fe-NiNC-50）的 N 掺杂多孔碳材料催化剂，如图 2-25（a）所示。经过电化学表征可以看出，Fe-NiNC-50 催化剂表现出非凡的 ORR/OER 双功能催化活性。在 1 mol/L KOH 电解液中，10 mA/cm² 的 OER

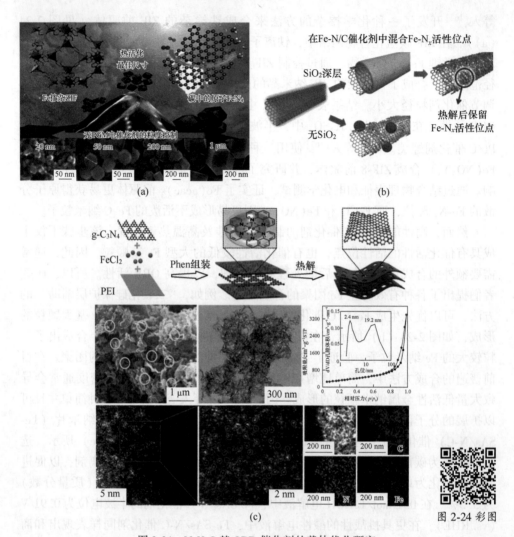

图 2-24 M-N-C 基 ORR 催化剂的载体优化研究

（a）用化学掺杂的方法合成的铁掺杂的 ZIF 前驱体的制备流程及 SEM 测试图；（b）二氧化硅保护层辅助法制备 Fe-N/C 催化剂的制备流程；（c）分子固定热解策略制备高度稳定的单一 Fe 活性位点的 N 掺杂多孔碳纳米片（Fe-SAs/N-C）催化剂的制备流程及 TEM 测试结果

过电位与 ORR 的半波电位 $E_{1/2}$ 之间仅间隔 0.73 V，这与相同测试条件下贵金属催化剂的性能相当。研究指出，Fe-NiNC-50 催化剂的双功能催化活性归因于 Fe—Ni 键的形成，这将导致两个原子之间的电荷重新再分配，从而促进氧电催化过程中反应中间体的吸附。同时，密度泛函理论（DFT）模拟表明，Fe-Ni 双金属的结合，可以对 Fe 和 Ni 原子之间施加相互影响，促使它们分别成为 ORR 和 OER 的活性中心。采用模板法与静电纺丝相结合的技术制备的双金属氮共掺杂多孔碳纤维，同样也表现出优异的 ORR 催化活性，这主要是因为微量金属元素掺杂可以有效地提高 ORR 的 $E_{1/2}$。

Cu 元素也能带来更好的 ORR 催化性能。FeCuNC 催化剂由 Fe 和 Cu 之间的相互作用、精确的掺杂含量、合适的温度和各向异性的热微应力共同作用而形成的，具有独特的凹形十二面体形貌[164]。与商业 Pt/C 和其他金属-N-C 催化剂相比，原子分散的催化剂在酸性溶液中具有优异的 ORR 催化活性和耐甲醇性能。这里值得注意的是，Cu 的掺杂不仅在构建原子分散的 Fe 活性位点及提升催化剂的 ORR 性能方面起到作用，还能够很好地调节催化剂的形貌。除了可以有效分散 Fe 位点，也会在 Fe 物种与掺杂金属之间产生电荷转移，产生较强的相互作用，从而影响催化剂的 ORR 催化活性。Zhang 等人通过配体辅助策略合成了单原子 Fe-N-C 催化剂，如图 2-25（b）所示，催化剂 SA Fe@ ZrO$_2$/NC 由 Fe-N$_4$ 位点和邻近的 ZrO$_2$ 组成，在 N 掺杂的碳中原位引入 ZrO$_2$ 可以显著提高 O$_2$ 的吸附能力。并且孤立的 Fe 原子与 ZrO$_2$ 纳米团簇之间的强界面相互作用也是催化剂具有优异 ORR 催化活性的主要原因。Yang 等人制备了双金属原子分散的 Fe、Mn-N-C 电催化剂，如图 2-25（c）所示，从调节电子结构的角度分析了促进 ORR 电催化性能的活性机理。作者指出，Mn-N 部分的引入导致 Fe^{III} 电子离域，并使 Fe^{III} 的自旋态从低自旋（$t_{2g}^5 e_g^0$）转变为中间自旋（$t_{2g}^4 e_g^1$），很容易穿透氧的反键 π 轨道，所以提升了催化剂在 0.1 mol/L HClO$_4$（$E_{1/2}$ 为 0.804 V）和 0.1 mol/L KOH（$E_{1/2}$ 为 0.928 V）中的电催化性能。并且，通过 DFT 计算表明，Fe、Mn/N-C 催化剂能与 O 发生相互作用，具有适当的键长和吸附能，这将有利于促进 ORR 的动力学进程。

2.4.2.2 其他 M-N-C 催化剂

Co-N-C 催化剂因具有出色的耐久性也被学者们广泛研究，Co-N$_4$ 被计算确定

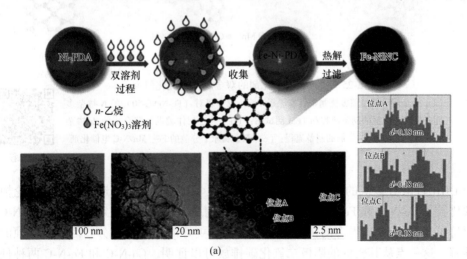

(a)

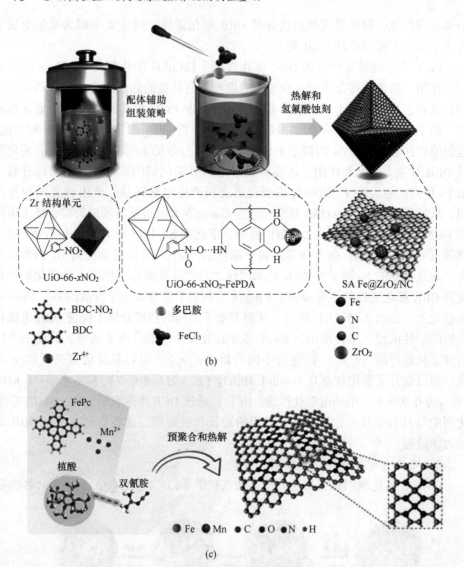

图 2-25 M-N-C 基催化剂的双金属掺杂优化研究

(a) 一步双溶剂浸渍方法制备具有原子 Fe-Ni 双金属对 (Fe-NiNC-50) 的 N 掺杂多孔碳材料催化剂的制备流程和 TEM 测试图；(b) 通过配体辅助策略合成的 Zr 掺杂的单原子 Fe-N-C 催化剂的制备流程；(c) 双金属原子分散的 Fe、Mn-N-C 电催化剂的制备流程

图 2-25 彩图

为 ORR 过电势最低的活性位点。纽约州立大学武刚等人[165]通过实验和理论模拟比较了 Co-N-C 和 Fe-N-C 催化剂的降解机制。经过50 h 的稳定性测试，Co-N-C 保持了比 Fe-N-C 高得多的初始性能。Co-N-C 更好的耐久性部分归因于碳腐蚀的缓解，这一点从其较低的阴极二氧化碳排放可以证明。Co-N-C 和 Fe-N-C 两种催

化剂之间的脱金属化程度也有明显的差异（特别是在燃料电池的操作条件下），并与其活性衰减相对应。他们通过计算吉布斯自由能变化（ΔG）研究了脱金属化的趋势，发现轴向吸附物（如 O_2 和 OH^*）促进了脱金属化。因此，Fe-N-C催化剂因其对 O_2 的高亲和力和在高电极电位下的 OH^* 覆盖而受到干扰。与其他配位构型相比，Co-N_4 中心对 ORR 的优异催化活性主要归因于其最强的给电子能力[166]。通过理论计算 Co-N-C 催化剂中 ORR 活性的顺序被确定为 Co-N_4>Co-N_3>Co-N_2>Co-N_1。然而，Co-N_4 位点 OOH^* 还原为 O^*（或 $2OH^*$）的热力学驱动力大，生成 H_2O_2 的热力学驱动力小，表明 4e 路径比 2e 路径更容易进行。而固定在碳载体上的 Co-N_2 中心可以作为完整的 ORR 的第二活性中心。Co-N_4 活性中心上所产生的 $HOOH^*$ 中间体到达 Co-N_2 活性中心上进行下一步反应，从而遵循间接两步二电子转移路径（2×2e 路径）的 ORR 催化机理[167]。最近也有学者提出具有 Co-N_5 活性位点比 Co-N_4 活性位点更具 ORR 活性。在 DFT 计算中，Co-N_4 位点需要高能垒来驱动电子转移，而 Co-N_5 的能垒却更低，表现出更快的 ORR 动力学。这是因为 Co-N_5 活性位点的引入可以改善与含氧物质的相互作用，从而降低 ORR 中间体的结合强度，促进形成有利的四电子 ORR 通路，从而提高 ORR 活性。基于此，武刚课题组[168]通过在高度石墨化的碳纤维中嵌入高密度的 Co-N_4 位点，制造了一种性能良好和持久的 Co-N-C 催化剂。这种催化剂在实际燃料电池测试中表现出显著的稳定性。采用电纺 Co 掺杂的分子筛咪唑骨架在聚丙烯腈和聚乙烯基吡咯烷酮聚合物中进行两步热处理合成具有明确 Co-N_4 活性位点的催化剂（见图 2-26 (a)），其中在第一步相对较低的温度下生成孔隙，在第二步较高的温度下可以生成活性 Co-N_4 位点。其独特的多孔纤维形态和层次化结构，可以暴露更多可及活性中心，增加电子传导性，并促进了反应物的质量传输，极大地提高了电极性能。Co-N_4 部分周围额外的石墨化 N 掺杂提高了催化剂的本征活性。通过双模板协同热解方法，成功制备了一种单原子 Co 位点嵌入有序多孔 N 掺杂碳中的催化剂（见图 2-26 (b)），具有高分散孤立的 Co-N_4 活性位点、大表面积、高孔隙率和良好导电性，在碱性介质中表现出优异的 ORR 性能，且在酸性条件下具有较好的耐久性[169]。同样通过软模板成功制备了含有 Co-N_4 活性位点的催化剂[170]。表面活性剂辅助也被认为是一种有效的方法，结合 MOF 制备了一种新型的具有核-壳结构原子分散的 Co-N-C 催化剂（见图 2-26 (c)），表面活性剂更有利于形成含有大量的 Co-N_{2+2} 活性中心，在热力学上更加有利于四电子 ORR 途径[171]。针对合成单原子活性位点催化剂也有一种新型聚合物封装策略，以多孔氮掺杂碳纳米球为载体合成金属隔离单原子位点（ISAS）催化剂。首先，金属前驱体通过聚合被聚合物原位包裹，后在聚合物衍生的 p-CN 纳米球中通过高温（200~900 ℃）控制热解生成金属 ISAS（见图 2-26 (d)）。其中所获得的 Co-ISAS/p-CN 纳米球通过表征证明含有明确的 Co-N_4 活性中心，在碱性介质中表现出出色的 ORR 性能[172]。也有采用一步法无溶剂熔融辅助热处理策略合成含有 Co-N$_4$ 活性中心的钴和氮共掺杂的碳催化剂，合成后的催化剂中的 Co 物种均匀地分散在碳材料上。可以通过 S 掺杂进一步提高 Co-N-C 催化剂的活性。当 S 与 Co-N$_4$ 活性中心相邻时，凹陷一侧的活性中心比相应的凸起一侧具有更高的 ORR 活性。Mn 掺杂也被证明是一种有效的方法。锰氧化物具有价态高且表面价态可控的特点，对 ORR 表现出较好的电催化活性。Wei 等人制备了稳定的十二面体形态实现 Mn 掺杂 Co-N-C（Mn/Co-N-C）。Mn/Co-N-C 催化剂表现

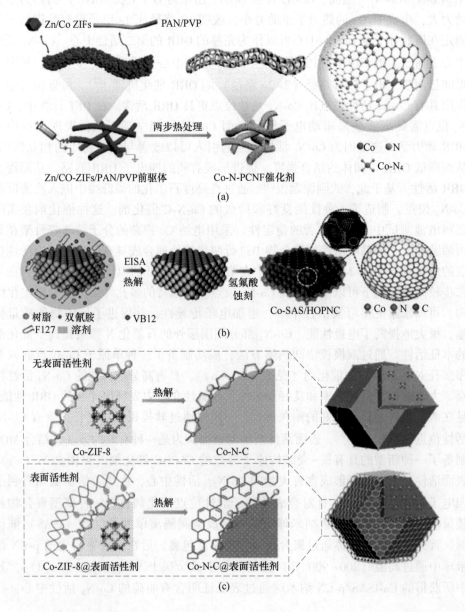

● Zn/Co ZIFs　　PAN/PVP

两步热处理

Zn/CO-ZIFs/PAN/PVP前驱体　　Co-N-PCNF催化剂

● Co　　● N

✕ Co-N$_4$

(a)

● 树脂　● 双氰胺　　● VB12

F127　溶剂

EISA
热解

氢氟酸
蚀刻

Co-SAS/HOPNC

● Co　● N　● C

(b)

无表面活性剂

热解

Co-ZIF-8　　Co-N-C

表面活性剂

热解

Co-ZIF-8@表面活性剂　　Co-N-C@表面活性剂

(c)

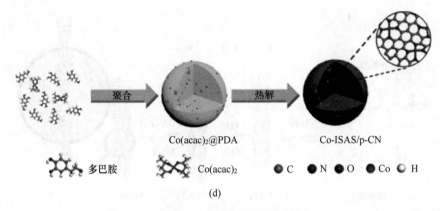

图 2-26　多种 M-N-C 催化剂的制备流程

（a）Zn/Co-ZIF 与聚合物共电纺二步热活化制备 Co-N-PCNFS 催化剂的工艺原理图[168,173]；（b）Co-SAS/HOPNC 制备示意图[169]；（c）原位限制热解策略，合成核壳结构的 Co-N-C@surfactants 催化剂示意图（黄色、灰色和蓝色球分别代表 Co、Zn 和 N 原子）[171]；（d）Co-ISAS/p-CN 纳米球的合成策略图[172]

图 2-26 彩图

出出色的 ORR 性能，半波电位为 0.80 V。高纯度吡咯氮锚定钴单原子（Co-N₄）和相邻的金属 Co 纳米颗粒组成的催化剂也可以提高 ORR 活性，这归因于金属钴调节了 $Co-N_4$ 基团的电子分布。

Mn-N-C 相较于 Fe-N-C 和 Co-N-C 来说在理想的高电位反应条件下（如大于 0.6 V（vs. RHE））具有更好的耐久性。螺旋结构是一种高度特殊的结构，通常存在于自然界的生物体中（如 DNA、蛋白质和氨基酸等），可以提供更大的特定区域和丰富的表面凹槽。学者通过设计一个螺旋状的石墨化碳管在其上制造孤立的 Mn 单原子（见图 2-27（a）），在聚多巴胺（PDA）改性条件下可以有效地调节 Mn 配位环境，从而得到高度分散的与氮配合的单个 Mn 原子位点 MnN_4，富含凹槽的 N-C 基质可以暴露更多的活性位点，展现出优异的 ORR 电催化性能[174]。采用金属离子引导胺与羰基缩合反应合成一种新型 Mn-N₄ 大环 MnN₄@rGO 纳米复合材料，MnN₄@rGO 复合材料表现出良好 ORR 性能（见图 2-27（b））[175]。杂原子掺杂通过改变催化剂的结构，构建出新的活性位点以此提高催化剂的固有活性，同时保持催化剂表面拥有更多可及的反应位点。如图 2-27（c）所示，通过有效的吸附—热解过程合成的硫掺杂 Mn-N-C 催化剂（Mn-N-C-S）具有均匀分散的 Mn-N₄ 活性中心，学者将 Mn-N-C-S 催化剂与其他几种催化剂也进行了比较。在酸性介质中，Mn-N-C-S 催化剂相对于无 S 的 Mn-N-C 催化剂表现出更加优异的 ORR 活性，且该催化剂的稳定性比之 Fe-N-C 和 Fe-N-C-S 催化剂大大提高。理论计算表明，反应中间体与相邻 S 掺杂剂之间的排斥作用所产生的空间效应导致了 ORR 活性的提升[176]。而磷的掺杂可改变催化剂的形貌和电子性能，对催

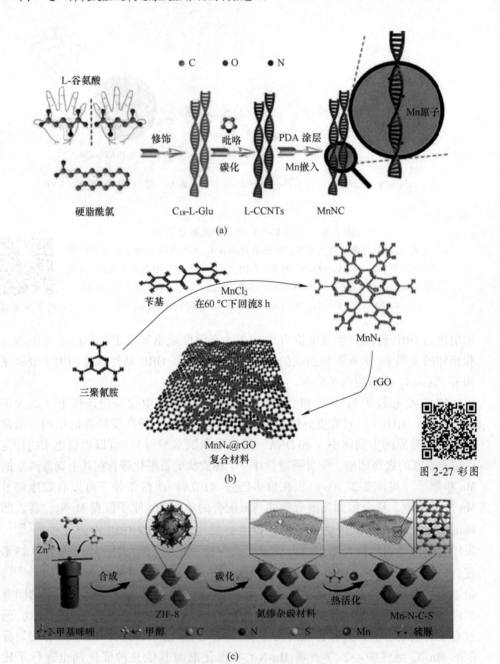

图 2-27 锰基 Mn-N-C 催化剂的制备流程

（a）基于 MnNC 样品的合成示意图[174]；（b）MnN₄ 大环配合物的合成方案[175]；（c）Mn-N-C-S 催化剂
形成过程示意图及 Mn-N-C-S 催化剂的形态、组成和原子结构[176]

化剂性能的提高也起着至关重要的作用。通过对沸石型咪唑骨架进行磷化并在900 ℃下热解，成功制备了多孔碳载 N、P 双配位 Mn 单原子催化剂，达到了更好的催化性能。

通过碳涂层拓扑化学转化成功制备出了具有 Ni-N₄ 结构的催化剂（见图 2-28 (a)），避免 Ni 原子在颗粒上聚集的同时，也为催化反应提供了丰富的活性位点[177]。采用纳米镍与双氰胺原位反应的方法，构建了三维有序大孔氮掺杂碳骨架（3DOM Ni-N-C），由于具有三维通道和较高的 Ni-N₄ 含量，所以催化剂表现出优异的 ORR 和 OER 催化活性和稳定性[178]。轴向配位策略也为合理设计和构建高性能单原子催化剂开辟了新的途径。通过掺杂—吸附—热解的策略，所制备的含有轴向 Cl 配位 Ni-N₄-Cl 活性位点可以加速电催化过程（见图 2-28 (b)）[179]。利用预沉积纳米镍（Ni-NCNT）在碳纤维纸上成功制备了双功能电极（见图 2-28 (c)），其中单分散 SiO₂ 纳米球的空间效应限制了碳纳米管的生长方向，最终使催化剂形成了具有均匀分布的 Ni-N₂ 活性位点及三维互连纳米管网络[180]。除了 3d 过渡金属 M-N-C 催化剂，基于 s 区和 p 区元素的 M-N-C 催化剂也被发现在酸性介质中具有 ORR 活性。Strasser 等人[181]合成的 Sn-N-C 催化剂具有与 Fe-N-C 相当的 TOF，理论研究表明，Sn-N$_x$ 活性位点打破了催化剂与反应中间体的吸附能量之间的关系，并保持一个恒定的氧气化学吸附能量，有利于 4e ORR 过程。Chen 等人证明，如果与 N 或 N/O 配位，金属元素 p 轨道中心接近费米水平，那么 s 区主族金属，如 Mg、Al 和 Ca 也可以在酸性介质中拥有出色的 ORR 活性[182-183]。

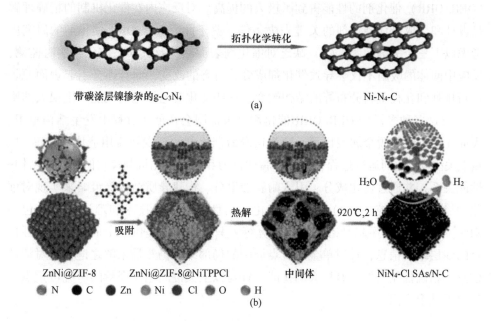

带碳涂层镍掺杂的g-C₃N₄　　　拓扑化学转化　　　Ni-N₄-C

(a)

ZnNi@ZIF-8　　　ZnNi@ZIF-8@NiTPPCl　　　中间体　　　NiN₄-Cl SAs/N-C

吸附　　　热解　　　920℃,2 h　　　H₂O　　　H₂

● N　● C　● Zn　● Ni　● Cl　● O　● H

(b)

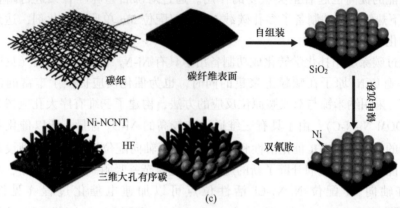

图 2-28 镍基 Ni-N-C 催化剂的制备流程

(a) Ni-N₄-C 催化剂合成示意图（绿色：Ni 原子；蓝色：N 原子；灰色：C 原子；红色：O 原子）[177]；(b) NiN₄-Cl SAs/N-C 的合成方案[179]；(c) Ni-NCNT 样品的合成过程示意图[180]

图 2-28 彩图

2.5 研究展望

在过去的十年中，受益于原位分析技术的进步，催化剂活性位点结构、关键反应中间体吸附结构及反应历程的解析日益深入，电催化析氧及氧还原反应（OER/ORR）催化剂的性能得到了极大的提高。对反应内在催化机制的精确理解是设计和合成最佳催化剂的关键先决条件，鉴于此，OER/ORR 催化剂的研究应考虑以下三个关键问题：（1）缺乏对催化剂表面结构及其动态演化的实时监测，反应中间体的吸附不仅会导致催化剂成分、价态的改变，而且还会引起表面原子重新排列和孔径重新分布等的结构改变，这些变化对电催化剂性能产生很大的影响。（2）多种多样的 OER/ORR 催化剂已被证明会在催化过程中发生结构重组、表面无定型化和脱金属浸出等，这为长寿命催化剂的开发及应用造成了障碍，应重点关注电催化剂运行过程中的动态腐蚀行为和结构演化机制及它们相应的结构-性能关系，并通过优化成分、引入耐腐蚀组分、构建异质结构等策略来实现对催化剂稳定性的调控。（3）已有的催化剂活性位点表征技术和理论计算（包括XPS、XAS、穆斯堡尔光谱和 DFT 计算等）只能局限于提供一个催化剂中活性位点的浅层结构信息，针对单金属位点周围的局部结构仍然是未解之谜，且对活性位点的精确控制仍然具有极大的挑战。针对以上关键问题，今后的研究可重点关注以下几个方面。

2.5.1 先进表征技术的探索

在原位表征技术的帮助下，研究者们现在能够直接跟踪和监测催化剂在运行过程中的结构变化，例如，同步辐射原位 XAS 技术可以实时监测催化剂活性位点的配位情况及其变化，同步辐射原位 XPS 技术可以跟踪催化剂中元素价态变化，Mössbauer 谱可以监测催化剂结构演化，电化学透射电子显微镜可以给出催化剂结构转化的真实动态影像证据，电化学原位拉曼/红外光谱可以用来识别关键活性中间体、监测反应中间体在催化剂表面的吸附和解吸情况等。然而，由于个别原位表征技术的局限性，来自单一表征技术的信息不足以精确阐明整个催化反应过程。因此，需要整合多种原位表征技术使之互补，以同时获取结构和反应途径信息。Müller 等人[184] 采用原位 XAS 和原位 XRD 两种技术互补，研究了 In_2O_3 催化剂的演变，原位 XAS 分析表明，随着反应时间的增加，In 离子的价态及 In-O 和 In-In 的配位数呈现下降趋势，表明氧空位的生成和 In_2O_{3-x} 化合物的形成，同时，XRD 数据分析显示 In_2O_3 布拉格峰的强度降低，表明非晶化和微晶尺寸的减小，结合原位 XAS 和 XRD 的分析结果表明，在电催化过程中，熔融金属铟的形成导致产生无定形的 In^0/In_2O_{3-x}。同样，Grunwaldt 等人[185] 综合原位 XAS 和原位 XRD 技术发现还原镍颗粒上 FeO_x 簇的形成可促进 $Ni-Fe/\gamma-Al_2O_3$ 催化剂 CO_2 甲烷化时 CO_2 的分解。

此外，用于监测催化剂动力学变化的原位表征技术的时间分辨率仍需提高。常规原位 XAS 表征技术的时间分辨率通常限于几分钟或几小时的水平，考虑到大多数反应过程涉及短寿命的中间物质、快速电荷转移和快速原子重排，基于常规原位 XAS 技术的研究通常仍然无法提供真实催化反应机制的全貌。在这种情况下，覆盖时间尺度低至皮秒级的快速 XAS 表征技术将是确定金属中心的化学状态和监测活性位点上活性中间体的吸附/解吸行为、解析反应机制的可靠方法。值得注意的是，快速原位 XAS 的扫描时间太短，无法通过荧光检测器获得 XAS 信号，因此这些实验在透射模式下进行，不能完全解释主要发生在表面的电催化反应[186]。拉曼和红外光谱虽可以胜任表面电催化反应的精确表征，但这些技术在催化中的应用通常受到低信噪比的阻碍。贵金属通常用于表面增强拉曼光谱研究，但其固有的催化活性造成了对真实 OER/ORR 反应动力学行为的干扰。基于同步辐射的振转光谱技术具有高亮度光源和在水溶液中的强穿透性，是探测许多电催化反应表面结构演变的强大工具。同步辐射红外光谱技术具有在 OER 和 ORR 过程中跟踪关键中间体 OOH^* 的高能力，然而，同步加速器资源有限是应用这些基于同步加速器相关表征技术的主要障碍。此外，为了正确验证检测到的反应中间体，必须进行同位素标记实验，如 ^2D 和 ^{18}O 标记，用于在 OER 和 ORR 过程中识别 OOH^* 或 OO^* 中间体[187]。

在原子水平上深入探索氧的动力学行为，可以从根本上揭开 OER/ORR 内在反应机理。然而，目前先进的表征工具主要限于表征催化剂的金属位点，而不是氧位点。软 XAS 和共振非弹性 X 射线散射（RIXS）已经开发出来，这些技术能够在反应条件下对氧的 ORR 行为进行原位监测[188]。乔世璋教授团队[189]对 Cu-RuIr 电催化剂的 O K 边 XAS 数据的分析证明了在 OER 过程中晶格氧的氧化。Lange 等人[190]使用 $Ni_{65}Fe_{35}(O_xH_y)$ OER 电催化剂进行了原位 O K 边 XAS 表征，分析表明，原位形成的缺电子氧位点源自提供高 OER 活性的欠配位 μ_1-O 和 μ_2-O 位点。Yang 等人[191]通过使用 O K 边面扫 RIXS 光谱证明了在 $Na_{0.5}(Li_{0.2}Mn_{0.8})O_2$ 中氧化晶格氧的可逆生成。由于涉及氧的氧化还原化学，该技术在监测 OER/ORR 电催化剂方面极具前景。

与大规模电化学测量相比，原位电化学表征测量过程中电极制备或反应条件的差异可能会导致识别真实催化过程的误解，为了正确地进行原位电化学实验，研究者们还应该特别设计实验装置。例如，最近的一项原位电化学研究证明，IrO_2 OER 电极的厚度及因溶解或分层造成的底层催化剂损失会极大地影响 OER 过程中 Ir 的表观氧化态[192]。为了避免这种伪像，Schmidt 等人认为催化剂负载量应在 $1 \sim 2 \ mg/cm^2$，即使用低 X 射线通量（$\leqslant 0.5 \times 10^{12}$ 光子/$(mm^2 \cdot s^{-1})$）进行原位 XAS 实验。在原位 X 射线分析及显微分析测试中，电解质和光束之间的相互作用导致水的裂解，并产生大量自由基，对 OER/ORR 机理研究造成干扰。在这种情况下，应改进原位电化学测试池。例如，使用 Si_3N_4 作为基底的流通池可以有效地将同步辐射 XPS 测量过程中的自由基影响降至最低[193]。同时，在施加电势时也应小心产生的气泡对原位信号产生影响。

2.5.2　催化剂腐蚀行为的研究

在电化学反应过程中，电催化剂直接受到外加电位、电解质及活性中间体吸附/解吸的影响，通常无法维持其初始状态并发生结构和成分演变（腐蚀），其中涉及各种腐蚀行为，如金属氧化、还原、溶解、沉积等，从而直接影响电催化剂的催化行为及性能。如相对于块状 Pt，纳米结构的 Pt 颗粒具有更大的表面能和大量不饱和配位原子，其更容易发生 Pt 的溶解。根据第一性原理计算的 Pt 电子结构，Pt 的溶解电势和氧化电势均与纳米颗粒半径呈负相关，即尺寸较小的纳米结构 Pt 更容易被腐蚀。对于一些具有特殊形貌的 Pt 纳米晶（立方体和二十面体 Pt），各个 Pt 位点上的溶解速率不同，呈现出角位点≫边缘位点>面位点的趋势[194]。此外，当 Pt 处于高局部曲率和拉伸晶格的位置时，Pt 的溶解过程显著加速[195]。基于 E-pH 图，其他铂族金属如金、铑、钯、银、铱和钌的腐蚀行为类似于 Pt，都涉及金属溶解和氧化物/氢氧化物形成[196]。Ir 虽具有较好的耐酸性，但由于 OER 的高反应电位（1.6 V（vs. RHE）），Ir 纳米颗粒仍然会发生溶解，导致其 OER 催化活性减弱。因此，有必要阐明电催化剂的腐蚀行为和机理，制定有针对性的耐腐蚀策略或利用腐蚀重建合成技术指导高效稳定电催化剂的制备。

基于结构/成分演化的腐蚀化学提出了抑制电化学过程中催化剂腐蚀和性能退化的有效策略。其中适当的掺杂/合金元素可以通过改变电子结构或改善自旋键合状态来提高电催化剂的耐腐蚀性，如将 Mo 掺杂到 PtNi 合金中，由于强 Mo—Pt 和 Mo—Ni 键抑制了 Pt_3Ni 八面体纳米晶体（Pt_3Ni ONC）的溶解，显著提高了 Pt_3Ni ONC 的电化学稳定性[197]。由于碳载体腐蚀问题严重，采用高度石墨化的碳或金属氧化物/氮化物可以作为一种替代方法，但由于其导电性普遍较差，仍具有挑战性。碳原子和杂原子之间的原子尺寸、键合状态和电负性的差异、碳载体的掺杂可以实现碳原子之间的电荷和自旋重新分布，已经证明，N 掺杂使材料具有更强的电子离域，可以提高碳的抗氧化稳定性。此外，通过增加碳载体中杂原子的浓度，可以改善碳材料的耐腐蚀性，例如，石墨氮化碳（$g-C_3N_4$）在腐蚀环境和环境下的氧电极反应中表现出强配位能力和高稳定性[198]。Fe 掺杂 NiOOH 催化剂中，高自旋 Fe(Ⅲ) 和低自旋 Ni(Ⅲ) 的耦合导致铁磁量子自旋相互作用，Fe(Ⅲ) 中的自旋强度与 Ni(Ⅲ) 相当，从而促进 NiOOH 中的电荷传输，避免电荷积累和进一步腐蚀[199]。同样，适当的 Fe 掺杂被证明可以提高硫化钴中 Co 的局部自旋状态，使 $Fe_{0.4}Co_{0.6}Se_2$ 催化剂具有高活性和耐腐蚀性[200]。

目前关于电催化腐蚀行为研究还比较欠缺，传统腐蚀科学与尖端电化学能源技术之间存在巨大差距。然而，以前在催化剂腐蚀化学和技术方面的经验和知识可以为当前电催化剂腐蚀行为的研究提供指导。对于聚合物、有机-无机杂化、金属大环配合物等特定模型电催化剂，还需要根据不同的使用条件、不同的材料结构和成分，深入研究其综合腐蚀行为和机理。目前，在动力学和热力学、机理、定量方法等方面的研究，从原子尺度上分析了解腐蚀机制是必不可少的。此外，基于活性位点结构演化和更准确的腐蚀-结构-活性关系的原子级动态催化过程还能加深对腐蚀过程和电催化的理解。

2.5.3 新型 OER 和 ORR 催化剂的研发

OER 和 ORR 都涉及含氧反应中间体，如 O^*、OH^* 和 OOH^* 的形成，因此，对催化剂性能及其催化动力学行为的估计可以通过 OER 和 ORR 的"火山图"获得，其中每个基元反应步骤的吉布斯自由能被量化为对 O^*、OH^* 和 OOH^* 含氧中间体结合能的函数。催化剂含氧中间体的结合能随着 OER 和 ORR 过程不同而改变，表现为 OOH^* 和 O^* 的形成是 OER 的限速步骤，而 ORR 动力学主要受 OH^* 和 O_2 还原的限制。可见，OER 催化剂的活性位点应不同于 ORR 催化剂的活性位点，OER 催化剂的活性通常显示出与高价金属中心的强相关性。相比之下，ORR 催化剂的催化活性依赖于明确定义的 M-N 的配位情况。因此，开发新的 OER 催化剂时应形成高价金属中心，而开发 ORR 催化剂时应维持明确的 M-N 配位环境，同时还应考虑载体相互作用效应对界面电子结构的调节。Feng 等人[201]在 Ni-N-C 结构上负载 Pt 纳米颗粒，再通过高温退火合成 PtNi 合金（PtNi/NiNC），XPS 结果表明在合金结构中 Ni 向 Pt 转移电子，Pt 与 Ni 之间存在着相互作用，高温原位 TEM 结果证明 PtNi 合金的 Ni 来自 Ni-N-C 表面的 Ni 团簇，其 ORR 活性及稳定性也优于商业 Pt/C 催化剂。Wang 等人[202]将 Co(acac)$_2$ 锚定在杂原子掺杂的石墨烯上，制成 SNG-Co^{2+} 分子催化剂，SNG-Co^{2+} 单个 Co^{4+} 位点上的侧氧和过氧化物种偶联生成氧分子，使 SNG-Co^{2+} 具有与商业 IrO$_2$ 催化剂相媲美的 OER 催化活性。Patzke 课题组设计了一种软着陆分子策略，成功地在氧化石墨烯层上定制了金属酞菁催化剂（MPc-GO，M = Ni、Co、Fe）[203]，这得益于通过 π—π 共轭氧化石墨烯新构建的电子通道，开发的 MPc-GO 在双功能应用中表现出良好的 OER 和 ORR 活性，结果表明，高价金属离子的形成是启动 OER 的关键，而 MPc-GO 的固有 ORR 活性与金属中心周围明确的 M-N$_4$ 结构密切相关。然而，目前 OER/ORR 催化剂的开发仍面临着大规模合成、锚定分子/链接的稳定性、固体支持物的局限性及电化学活性不足等方面的困难。

2.5.4 产业应用

OER 催化剂最突出的技术应用是水电解槽生产绿氢，对于构建零排放发电系统的质子交换膜燃料电池（PEMFC）而言，稳定高效的 ORR 催化剂是必要基础，同时 OER 和 ORR 双功能催化剂还能够制造可充电金属空气电池，如锌空气电池（ZAB）等，可见高性能 OER/ORR 催化剂有着重要的应用。虽然三电极测试系统能够快速反馈催化剂的 OER 及 ORR 催化反应性能，但由于测试操作条件，如 pH、温度、压力、电压等的差异，某些催化剂很可能不适用于电解槽和燃料电池系统。例如，OER 催化剂性能的三电极系统测试条件常为：电解质溶液浓度常为 1 mol/L，常温、低测试电流（几乎不超过 100 mA/cm^2），这一测试结构不能直接指导电解槽实际工作条件下（高温、大电流及高浓度电解质溶液）催化剂活性和稳定性的评估。此外，在电解槽膜电极（MEA）的高温（> 80 ℃）工作条件下，阳极催化剂中金属元素的浸出、不可逆氧化、催化剂纳米颗粒团聚、结构坍塌等将会加剧，阳极催化剂的结构稳定性将面临更严峻的考验。阳极催化剂在高温下的不稳定性对 MEA 是致命的，不幸的是，在三电极电化学测试系统中难以准确预测。可以看出，MEA 测试对于确定阳极催化剂是否可以实际应用于电解槽和燃料电池是必要的，因此，在通过三电极测试系统初步筛选出活性和稳定的催化剂之后需进一步测试催化剂在 MEA 中的性能和寿命，以确定其能够满足工业应用要求。适合于工业应用的催化剂材料还应具备低成本、可大规模制备的特点，Song 等人[204] 报道了一种用于质子交换膜水电解槽（PEMWE）的 $Ta_{0.1}Tm_{0.1}Ir_{0.8}O_{2-\delta}$ OER 电催化剂。组装后的 PEMWE 装置可以在 1.5 A/cm^2 的电流密度下运行 500 h 而没有电流下降。与此同时，H_2 生产的成本降至每千克 1 美元，低于每千克 2 美元的商业门槛。本书作者课题组[205] 开发的 FeCo PPc 催化剂具有高的 OER 催化活性和稳定性，其制备成本仅为 0.6 元/g，仅为商业 IrO_2 催化剂的 1/5000，但其 OER 本征活性是商业 IrO_2 催化剂的 24 倍，同时该催化剂在工业应用条件下（6 mol/L KOH 和 85 ℃）表现出非常优异的稳定性。

3　OER 催化剂的原位结构重构策略

金属有机框架（MOF）材料已成为析氧反应（OER）最重要的电催化剂类型之一，但仍迫切需要一种新型 MOF 结构设计策略来克服目前电化学性能发展的瓶颈。将 MOF 重构为设计框架结构提供了一个实现更好的 OER 电催化性能的机会，但由于合成过程中的挑战众多，很少有人提出和研究。本章介绍一种通过精确重建 MOF 结构，即从 MOF-74-Fe 到 MIL-53(Fe)-2OH，在活性位点上不同的配位环境下，制备稳定 OER 电催化剂的方法和实例[206]。所设计的 MIL-53(Fe)-2OH 催化剂具有较高的 OER 本征活性，在电流密度为 10 mA/cm^2 时的过电位仅为 215 mV，Tafel 斜率低至 45.4 mV/dec，而且，在 300 mV 过电位时的周转频率（TOF）高达 1.44 s^{-1}，是商用 IrO$_2$ 催化剂（0.0177 s^{-1}）的 80 多倍。通过配位羧基和非配位酚羟基中含氧基团的协同作用，Fe-3d 中 e_g-t_{2g} 晶体场分裂能的大幅度减少，减小了电子传递障碍，从而保证了 MIL-53(Fe)-2OH 优异的 OER 电催化性能。与 DFT 计算结果一致，实时动力学模拟结果也表明，MIL-53(Fe)-2OH 活性位点上 O* 到 OOH* 的转化是速率的决定步骤。这项工作开创了原位重构 MOF 结构及性能的先河，并为系统地研究 MOF 电催化剂结构-性能关系提供了平台，为未来合理设计和制备稳定的 OER 电催化剂提供了依据。

3.1　概　　述

金属有机框架（MOF）是一种结晶多孔材料，由于其固有的高孔隙率和比表面积及可设计性，使之成为一种极具竞争力的析氧反应（OER）催化剂。但迄今为止，MOF 材料对析氧反应（OER）的活性还远远不够。MOF 催化剂中心金属原子周围的配位原子对催化活性、选择性和稳定性起着重要作用。其中，Fe 原子的可变几何形状使其成为一种具有较高适用性的多用途金属，Fe 也因其丰富的配位几何结构而备受关注[207]。然而，Fe 和 O 如何协同促进水氧化并实现高选择性仍然是一个未知的问题。Fe 离子与有机配体的配位具有多样性，反应条件的控制都会得到具有不同的拓扑结构或新的结构特征。了解催化剂的结构性能关系对于降低催化剂的成本、提高催化剂的活性和稳定性至关重要。在原子层面调控配位环境，进而优化活性中心电子结构，是构建高效催化剂的关键。虽然这一现象在分子系统中得到了广泛的研究，但在 MOF 中却鲜有类似的研究，这就需要对这些原始具有多孔性和分子有序性材料的结构和催化性能进行更多的探索。

在 MOF 催化剂的研究中，主要采用两种策略来加速其缓慢的四电子 OER 催化过程。一种是通过制备具有不饱和配位金属位点的纳米结构 MOF，如超薄MOF 纳米片、纳米管阵列或富含缺陷的 MOF。另一种策略侧重于探索具有不同官能团的配体和连接体，或将金属中心从单一组分，如 Ni、Co、Cu 扩展到双金属和三金属组分。此外，界面调节、异金属交替排列和逐层组装等策略也有助于提高 MOF 催化剂的 OER 电催化活性。原则上，更有吸引力和前景的方法是通过设计将 MOF 的原始结构改造成目标结构，这具有很大的潜力，可突破现有性能瓶颈，达到 OER 活性和运行稳定性的新高度。事实上，最佳的 OER 催化剂本身应该具有动态适应性，因此在整个过程中就会涉及复杂的结构重整。然而到目前为止，这种策略少见报道。

在此，本章介绍一种通过简单的原位溶剂热调节方法成功地对 MOF 内部框架进行分子重构，并显著提升 MOF 催化剂 OER 性能的调控策略。研究以具有六角形通道和配位酚羟基的 MOF-74-Fe 结构为原型，合理设计并制备了具有菱形通道和不配位酚羟基的 MIL-53(Fe)-2OH 结构。H_4DOBDC 可以选择性地只在两个羧基上去质子化，从而形成二元阴离子 $[H_2DOBDC]^{2-}$，这使得形成的 MIL-53(Fe)-2OH 骨架结构中保留了未参与配位的酚羟基基团。XRD、XAS、SEM 和TEM 等表征结果均较好地证明了通过控制溶剂比例和浓度，成功合成了 MIL-53(Fe)-2OH 和 MOF-74-Fe 两种结构。在 MIL-53(Fe)-2OH 这种理想电子结构的作用下，具有不配位酚羟基基团的 MIL-53(Fe)-2OH 具有较高的本征 OER 活性，在电位为 1.53 V（vs. RHE）时，周转频率为 $1.44 \ s^{-1}$，是商用 IrO_2 催化剂的 81 倍。

3.2 材料的制备及测试技术

3.2.1 材料的制备

3.2.1.1 酚羟基调控金属有机框架（MIL-53(Fe)-2OH）的制备

将 0.1 mmol 有机配体 2,5-二羟基对苯二甲酸与 0.1 mmol 六水合氯化铁溶于12 mL 的 DMF 有机溶剂中，混合溶液在 110 ℃加热反应 24 h，反应产物冷却至室温，经有机微孔滤膜抽滤，抽滤物依次用去离子水和乙醇有机溶剂洗涤，然后50 ℃干燥 12 h 即得酚羟基调控的金属有机框架催化剂 MIL-53(Fe)-2OH。

3.2.1.2 MOF-74-Fe 的制备[208]

将 0.1 mmol 有机配体 2,5-二羟基对苯二甲酸与 0.1 mmol 四水合氯化亚铁溶于 7.5 mL 的 DMF、乙醇和去离子水混合溶剂（体积比为 1:1:1）中，混合溶液在 120 ℃加热反应 24 h，反应产物冷却至室温，经有机微孔滤膜抽滤，抽滤物依次用去离子水和有机溶剂乙醇洗涤，然后 100 ℃ 干燥过夜即得 MOF-74-Fe。

3.2.2 材料结构表征方法

在 Thermo Scientific K-alpha 型 X 射线衍射仪上用 CuK_α（$K = 0.15418$ nm）对合成的样品进行了 X 射线粉末衍射（XRD）分析。利用拉曼光谱仪 LabRAM HR 在 532 nm 激光器激发下记录了 Raman 光谱。在 Perkin-Elmer 型 PHI-5600xps 系统上，用 MoK_α 辐射（1486.6 eV）的单色铝阳极 X 射线源进行了 X 射线光电子能谱（XPS）研究。用 TESCAN MIRA4 型场发射扫描电子显微镜（FESEM）及光电子能谱仪（EDS）对合成样品的形貌进行了分析。用 Tecnai G2 TF30 在 300 kV 的加速电压下拍摄了透射电子显微镜（TEM）、高分辨率透射电子显微镜（HRTEM）图像和能量色散 X 射线光谱（EDS）图像。傅里叶变换红外光谱在 NEXUS 670 FT-IR 光谱仪上通过 KBr 压片在 400~4000 cm^{-1} 范围内测定。通过从 CO_2 和 H_2O（气体）中减去背景贡献，在 4 cm^{-1} 分辨率下进行 256 次扫描后，获得了光谱。氮吸附等温线在 77.35 K 下用微测仪 ASAP 2460 3.01 版微孔物理吸附装置测量。

在北京同步辐射设施（BSRF）的光束线 4B9A 的透射模式下，在 2.2 GeV 和约 80 mA 条件下测量了 Fe 的 X 射线吸收光谱（XAS）。使用 Si（111）双晶单色器进行能量选择，并在荧光模式下收集样品数据，而标准样如铁箔、FeO 和 Fe_2O_3 以透射模式收集。光谱仪的能量分辨率约为 1.4 eV，在 FeK 边的总能量分辨率约为 1.5 eV。通过同时测量铁箔的吸收边进行能量校准。使用 IFEFFIT 软件包中的 Athena 和 Artemis 软件进行数据处理，使用软件包 Demeter 分析 XAS 数据。使用金属氧化物作为参考，以提取每个参考的标准边缘能量，确定样品中金属离子的氧化态。边缘能量由位于归一化边缘跳跃的 0.5 吸光度处的能量位置决定。线性拟合标准样品归一化后 K 边 0.5 吸光度处的能量位置，以获得材料的 Fe 氧化态。$E^\ominus$ 值（7112.0 eV）用于校准与 Fe 吸收 K 边的第一个拐点有关的所有数据。使用 FEFF8 代码从一开始就计算了特定原子对的反向散射幅度和相移函数。使用标准程序分析 X 射线吸收数据，包括边缘前和边缘后背景减去，边缘高度归一化，傅里叶变换和非线性最小二乘曲线拟合。归一化 k^3 加权 X 射线精细结构谱（EXAFS）谱 $k^3 \times (k)$ 在 20~124.2 nm^{-1} 的 k 范围内进行傅里叶变换，以评估每个键对傅里叶变换峰的贡献。实验傅里叶谱是通过傅里叶逆变换获得的，第一壳层半径在 0.1~0.2 nm 之间，第二壳层半径在 0.2~0.35 nm 之间。

3.2.3 材料性能测试方法

使用 CHI760D 电化学工作站（上海辰华仪器有限公司），使用标准的三电极电化学电池，分别以 Pt 箔和 Hg/HgO 作为对电极和参比电极，对合成的 MOF 材料进行电化学测量。准确称量催化剂样品，加入 500 μL 的含有 Nafion 的乙醇-水溶液中，超声使催化剂分散，制成催化剂滴液，取一定量超声分散好的催化剂滴液均匀滴于清洗好的泡沫镍或碳纸上，制成工作电极，工作电极上催化剂的负载量为 1 mg/cm²。用类似的方法制备 IrO₂ 电极，IrO₂ 负载量为 0.1 mg/cm²。电化学测量均在室温下进行，电势参考可逆氢电极（RHE）的电势。在 RHE 校准中，用铂箔作为工作电极，Hg/HgO 作为对电极和参比电极，在 99.999% 纯 H₂ 饱和 1 mol/L KOH 水溶液中测量了 Hg/HgO 和 RHE 之间的电位差。在所有的电化学测量过程中，将高纯度的 O₂ 吹入电解液中以使其饱和，采用循环伏安法（CV）对催化剂进行了多次循环，以去除表面污染物，同时稳定催化剂。析氧反应测试在 O₂ 饱和的 1.0 mol/L KOH 溶液中进行；使用循环伏安法（CV）循环测试净化催化剂表面，同时稳定催化剂；为探索样品催化剂 OER 活性，在 O₂ 饱和的 1 mol/L KOH 溶液中，在 0~1.2 V 的电压范围内得到极化曲线；测量 300 mV 过电位下的电化学交流阻抗谱（EIS）。除另有说明外，所有极化曲线均经过 IR 校正。

在 0.1~0.2 V 相对于 RHE 的电势区域中，通过各种扫描速率下的 CV 曲线估算双电层电容（C_{dl}）。电化学阻抗谱（EIS）是在特定的过电位下进行的，频率范围为 100 kHz~5 MHz，正弦电压的振幅为 10 mV。稳定性测试是通过计时电位法在 100 mA/cm² 的电流密度下进行的。为了避免长期电化学测试期间由于 Pt 腐蚀而导致 Pt 沉积在工作电极上从而对测试结果产生影响，稳定性测试时，采用石墨棒为对电极，Hg/HgO 为参比电极。计时电位法稳定性测试完，并对其进行稳定性后析氧反应性能测试。

采用不同扫描速率下 CV 曲线计算材料的双电层电容值（C_{dl}），采用式（3-1）推算材料的电化学活性表面积（ECSA）：

$$ECSA = \frac{C_{dl}}{C_s} \tag{3-1}$$

式中，C_s 为在相同的电解质条件下，材料光滑表面每单位面积的催化剂的电容。

催化剂的 TOF 值通过式（3-2）计算获得：

$$TOF = \frac{jA}{4 \times F \times n} \tag{3-2}$$

式中，j 为在 1 mol/L KOH 溶液中测试的 LSV 曲线的电流密度；A 为电极面积；F 为法拉第常数（96485 C/mol）；4 为 OER 反应中转移的电子数；n 为活性位点的数量，如果假设所有 Fe 原子中心都参与 OER 电催化反应，则可以根据 XPS 结果，按式（3-3）计算 n 的值：

$$n = \frac{m_{catalyst} \times C}{M_{Fe}} \tag{3-3}$$

式中, $m_{catalyst}$ 为电极上催化剂的负载量; C 为催化剂中金属的质量浓度; M_{Fe} 为铁的相对原子质量。

催化剂的单位质量活性 (MA) 是评估其性能的重要指标, 可由式 (3-4) 计算得到:

$$MA = \frac{j}{m_{catalyst}} \tag{3-4}$$

采用旋转盘环电极 (RRDE) 测试催化剂的法拉第效率 (FE), 具体为在 N_2 饱和的 1 mol/L KOH 水溶液中, 采用 1600 r/min 转速, 限定盘电位于 1.7 V (vs. RHE) 使 OER 反应持续进行, 限定环电位于 0.4 V (vs. RHE) 以确保盘电极产生的 O_2 被环电极还原, 法拉第效率 (%) 的计算公式为:

$$FE = \frac{2j_{ring}}{j_{disk} \times N} \tag{3-5}$$

式中, j_{ring} 和 j_{disk} 分别为测试所得环电流值和盘电流值; N 为 RRDE 的收集效率, 已校正为 0.3676。

3.2.4   密度泛函理论计算参数设置

为了研究 MOF-74-Fe 和 MIL-53(Fe) -2OH 的 OER 性能, 运用 CASTEP 程序包进行 DFT 计算[209]。对于系统中相关交换相互作用泛函的描述, 采用了 Generalized Gradient Approximation (GGA) 和 Perdew-Burke-Ernzerhof (PBE)[210-212]。平面波截断能为 380 eV, 并且所有几何优化都考虑了超软赝势。还选择了 Broyden-Fletcher-Goldfarb–Shannon (BFGS) 算法[213], 对 k 点进行了粗质量设置以实现能量最小化。为了保证几何松弛, 在 z 轴上引入了 2 nm 真空空间。对于所有的几何优化, 考虑以下收敛准则, 包括 Hellmann-Feynman 力应小于 0.01 eV/nm, 总能差异应不超过每原子 5×10^{-5} eV, 离子间位移应小于 0.0005 nm。

3.2.5   实时 OER 电催化反应动力学模型

OER 电催化反应过程由 5 个基元反应步骤组成, 分别是:

OA 反应步骤: $\qquad H_2O \Longleftrightarrow OH^* + H^+ + e \tag{3-6}$

OT1 反应步骤: $\qquad OH^* \Longleftrightarrow O^* + H^+ + e \tag{3-7}$

AD 反应步骤: $\qquad O^* \Longleftrightarrow \frac{1}{2}O_2 \tag{3-8}$

OT2 反应步骤: $\qquad O^* + H_2O \Longleftrightarrow OOH^* + H^+ + e \tag{3-9}$

OD 反应步骤: $\qquad OOH^* \Longleftrightarrow O_2 + H^+ + e \tag{3-10}$

各基元反应步骤的反应速率为:

$$v_{OA} = k_{OA}e^{E/(2kT)}(1 - \theta_{OH} - \theta_O - \theta_{OOH}) - k_{-OA}c_{H^+} e^{-E/(2kT)}\theta_{OH} \tag{3-11}$$

$$v_{OT1} = k_{OT1}e^{E/(2kT)}\theta_{OH} - k_{-OT1}c_{H^+} e^{-E/(2kT)}\theta_O \tag{3-12}$$

$$v_{AD} = k_{AD}\theta_O - k_{-AD}c_{O_2}^{1/2}(1 - \theta_{OH} - \theta_O - \theta_{OOH}) \tag{3-13}$$

$$v_{OT2} = k_{OT2}e^{E/(2kT)}\theta_O - k_{-OT2}c_{H^+}e^{-E/(2kT)}\theta_{OOH} \tag{3-14}$$

$$v_{OD} = k_{OD}e^{E/(2kT)}\theta_{OOH} - k_{-OD}c_{O_2}c_{H^+}e^{-E/(2kT)}(1 - \theta_{OH} - \theta_O - \theta_{OOH}) \tag{3-15}$$

式中，θ_{OH}、θ_O、θ_{OOH} 分别为 OER 反应中三种重要的反应中间体 OH*、O* 和 OOH* 在催化剂表面相对覆盖率，并满足以下关系：

$$\frac{d\theta_O}{dt} = v_{OT1} - v_{AD} - v_{OT2} = 0 \text{ 得出 } v_{OT1} = v_{AD} + v_{OT2} \tag{3-16}$$

$$\frac{d\theta_{OH}}{dt} = v_{OA} - v_{OT1} = 0 \text{ 得出 } v_{OA} = v_{OT1} \tag{3-17}$$

$$\frac{d\theta_{OOH}}{dt} = v_{OT2} - v_{OD} = 0 \text{ 得出 } v_{OD} = v_{OT2} \tag{3-18}$$

由此，可推导出 OER 各基元反应步骤对应的动力学电流。

$$j_{OA} = j^* e^{-\Delta G_{OA}^{*\ominus}/(kT)} [e^{0.5e\eta/(kT)}(1 - \theta_{OH} - \theta_O - \theta_{OOH}) - e^{\Delta G_{OH}^{\ominus}/(kT)}e^{-0.5e\eta/(kT)}\theta_{OH}] \tag{3-19}$$

$$j_{OT1} = j^* e^{-\Delta G_{OT1}^{*\ominus}/(kT)} (e^{0.5e\eta/(kT)}\theta_{OH} - e^{-\Delta G_{OH}^{\ominus}/(kT)}e^{\Delta G_O^{\ominus}/(kT)}e^{-0.5e\eta/(kT)}\theta_O) \tag{3-20}$$

$$j_{AD} = j^* e^{-\Delta G_{AD}^{*\ominus}/(kT)} [\theta_O - e^{\Delta G_O^{\ominus}/(kT)}(1 - \theta_{OH} - \theta_O - \theta_{OOH})] \tag{3-21}$$

$$j_{OT2} = j^* e^{-\Delta G_{OT2}^{*\ominus}/(kT)} (e^{0.5e\eta/(kT)}\theta_O - e^{\Delta G_{OOH}^{\ominus}/(kT)}e^{-\Delta G_O^{\ominus}/(kT)}e^{-0.5e\eta/(kT)}\theta_{OOH}) \tag{3-22}$$

$$j_{OD} = j^* e^{-\Delta G_{OD}^{*\ominus}/(kT)} [e^{0.5e\eta/(kT)}\theta_{OOH} - e^{-\Delta G_{OOH}^{\ominus}/(kT)}e^{-0.5e\eta/(kT)}(1 - \theta_{OH} - \theta_O - \theta_{OOH})] \tag{3-23}$$

式中，$\Delta G_{OH}^{\ominus}$、$\Delta G_O^{\ominus}$、$\Delta G_{OOH}^{\ominus}$ 分别为 OH*、O* 和 OOH* 在催化剂表面的标准吸附自由能；$\Delta G_{OA}^{*\ominus}$、$\Delta G_{OT1}^{*\ominus}$、$\Delta G_{AD}^{*\ominus}$、$\Delta G_{OT2}^{*\ominus}$、$\Delta G_{OD}^{*\ominus}$ 为各基元反应步骤的标准活化能。

3.3 材料的结构及性能

3.3.1 材料设计与结构分析

在前文合理设计的基础上，以 2,5-二羟基对苯二甲酸（H_4DOBDC）为配体，铁为金属组分，合成了 MIL-53(Fe)-2OH 和 MOF-74-Fe 催化剂。MOF 的合成涉及固-固重排和中间体形成[217-218]。如图 3-1（a）所示，H_4DOBDC 有两个呈 180°角的羧基基团和两个酚羟基基团[217-218]，H_4DOBDC 的去质子化可以生成两种配体阴离子：2,5-二羟基对苯二甲酸阴离子（$[H_2DOBDC]^{2-}$），pK_a 值为 7.31；

2,5-二氧基对苯二甲酸四阴离子（[DOBDC]$^{4-}$），pK_a 值为 26.67[219-220]。即使起始反应剂中没有碱，但通过溶剂分解也会自发形成碱性环境[214]。四元配体 [DOBDC]$^{4-}$ 很容易形成，使合成反应更倾向于制备出 MOF-74-Fe 结构[214]。通过控制溶剂比和浓度，H$_4$DOBDC 可以选择性地在两个羧基上去质子化，形成二元阴离子 [H$_2$DOBDC]$^{2-}$ 配体，从而制备出 MIL-53(Fe)-2OH 结构[221]。同时，密度泛函理论计算还揭示了这两种 MOF 材料明显不同的电子结构。从费米能级（E_F）附近的电子分布可以明显看出，MOF-74-Fe 中的成键轨道由碳链主导，只有有限的 Fe 位点贡献，导致 Fe 的电活性相对较弱（见图 3-1（b））。然而，在 MIL-53(Fe)-2OH 中，Fe 位点显示出高度富电子特征，表明其具有高电活性（见图 3-1（c））。同时，酚羟基的氧位点也促进了 MIL-53(Fe)-2OH 中的电子转移，从而改善了其 OER 性能。高度不同的电子结构是这两种 MOF 材料具有不同 OER 性能的原因。图 3-1（d）中的分波电子态密度（PDOS）分析进一步揭示了 MOF-74-Fe 中 Fe-3d 轨道显示了 3.43 eV 的 e_g-t_{2g} 分裂，导致了 MOF-74-Fe 中电子转移存在较大势垒。OH-s,p 轨道主要作为电子的储存库，MOF-74-Fe 中 Fe-3d 与 OH-s,p 轨道之间的有限重叠增加了电子转移的难度。相反，在 MIL-53(Fe)-2OH 中，Fe-3d 轨道的 e_g-t_{2g} 分裂已显著减小至 1.19 eV，表明 MIL-53(Fe)-2OH 中更有效的电子转移（见图 3-1（e））。更重要的是，MIL-53(Fe)-2OH 中两种不同类型的 O 位点协同提高了 OER 性能。Fe—O—Fe 链上的 O-s,p 轨道与 E_F 位置接近，与 Fe-3d 和 OH-s,p 轨道有很好的重叠，表明 MIL-53(Fe)-2OH 中的酚羟基基团能够确保快速的位点间电子转移。

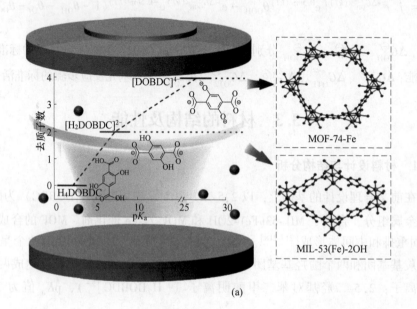

(a)

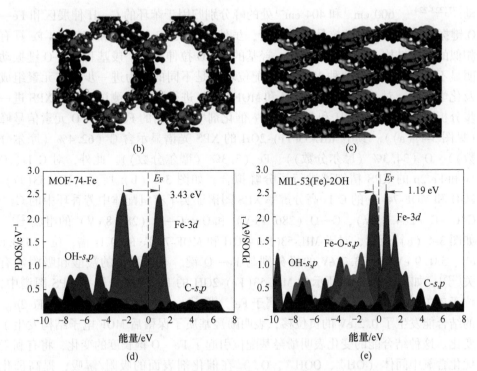

图 3-1　调节 MIL-53(Fe)-2OH 和 MOF-74-Fe 催化剂重构的合成策略

(a) 通过溶热反应制造的 MIL-53(Fe)-2OH 和 MOF-74-Fe 催化剂的示意图（插图：H_4DOBDC 前驱体去质子化为 2,5-二羟基对苯二甲酸二元体（$[H_2DOBDC]^{2-}$）和 2,5-二氧基对苯二甲酸四元体（$[DOBDC]^{4-}$），金色、红色、棕色和白色的球分别代表 Fe、O、C 和 H 原子）；(b)(c) 分别为 MOF-74-Fe 和 MIL-53(Fe)-2OH 的费米级附近电子分布的三维等高线图（蓝色球为 Fe，灰色球为 C，红色球为 O，白色球为 H，蓝色等值面为成键轨道，绿色等值面为反键轨道）；(d)(e) MOF-74-Fe、MIL-53(Fe)-2OH 的 PDOS 比较

图 3-1 彩图

通过 X 射线粉末衍射（XRD）研究了 MIL-53(Fe)-2OH 和 MOF-74-Fe 催化剂的晶体结构。MIL-53(Fe)-2OH 样品的实验 XRD 谱图与 *Imma* 空间群的 MIL-53(Fe) 结构（CCDC 734218 号）非常吻合，单胞参数为 $a = 1.784$ nm, $b = 0.687$ nm, $c = 1.183$ nm, $R_{wp} = 7.3\%$ 和 $R_p = 5.6\%$,（见图 3-2 (a)）。此外，MOF-74-Fe 样品的 XRD 谱图符合 MOF-74 结构（CCDC 1494751 号，空间群为 $R\bar{3}$），单胞参数为 $a = 2.613$ nm, $b = 2.613$ nm, $c = 0.672$ nm（见图 3-2 (b)）。MIL-53(Fe)-2OH 和 MOF-74-Fe 材料模拟的 XRD 谱与实验测得的谱图相吻合，表明成功制备了 MIL-53(Fe)-2OH 和 MOF-74 两种结构的 MOF 材料[222]。拉曼光谱显示了所获得两种 MOF 材料中的羧基、苯酸盐和苯环及 Fe—O 的骨架声子模式（见图 3-3）[77]。1606 cm^{-1}、1397 cm^{-1}、1535 cm^{-1} 和 1302 cm^{-1} 出现的 4 个振动峰分别归因于羧酸盐基团的相内和相外伸展区、ν(COO—) 振动和 ν(C—O) 振

动[77,223-224]。600 cm⁻¹ 和 404 cm⁻¹处的峰分别归因于苯环的 C—H 伸展区和 Fe—O 键振动[77,224]。通过拉曼光谱分析，虽然 MIL-53(Fe)-2OH 和 MOF-74-Fe 具有相似的配位结构，但羟基的振动、羟基的 C—O 拉伸振动、羧基和 Fe—O 键振动明显不同，这说明这两种 MOF 中的配位环境是不同的。为进一步探究元素组成及化学状态，对 MIL-53(Fe)-2OH 和 MOF-74-Fe 进行了 XPS 测试。通过 XPS 进一步分析 MIL-53(Fe)-2OH 和 MOF-74-Fe 催化剂中检测出的 Fe、C 和 O 元素信号峰（见图 3-4（a））。其中 MIL-53(Fe)-2OH 的 XPS 光谱显示含 C（62.4%（摩尔分数））、O（34.3%（摩尔分数））、Fe（3.3%（摩尔分数））。此外，对 C 1s、O 1s 和 Fe 2p 的 XPS 精细谱进行了分峰拟合。如图 3-4（b）所示，MIL-53(Fe)-2OH 和 MOF-74-Fe 的 C 1s 高分辨率 XPS 图谱证实了有机配体中芳香环中的 C=C/C—C（284.7 eV）、C—O（286.4 eV）和 O=C—O（288.8 eV）的组成[225]。如图 3-4（c）所示，对于 MIL-53(Fe)-2OH 和 MOF-74-Fe 的 O 1s 谱，位于 530.8 eV、531.9 eV 和 533.7 eV 的峰分别与 Fe—O 键、有机配体的羧酸和吸附水有关[225]。如图 3-4（d）所示的 MIL-53(Fe)-2OH 的 Fe 2p 高分辨率 XPS 图谱中，位于 712.4 eV 和 725.6 eV 的峰归属于 Fe³⁺[208,226]。与 MOF-74-Fe 相比，Fe 2p₃/₂ 的结合能发生了 0.2 eV 的负位移，表明酚羟基质子保留后 MOF 电子结构发生了变化。这种结合能的变化表明酚羟基配位引起了 Fe—O 键长度的变化，将有利于优化含氧中间体（OH*、OOH*、O*）在催化剂表面的吸附/解吸，提高催化 OER 活性[77,227]。

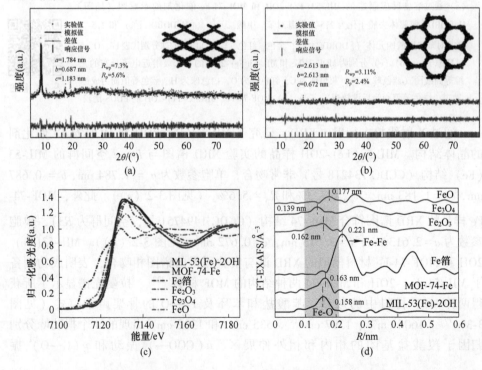

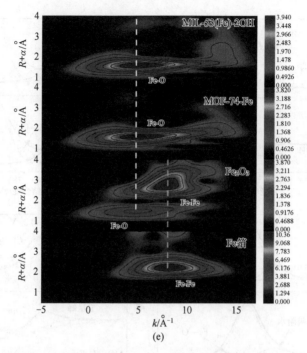

图 3-2 彩图

图 3-2 MIL-53(Fe)-2OH 和 MOF-74-Fe 催化剂的结构表征

（a）（b）MIL-53(Fe)-2OH 和 MOF-74-Fe 的模拟和实验 X 射线衍射谱（插图：使用 VESTA 构建相应的示意图结构，并使用实验 X 射线衍射仪数据进行细化，金色、红色、棕色和白色的球体分别代表 Fe、O、C 和 H 原子）；（c）MIL-53(Fe)-2OH、MOF-74-Fe 及其参比化合物的 Fe-K 边 XANES 谱；（d）MIL-53(Fe)-2OH、MOF-74-Fe 及其参比化合物的 Fe-K 边 FT-EXAFS 谱；（e）MIL-53(Fe)-2OH、MOF-74-Fe、Fe_2O_3 和 Fe 箔的小波变换分析

（1 Å=0.1 nm）

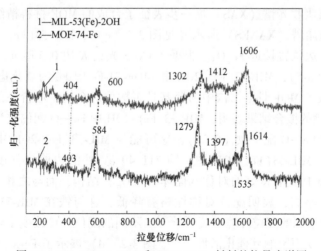

图 3-3 MIL-53(Fe)-2OH 和 MOF-74-Fe 材料的拉曼光谱图

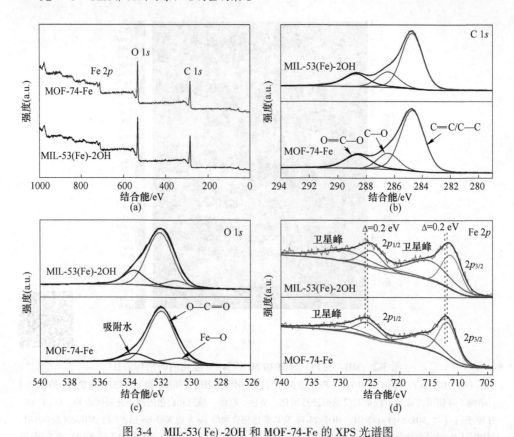

图 3-4 MIL-53(Fe)-2OH 和 MOF-74-Fe 的 XPS 光谱图

(a) MIL-53(Fe)-2OH 和 MOF-74-Fe 的 XPS 全谱图；(b)~(d) MIL-53(Fe)-2OH 和 MOF-74-Fe 的 C 1*s*、O 1*s* 和 Fe 2*p* 的 XPS 高分辨率谱图

用 X 射线吸收光谱（XAS）进一步表征了合成的 MOF 材料精细结构。如 X 射线吸收近边能谱（XANES）所示（见图 3-2（c）），MIL-53(Fe)-2OH 和 MOF-74-Fe 的 Fe-*K* 边位置接近 Fe_2O_3。根据 XANES 光谱 *K* 边 0.5 吸光度处能量的线性拟合（见图 3-5），MIL-53(Fe)-2OH 和 MOF-74-Fe 中 Fe 的氧化态分别为+3.3 和+2.8，反映了 MOF 骨架结构中酚羟基是否配位对金属中心价态的影响。Fe-*K* 边 EXAFS 光谱的拟合结果表明，MIL-53(Fe)-2OH 中 Fe—O 配位数为 6.67，高于 MOF-74-Fe 中 Fe—O 配位数（6.28），这可能与 MIL-53(Fe)-2OH 中铁的氧化态较高有关。在 MIL-53(Fe)-2OH 中，约 711.49 eV 处的边前峰强度最低，表明 MIL-53(Fe)-2OH 具有良好的对称八面体［FeO_6］结构，而与之相比 MOF-74-Fe 的边前峰强度略高，表明配位对称性略有降低，这与铁在 MIL-53(Fe)-2OH 和 MOF-74-Fe 中不同的配位环境有关[228-229]。不同的配位环境改变了金属中心的局部电子密度，从而影响其催化活性[230]。图 3-2（d）展示了 Fe-*K* 边的 X 射线精

细结构谱（EXAFS）。MIL-53(Fe)-2OH 和 MOF-74-Fe 的 EXAFS 谱线经傅里叶变换后分别在 0.158 nm 和 0.163 nm 位置出现较大强度峰，对应于 Fe—O 键，谱线没有迹象表明 Fe—Fe 键的形成[231]。如图 3-2（e）所示，对 Fe-K 边 EXAFS 曲线进行 k^3 加权小波变换处理，在 Fe 箔中检测到了与 Fe—Fe 键有关小波变换信号，但在 MIL-53(Fe)-2OH 和 MOF-74-Fe 中没有检测到，这表明在 MOF 样品中只有原子分散的 Fe 位点。同时，MIL-53(Fe)-2OH 在 51 nm^{-1} 出现的信号与 Fe—O 键有关。MIL-53(Fe)-2OH 的 Fe—O 键长为（0.1976±0.004）nm，Fe—O—C 键长为（0.3179±0.0008）nm。值得注意的是，MOF-74-Fe 的 Fe—O 键长（（0.1996±0.0045）nm）比 MIL-53(Fe)-2OH 的略长，这与 MOF-74-Fe 中 Fe 较低的氧化态相吻合。XAS 结构分析表明由 MOF-74-Fe 原位重构合成的 MIL-53(Fe)-2OH 具有不同的电子结构，这一结构重构有望优化催化剂对含氧中间体（OH*、OOH*、O*）的吸附/脱附能力，从而提高催化剂的 OER 活性[77,227,232]。

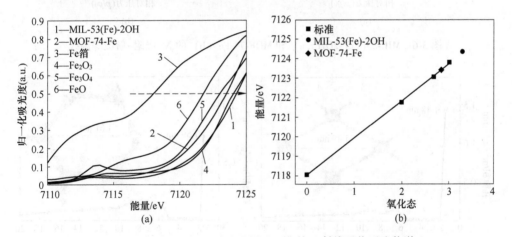

图 3-5　MIL-53(Fe)-2OH 和 MOF-74-Fe 的 X 射线吸收近边能谱
（a）MIL-53(Fe)-2OH、MOF-74-Fe 和参比化合物的 Fe-K 边 XANES 光谱图；（b）MIL-53(Fe)-2OH、
MOF-74-Fe 和参比化合物的 Fe-K 边 0.5 吸光度处的能量线性拟合结果

N$_2$ 吸附–解吸等温线显示，MIL-53(Fe)-2OH 比表面积为 7.3 m^2/g，低于 MOF-74-Fe 的比表面积（10.4 m^2/g）（见图 3-6）。这两种铁基 MOF 催化剂表现出典型的Ⅲ型等温线特征，表明催化剂具有微孔特性。MIL-53(Fe)-2OH 和 MOF-74-Fe 的孔径主要集中在 1.48 nm 和 1.59 nm，这与它们的晶体结构相一致（见图 3-7（a）和（b））。MIL-53(Fe)-2OH 和 MOF-74-Fe 样品的形貌通过扫描电子显微镜（SEM）进行表征。如图 3-7（c）所示，MIL-53(Fe)-2OH 呈现出规则的八面体结构。MIL-53(Fe)-2OH 的能量色散谱（EDS）元素映射显示 Fe、C 和 O

元素都均匀分布在 MIL-53(Fe)-2OH 催化剂中（见图 3-7（d））。相比之下，MOF-74-Fe 表现出多面体棱柱形态，宽度为 0.5~1 μm，长度为 10~25 μm（见图 3-7（e））。EDS 元素面扫图谱显示了 MOF-74-Fe 中 Fe、C 和 O 元素的均匀分布（见图 3-7（f））。

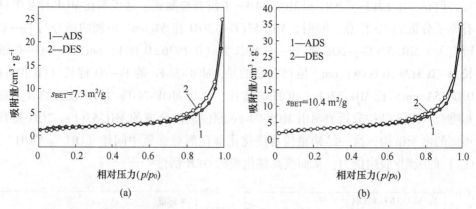

图 3-6 MIL-53(Fe)-2OH（a）和 MOF-74-Fe（b）的 N₂ 吸附-解吸等温线

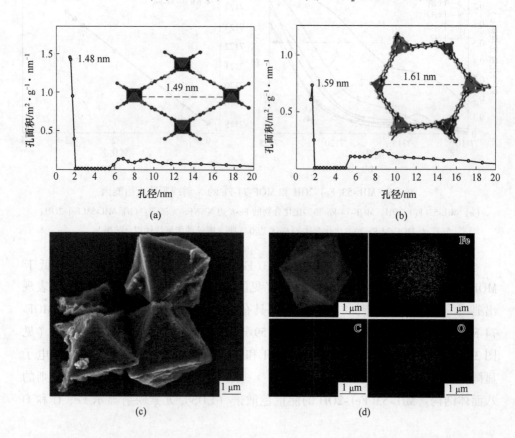

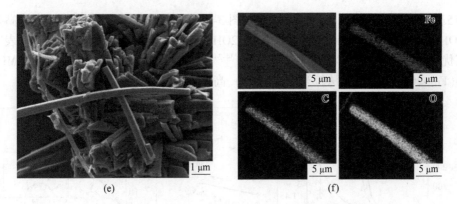

图 3-7　MIL-53(Fe) -2OH 和 MOF-74-Fe 催化剂的形态

（a）（b）MIL-53(Fe) -2OH 和 MOF-74-Fe 的孔径分布（插图：基于 XRD 分析的催化剂相应结构示意图）；
（c）MIL-53(Fe) -2OH 的 SEM 图像；（d）图（c）相应的 Fe、C、O 的元素图谱；（e）MOF-74-Fe 的 SEM
图像；（f）图（e）相应的 Fe、C、O 的元素图谱

3.3.2　材料电化学性能分析

采用三电极测试系统，研究了 MIL-53(Fe) -2OH 和 MOF-74-Fe 样品的电催化 OER 性能。图 3-8（a）所示的极化曲线是在 O_2 饱和的 1 mol/L KOH 溶液中以 1 mV/s 的扫描速率获得的。可见，与 MOF-74-Fe（242 mV）和 IrO_2（335 mV）催化剂相比，MIL-53(Fe) -2OH 催化剂在电流密度为 10 mA/cm^2 时表现出最低的过电位，仅为 215 mV。MIL-53(Fe) -2OH 催化剂的 Tafel 斜率为 45.4 mV/dec，也低于 MOF-74-Fe（49.5 mV/dec）、IrO_2（99.7 mV/dec）和 NF（108.2 mV/dec）（见图 3-8（b））。电催化剂的电化学活性表面积（ECSA）与电化学双电层电容（C_{dl}）成正比，这可以通过测量非法拉第区间的不同扫描速率时的循环伏安曲线（CV）来确定（见图 3-9）。MIL-53(Fe) -2OH 的测量 C_{dl} 值为 4.2 mF/cm^2，与 MOF-74-Fe（4.1 mF/cm^2）接近，大于 IrO_2（3.0 mF/cm^2）（见图 3-10）。为了进一步评估催化 OER 过程中的电极反应动力学，进行了电化学阻抗谱（EIS）分析。如图 3-8（c）所示，Nyquist 图显示，在碱性条件下，MIL-53(Fe) -2OH 在 300 mV 的过电位下（即电压为 1.53 V（vs. RHE））具有约 0.65 Ω 的超低电荷转移电阻（R_{ct}），这低于 MOF-74-Fe 的 0.80 Ω 和 IrO_2 的 18.32 Ω，表明相较于 MOF-74-Fe 和 IrO_2，在 MIL-53(Fe) -2OH 表面发生 OER 反应时电荷转移快得多，这些结果更加证实了 MIL-53(Fe) -2OH 具有更优异的 OER 活性。此外，还测定了催化剂的周转频率（TOF）和单位质量活性（MA），以评估催化剂的本征催化活性（见图 3-8（d））[77,233]。在过电位为 300 mV 时，MIL-53(Fe) -2OH 催化剂获得了 1.44 s^{-1} 的高 TOF 值，显著超过 MOF-74-Fe（0.59 s^{-1}）和 IrO_2（0.0177 s^{-1}）催化剂。MIL-53(Fe) -2OH 的 MA 值可高达 357.9 A/g，明显大于 MOF-74-Fe

（153.6 A/g）和 IrO_2（62.3 A/g）。如图 3-8（e）所示，即使与最近报道的高效 MOF 基 OER 催化剂相比，MIL-53(Fe)-2OH 催化剂仍表现出更低的过电位，表明其优异的电催化 OER 活性[66,205,208,223,234-246]。此外，从图 3-11 可以看出，MIL-53(Fe)-2OH 催化剂的法拉第效率（FE）高达 96.4%。

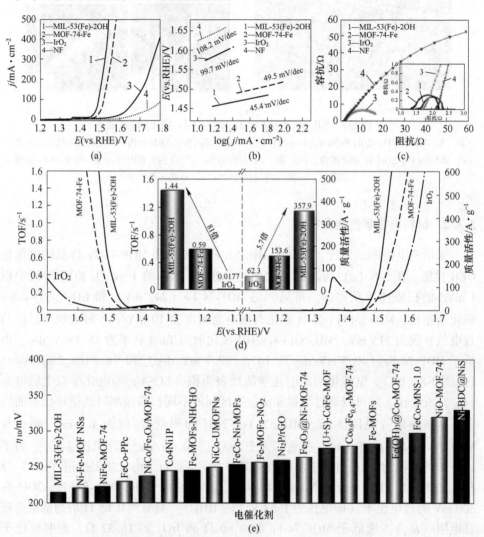

图 3-8 MIL-53(Fe)-2OH 和 MOF-74-Fe 催化剂的 OER 活性

（a）MIL-53(Fe)-2OH、MOF-74-Fe、IrO_2 和 NF 的 OER 极化曲线；（b）图（a）相应的 Tafel 斜率；（c）MIL-53(Fe)-2OH、MOF-74-Fe、IrO_2 和 NF 在 300 mV 的过电位下测量的 Nyquist 图；（d）MIL-53(Fe)-2OH、MOF-74-Fe 和 IrO_2 催化剂的 TOF 和单位质量活性（插图：催化剂在 300 mV 过电位下的 TOF 和单位质量活性比较）；（e）MIL-53(Fe)-2OH 与最近报道的其他多种高效 MOF 基 OER 催化剂在电流密度为 10 mA/cm² 时的 OER 过电位的比较

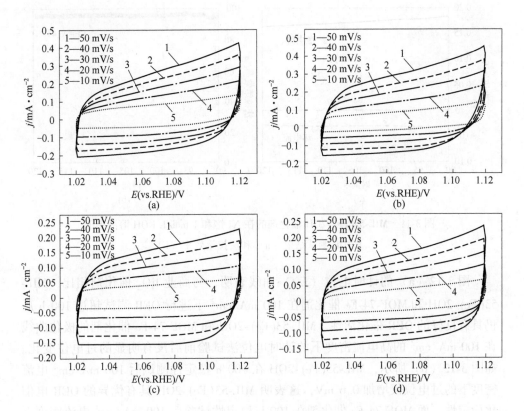

图 3-9 非法拉第区间不同扫描速率时的循环伏安曲线

(a) MIL-53(Fe)-2OH; (b) MOF-74-Fe; (c) IrO$_2$; (d) NF

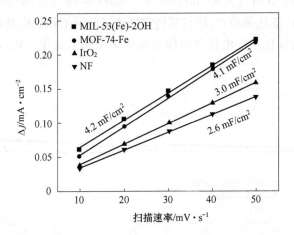

图 3-10 MIL-53(Fe)-2OH、MOF-74-Fe、IrO$_2$ 和 NF 的双电层电容

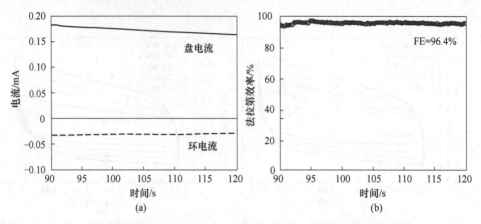

图 3-11 MIL-53(Fe)-2OH 催化剂的在 N₂ 饱和 1 mol/L KOH 溶液中的
RRDE 测试结果 (a) 和法拉第效率 (b)

图 3-12 (a) 的计时电位 (E-t) 曲线表明，与商业 IrO₂ 催化剂相比，MIL-53(Fe)-2OH 和 MOF-74-Fe 催化剂在 100 mA/cm² 下进行 OER 测试超过 100 h 后仍具有良好的 OER 催化活性。MIL-53(Fe)-2OH 和 MOF-74-Fe 催化剂的极化曲线在 100 mA/cm² 的高电流密度下的计时电位法试验前后没有明显的过电位变化。如图 3-12 (b) 所示，MIL-53(Fe)-2OH 在 100 h 稳定性测试后 100 mA/cm² 电流密度下的过电位仅增加 0.6 mV，这表明 MIL-53(Fe)-2OH 具有优异的 OER 电催化稳定性，而 MOF-74-Fe 催化剂在 100 h 稳定性试验后 100 mA/cm² 电流密度下的过电位增加了 5.9 mV (见图 3-12 (c))，商业 IrO₂ 催化剂在 24 h 稳定性试验后 100 mA/cm² 电流密度下的过电位增加了 32.4 mV (见图 3-13)。稳定性测试后，MIL-53(Fe)-2OH (3.83 mF/cm²)、MOF-74-Fe (3.89 mF/cm²) 和 IrO₂ (2.91 mF/cm²) 催化剂的 C_{dl} 值与其稳定性测试前的值相比均没有明显变化 (见图 3-14)，表明催化剂的电化学活性表面积未见明显变化。MIL-53(Fe)-2OH 催

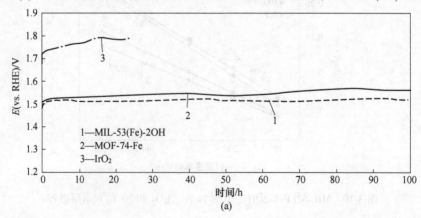

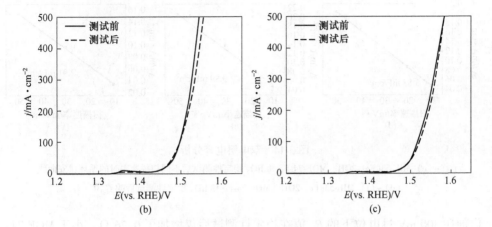

图 3-12 MIL-53(Fe) -2OH 催化剂的稳定性评估

（a）MIL-53(Fe) -2OH、MOF-74-Fe 和 IrO$_2$ 催化剂在 100 mA/cm^2 电流密度下的计时电位曲线；
（b）MIL-53(Fe) -2OH 稳定性测试 100 h 前后的极化曲线对比；（c）MOF-74-Fe 稳定性测试
100 h 前后的极化曲线对比

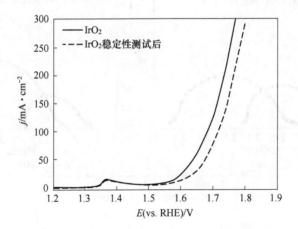

图 3-13 商业 IrO$_2$ 催化剂稳定性测试 24 h 前后的极化曲线对比

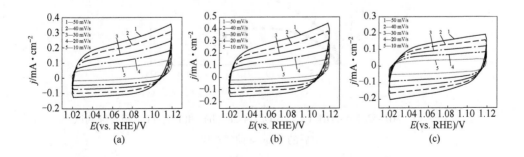

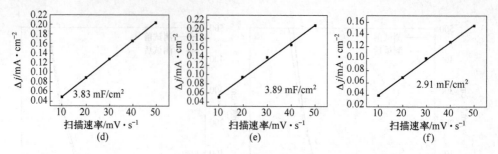

图 3-14　双电层电容分析

(a) ~ (c) MIL-53(Fe)-2OH、MOF-74-Fe 和 IrO$_2$ 稳定性测试后不同扫描速率时的循环伏安曲线。

(d) ~ (f) MIL-53(Fe)-2OH、MOF-74-Fe 和 IrO$_2$ 稳定性测试后的 C_{dl} 值

化剂在 300 mV 过电位下的 R_{ct} 值在稳定性测试后仅增加了 0.26 Ω，小于 MOF-74-Fe（0.80 Ω）和 IrO$_2$（21.1 Ω）的增加值，证实了 MIL-53(Fe)-2OH 催化剂的优异电催化 OER 稳定性（见图 3-15）。

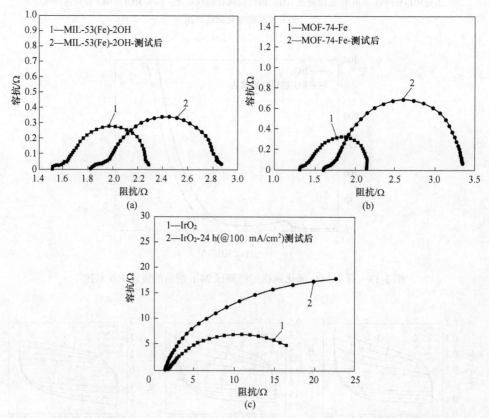

图 3-15　MIL-53(Fe)-2OH（a）、MOF-74-Fe（b）和 IrO$_2$（c）稳定性测试前后的 Nyquist 曲线对比

此外，通过 XRD、XPS、TEM 和 SEM 分析了 OER 过程中催化剂结构的变化。如图 3-16 所示，MIL-53(Fe)-2OH 和 MOF-74-Fe 在 100 mA/cm² 下进行了 100 h 的 OER 稳定性测试后的 XRD 谱图与 FeO(OH)(ICSD：94874 号）的 XRD 标准谱图吻合，这表明两种催化剂稳定性测试后均形成了铁氢氧化物[247]。通过 XPS 进一步分析了稳定性试验后 MIL-53(Fe)-2OH 的结构性质。如表 3-1 所示，XPS 定量分析揭示了 MIL-53(Fe)-2OH 催化剂在 100 h OER 测试后，其中 O 含量明显高于稳定性测试前的含量。如图 3-17 (a) 所示，Fe 2p 的高分辨率 XPS 谱仅显示 Fe^{3+} 的峰（711.9 eV，725.8 eV)[248-250]。O 1s 谱在 530.7 eV、532.8 eV 和 534.1 eV 处有三个峰，分别归因于 Fe—O、C—OH 和表面吸附水（见图 3-17 (b)）[251-252]。这些结果表明了 MIL-53(Fe)-2OH 催化剂在 OER 反应过程中的结构转变[72,224,248]。通过 SEM 观察了 MIL-53(Fe)-2OH 和 MOF-74-Fe 在稳定性试验后的形貌。如图 3-18 所示，MIL-53(Fe)-2OH 由原来的规则八面体结构转变为体堆积的形貌。同时，MOF-74-Fe 催化剂稳定性测试后形貌也由多面棱柱转化为片状堆积结构（见图 3-19）。如图 3-20 所示，MIL-53(Fe)-2OH 的 HRTEM 图像显示了晶格间距为 0.29 nm 的晶格条纹，对应于 FeO(OH) 的 (220) 晶面，可见，TEM 分析进一步证实了 MIL-53(Fe)-2OH 催化剂的结构转变。

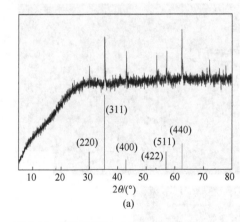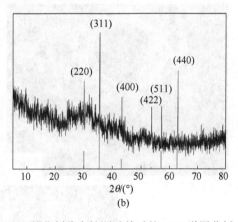

图 3-16　MIL-53(Fe)-2OH (a) 和 MOF-74-Fe (b) 催化剂稳定性测试前后的 XRD 谱图分析

表 3-1　MIL-53(Fe)-2OH 和 MOF-74-Fe 催化剂稳定性测试前后的 XPS 定量分析

催化剂	XPS 元素含量分析（摩尔分数)/%		
	Fe	C	O
MIL-53(Fe)-2OH	3.3	62.4	34.3
MOF-74-Fe	3.6	62.4	34.0
MIL-53(Fe)-2OH 稳定性测试后	4.3	36.5	59.2

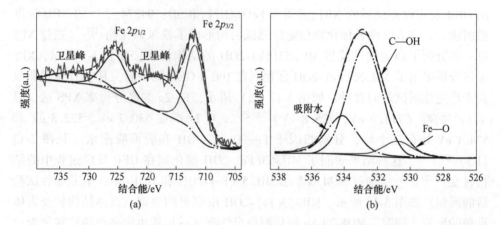

图 3-17　MIL-53(Fe)-2OH 催化剂稳定性测试后的 XPS Fe 2*p*（a）和 O 1*s*（b）谱分析

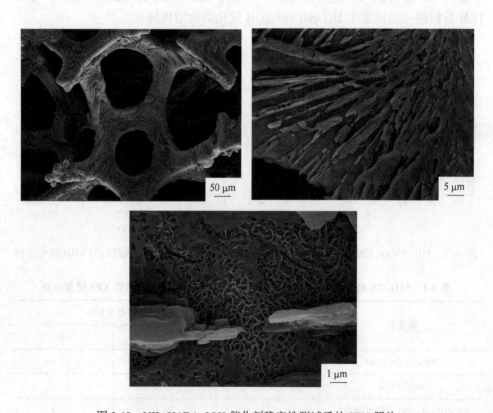

图 3-18　MIL-53(Fe)-2OH 催化剂稳定性测试后的 SEM 照片

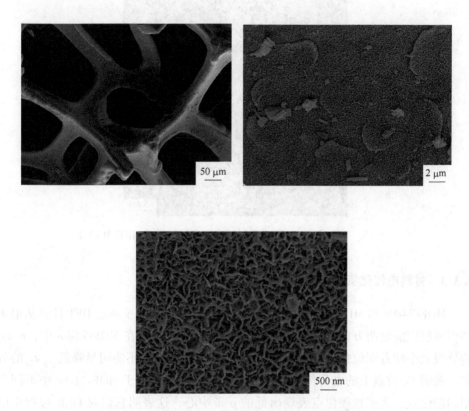

图 3-19 MOF-74-Fe 催化剂稳定性测试后的 SEM 照片

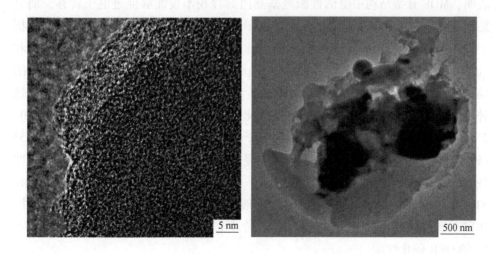

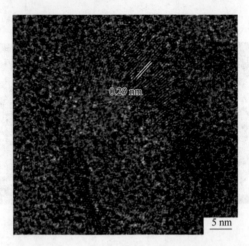

图 3-20 MIL-53(Fe) -2OH 催化剂稳定性测试后的 HRTEM 照片

3.3.3 材料电催化机理探讨

MOF-74-Fe 和 MIL-53(Fe) -2OH 的 OER 性能差异进一步通过 DFT 计算从电子结构和反应能量两方面进行阐明。如图 3-21 （a） 所示，在 MOF-74-Fe 中，e_g-t_{2g} 的分裂大小随着配位数的增加而增大。OH 空位的存在也不能明显降低 e_g-t_{2g} 的分裂，表明 Fe 位点上的电荷传输由于大的势垒而降低。对于 MOF-74-Fe 中不同类型的碳位点，大多数碳位点表现出低的 p 带中心，这表明它们对 OER 过程中电荷传输的贡献有限。对于 MIL-53(Fe) -2OH，苯环上的碳位点比 O—C—O 上的碳位点电活性更强，OH 空位的形成进一步促进了电荷传输 （见图 3-21 （b））。这表明，MOF 骨架结构中电活性酚羟基基团的存在不仅能够促进电子转移，而且还能提高催化剂整体的电活性。由于电子结构与 OER 性能高度相关，因此分析了 MOF-74-Fe 和 MIL-53(Fe) -2OH 上关键中间体的 PDOS （见图 3-21 （c） 和（d））。对于 MOF-74-Fe，含氧中间体的 σ 轨道的上移趋势在 OOH* 处有明显的偏离，这可能增加了从 O* 到 OOH* 的转化障碍。而 MIL-53(Fe) -2OH 不存在这种偏离，可实现低能垒中间体的高效转化。这些结果进一步证实了 MIL-53(Fe) -2OH 优异的 OER 性能来自其较优的电子结构，更重要的是，这揭示了 MIL-53(Fe) -2OH 中更多的电活性 Fe 和 O 位点是高效 OER 重要因素。进一步比较了两种 MOF 中 OER 的反应能变化。当引入平衡电势后，如图 3-21 （e） 所示，MIL-53(Fe) -2OH 的 OER 性能的改善归因于催化剂表面与 OH* 的适当结合，另外，OH* 的过度结合导致 MOF-74-Fe 中出现持续上升的能量趋势，这影响了 MOF-74-Fe 的 OER 催化性能。

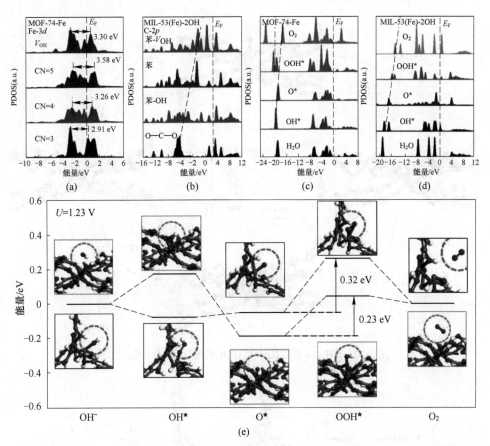

图 3-21　理论计算揭示了 MIL-53(Fe)-2OH 的高 OER 性能的机制

(a) MOF-74-Fe 中 Fe-3d 的 PDOS；(b) MIL-53(Fe)-2OH 中 C-2p 的 PDOS；(c)(d) MOF-74-Fe 和 MIL-53(Fe)-2OH 中 OER 的关键吸附物的 PDOS 比较；(e) U=1.23 V 下 OER 在 MOF-74-Fe（蓝线）和 MIL-53(Fe)-2OH（橙线）上的反应能垒图与 MOF-74-Fe（蓝色方框）和 MIL-53(Fe)-2OH（橙色方框）的相应结构变化

图 3-21 彩图

　　OER 的反应机制从结构构型变化上得到了证明（见图 3-22 和图 3-23）。值得注意的是，MOF 的框架能够在吸附中间产物的过程中保持相对稳定。此外，根据 O^* 的转化反应，比较了二电子路径（2e OER）和四电子路径 OER（4e OER）之间的选择性。对于 MOF-74-Fe 和 MIL-53(Fe)-2OH 来说，四电子路径 OER 为更优选择，由于 $O^* \rightarrow OOH^*$ 的能垒比 $O^* \rightarrow 1/2\ O_2$ 的能垒小得多，这表明了对 4e OER 具有高选择性。近年来，有许多关于 OER 机制的讨论，包括以金属作为氧化还原中心的吸附机理（AEM）和氧作为氧化还原中心的晶格氧机理（LOM）[253-255]。由于 MOF-74-Fe 和 MIL-53(Fe)-2OH 中 Fe 位点的独特配位环境，相邻空位的形成是极不可能的。特别是，理论计算已经证明，相邻 OH 基团的损失需要很高的能量，所以 MOF-74-Fe 和 MIL-53(Fe)-2OH 催化剂表面发生 OER 应为

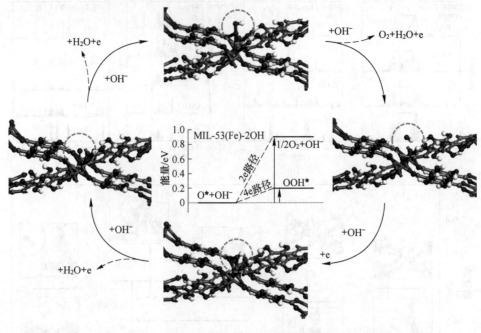

图 3-22　MIL-53(Fe) -2OH 的 OER 电催化反应机理示意图

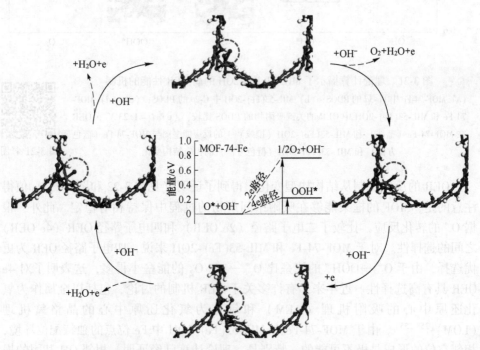

图 3-23　MOF-74-Fe 的 OER 电催化反应机理示意图

AEM 催化机理。

通过实时动力学模拟，进一步研究了 MIL-53(Fe)-2OH 催化剂在 OER 过程中的构效关系。通过建立 OER 动力学模型，然后对 MIL-53(Fe)-2OH 的 OER 动力学电流密度进行拟合（拟合度 $R^2=0.999$），可以获得 OER 电催化反应中 5 个基元反应步骤的标准活化自由能（ $\Delta G_{OA}^{*\ominus}$ 、 $\Delta G_{OT1}^{*\ominus}$ 、 $\Delta G_{AD}^{*\ominus}$ 、 $\Delta G_{OT2}^{*\ominus}$ 、 $\Delta G_{OT2}^{*\ominus}$ ）和反应中间体 OH^* 、 O^* 和 OOH^* 的标准吸附自由能（ $\Delta G_{OH}^{\ominus}$ 、 $\Delta G_{O}^{\ominus}$ 、 $\Delta G_{OOH}^{\ominus}$ ）（见图 3-24）[256-257]。从图 3-25 中可以看出，MIL-53(Fe)-2OH 催化剂稳定性测试前后的 $\Delta G_{AD}^{*\ominus}$ 值均远高于 $\Delta G_{OT2}^{*\ominus}$ 和 $\Delta G_{OOH}^{\ominus}$ ，表明在 MIL-53(Fe)-2OH 催化剂体系中，四电子路径 OER（4e OER）占主导地位，与 DFT 计算结果一致。图 3-24 （b）显示了反应中间体的吸附等温线。中间体的相对覆盖率（ θ_{OH} 、 θ_O 和 θ_{OOH} ）与它们的标准自由能密切相关。低的 $\Delta G_O^{\ominus}$ 加速了 O^* 的形成和吸附，导致了 O^* 在 MIL-53(Fe)-2OH 表面的高覆盖度。在较高的过电位范围内， O^* 因形成 OOH^* 而不断被消耗，导致 θ_O 的减少和 θ_{OOH} 的增加。含氧中间体在 MIL-53(Fe)-2OH 表面的强吸附促进了 OER 过程中 FeO(OH) 相的生成。图 3-24 （c）和 （d）所示

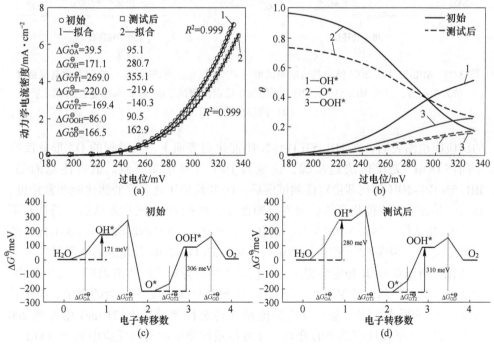

图 3-24 MIL-53(Fe)-2OH 催化剂的定时 OER 动力学行为分析

（a）稳定性测试前后 MIL-53(Fe)-2OH 催化剂的动力学电流密度动力学拟合；（b）稳定性测试前后 MIL-53(Fe)-2OH 催化剂表面 O^* 、 OH^* 和 OOH^* 中间体的相对覆盖率；（c）（d）MIL-53(Fe)-2OH 催化剂稳定性测试前、后的反应能垒图

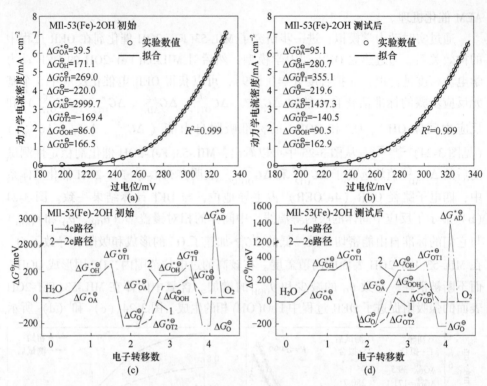

图 3-25 MIL-53(Fe) -2OH 催化剂稳定测试前（a）和稳定性测试后（b）的动力学电流密度
动力学拟合，以及 MIL-53(Fe) -2OH 催化剂在稳定性测试之前（c）和稳定性测试之后
（d）的反应能垒图

的反应能垒图表明，在 MIL-53(Fe) -2OH 催化剂表面上，从吸附的 O* 形成反应
中间体 OOH* 是反应决速步骤，这也与 DFT 计算结果一致。值得注意的是，
MIL-53(Fe) -2OH 催化剂稳定性测试前后，OER 反应决速步骤的活化能非常接近，
这进一步证实了该催化剂的稳定性，即使在长期的 OER 操作测试后，仍具有不
变的 OER 活性。尽管 MIL-53(Fe) -2OH 催化剂在测试的时间间隔内表现出优异的
OER 稳定性，但在 OER 稳定性测试后，MIL-53(Fe) -2OH 催化剂的化学结构发生
了变化，所以在 OER 稳定性测试后，其动力学行为和中间体覆盖率也发生变化。
事实上，稳定性测试后 MIL-53(Fe) -2OH 催化剂 OER 动力学行为的变化取决于其
表面 OH* 的形成，这一基元反应的能垒在稳定性测试后由 171 meV 增加到 280
meV。这一步基元反应能垒的升高，导致稳定性测试后所有反应中间体（OH*、
O* 和 OOH*）在 MIL-53(Fe) -2OH 催化剂表面的覆盖率都降低，证实了在 OER 过
程中 MIL-53(Fe) -2OH 催化剂的动力学行为发生了变化（见图 3-26）。这一研究发现
为探索 OER 机制开辟了一个新的方向，也为开发更具有竞争力的、高稳定性的
OER 电催化剂提供指导。

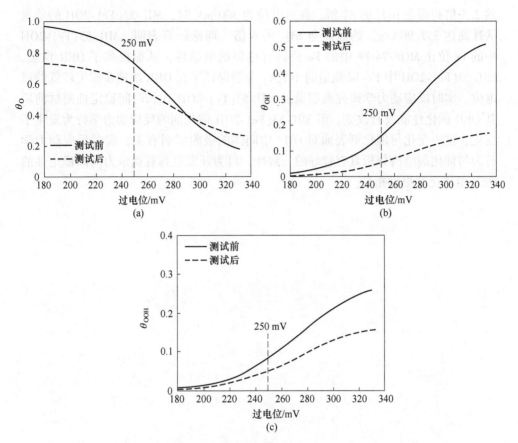

图 3-26 MIL-53(Fe)-2OH 催化剂表面稳定性测试前后 O*（a）、OH*（b）和 OOH*（c）
中间体的相对覆盖率变化

　　本章介绍了一种原位重建 MOF 结构制备稳定 OER 电催化剂的方法。采用
2,5-二羟基对苯二甲酸为配体，通过控制制备条件，抑制配体中酚羟基基团配位
由 MOF-74-Fe 原位重构为 MIL-53(Fe)-2OH 结构，使 MOF 材料具备更好的 OER
催化性能。电化学分析表明具有未配对酚羟基的 MIL-53(Fe)-2OH 结构与酚羟基
参与配位的 MOF-74-Fe 结构相比具有明显提升的 OER 电催化性能。与 MOF-74-
Fe 相比，MIL-53(Fe)-2OH 的 Fe $2p_{3/2}$ 结合能发生 0.2 eV 负位移，这种结合能的
变化表明羟基配位引起了 Fe—O 键长度的变化。这种转移可以优化含氧中间体
（OH*、OOH*、O*）的吸附/解吸，提高催化 OER 活性。电化学性能测试证
实，与 MOF-74-Fe 相比，MIL-53(Fe)-2OH 表现出更好的电催化 OER 活性。MIL-
53(Fe)-2OH 在电流密度为 10 mA/cm² 处的过电位为 215 mV，Tafel 斜率为
45.4 mV/dec，电荷转移电阻为 0.65 Ω，均优于 MOF-74-Fe 和商业 IrO₂ 催化剂。
在过电位为 300 mV 时，MIL-53(Fe)-2OH 的 TOF 值为 1.44 s⁻¹，约为 MOF-74-Fe

的 2.5 倍和商业 IrO_2 的 81 倍。在过电位为 300 mV 时，MIL-53(Fe) -2OH 的质量活性高达 357. 90A/g，约是商业 IrO_2 的 6 倍。理论计算表明，MIL-53(Fe) -2OH 中的 Fe 位比 MOF-74-Fe 中的 Fe 位具有更强的电活性，从而提高了 OER 性能。MIL-53(Fe) -2OH 中 Fe-3d 轨道的小 e_g-t_{2g} 分裂保证了在 OER 决速步骤中较低的过电位。实时反应动力学研究表明虽然 MIL-53(Fe) -2OH 在长时间稳定性测试前后其 OER 催化性能没有改变，但 MIL-53(Fe) -2OH 催化剂的反应动力学行为发生了变化，这一变化与催化剂表面对 OH* 中间体的吸附减弱有关，实时反应动力学行为与催化剂结构分析具有较好的一致性，可为开发更具有竞争力的高稳定性的 OER 电催化剂提供指导。

4　OER 催化剂的卤素调控策略

铁基金属有机框架作为电催化析氧反应催化剂有着巨大的潜力。尽管已经采用了许多方法来调控 MOF 的 OER 性能，但含有卤素的连接剂对铁基 MOF 催化剂的电子结构的影响尚未被探索。本章介绍一种通过更换与金属活性中心 Fe 配位的有机连接剂合成的具有相似结构的 Fe 基 MOF（MOF-R，其中 R 为 H、Cl 或 Br）催化剂，了解含有卤素的连接剂对其 OER 活性的影响。含有卤素基团的有机连接剂可以调节金属活性位点的电子结构，从而有效提升催化剂 OER 性能。MOF-Br 催化剂显示出较高的本征 OER 活性，10 mA/cm² 电流密度下的过电位为 251.2 mV，Tafel 斜率仅为 44.5 mV/dec，性能明显优于未含有卤素基团的 MOF-H（262.6 mV 和 63.4 mV/dec）和商业 IrO₂ 催化剂（335.3 mV 和 98.6 mV/dec）。此外，在 300 mV 过电位下的周转频率（TOF）为 0.537 s⁻¹，比商业 IrO₂ 催化剂（0.018 s⁻¹）高 30 倍。该研究为设计具有优异 OER 活性的 MOF 电催化剂提供了潜在策略，为未来合理设计和合成优秀的 OER 电催化剂奠定了坚实基础。

4.1　概　　述

析氧反应是水裂解的阳极反应，适用于各种可持续能源转换和储存技术。相比析氢反应，OER 是一个涉及四电子过程的多步骤反应，导致水裂解的能垒较高，动力学较慢。加速电解水技术的应用对于满足日益增长的可持续绿色能源需求至关重要，因此，开发高活性的 OER 催化剂具有极其重要的意义，并面临重大挑战。金属有机框架（MOF）是一种由金属离子中心和有机配体的自组装构建的晶体材料[258]，在各个领域得到了广泛研究。框架可以作为优良的电子通道，有序的多孔结构有利于反应物、产物和电解质的超快传输，使 MOF 成为有前景的催化剂。

与传统的无机材料相比，具有可调控的分子级均匀微环境的 MOF 在实际催化中具有多种优势[99]。此外，通过调控其拓扑结构和金属位点结构，可以有效提高 MOF 的催化性能。尽管 MOF 展现出卓越的特性，但金属中心的配位结构及导电性对其电催化活性仍存在较大影响。为了克服这些限制，研究者们进行了多种策略来提高电催化 OER 活性，包括额外金属离子的添加、缺陷工程、形貌维度控制和金属序列控制。此外，改变金属活性中心的配位环境也可以影响其电子结构，从而影响其 OER 性能。研究表明，卤素原子具有很强的吸电子作用，可以有效增强 MOF 中载流子的分离和传输。最近，Lan 等人[259]报道了卤素原子与 MOF 中钴金属活性中心的配位，并发现卤素原子的配位调控了 MOF 中金属活性中心的配位电子结构，从而显著提高了其 OER 催化性能。在 MOF 中引入不同的配体也会影响催化反应中关键的金属-氧团簇。然而，目前尚无关于通过有机连接剂的取代功能基团将氯/溴原子引入 MOF 电催化剂中的研究的报道。同时，引入卤素基团到 MOF 的有机连接剂中是否会影响金属-氧团簇的催化活性尚不清楚。本章使用溶剂热法合成了一系列具有相似结构的卤素修饰的铁基 MOF-R 催化剂（其中 R 为 H、Cl 或 Br）。对合成催化剂的晶体形态和电子结构进行了评估。

4.2　材料的制备及测试技术

4.2.1　材料的制备

4.2.1.1　MOF-H 催化剂的制备

根据文献报道的方法[260-261]制备了铁基 MOF-H。首先，将 1 mmol 的 1,4-苯二甲酸（BDC-H）和 1 mmol 的 FeCl$_3$·6H$_2$O 溶解在 10 mL DMF 中制成溶液。随后，向上述溶液中加入 0.8 mL 4.0 mol/L NaOH 水溶液。然后，将得到的溶液转移到一个 50 mL 的高压釜中，在 100 ℃下加热 12 h，冷却后收集固体物质，用有机微孔滤膜抽滤，抽滤物依次用去离子水和乙醇有机溶剂洗涤数次，并置于 60 ℃烘箱中干燥 12 h，制得 MOF-H 催化剂。

4.2.1.2　MOF-Cl 催化剂的制备

同上，将 1 mmol 的 2,5-二氯对苯二甲酸（BDC-Cl）和 1 mmol 的 FeCl$_3$·6H$_2$O 溶解在 10 mL DMF 中制成溶液。随后，向上述溶液中加入 0.8 mL 4.0 mol/L NaOH 水溶液。然后，将得到的溶液转移到一个 50 mL 的高压釜中，在 100 ℃下加热 12 h，冷却后收集固体物质，用有机微孔滤膜抽滤，抽滤物依次用去离子水和乙醇有机溶剂洗涤数次，并置于 60 ℃烘箱中干燥 12 h，制得 MOF-Cl 催化剂。

4.2.1.3　MOF-Br 催化剂的制备

同上，将 1 mmol 的 2,5-二溴对苯二甲酸（BDC-Br）和 1 mmol 的 FeCl$_3$·6H$_2$O 溶解在 10 mL DMF 中制成溶液。随后，向上述溶液中加入 0.8 mL 4.0 mol/L NaOH 水溶液。然后，将得到的溶液转移到一个 50 mL 的高压釜中，在 100 ℃下加热 12 h，冷却后收集固体物质，用有机微孔滤膜抽滤，抽滤物依次用去离子水和乙醇有机溶剂洗涤数次，并置于60 ℃烘箱中干燥12 h，制得MOF-Cl催化剂。

4.2.2 材料结构表征方法

材料结构表征方法请参见3.2.2节。

4.2.3 材料性能测试方法

材料性能测试方法请参见3.2.3节。

4.3 材料的结构及性能

4.3.1 材料设计与结构分析

图4-1（a）显示了三种MOF的晶体结构，其中Fe_3三核团簇由3个Fe原子、1个μ_3-O原子和来自BDC-R（R = H、Cl或Br）连接剂的6个羧基组成[262-263]。通过XRD对制备的铁基MOF-R催化剂进行了表征。如图4-1（b）所示，无卤素官能团MOF-H催化剂的XRD图谱与MIL-88B MOF结构非常吻合，表明成功合成了铁基MOF[260-261]。如图4-1（b）所示，当1,4-苯二甲酸配体上的两个氢原子被卤素取代时，卤素取代的MOF-Cl和MOF-Br的特征峰与未取代MOF-H的XRD衍射峰相同，表明卤素取代物被引入框架结构中而不与金属发生配位，MOF拓扑结构未发生改变（见图4-1（c）~（e））[264]。

如图4-2（a）所示，SEM图像显示的MOF-H样品具有棒状纳米晶体结构，表面光滑，平均长度约为1.8 μm。然而，卤素功能基团的引入显著改变了催化剂的表面形态。MOF-Cl和MOF-Br均呈八面体结构，平均长度分别为800 nm和

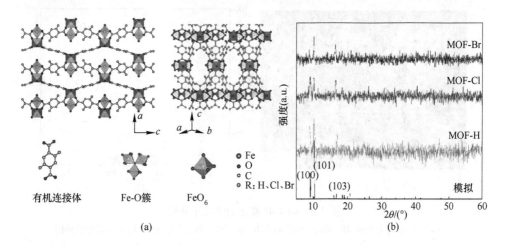

| 有机连接体 | Fe-O簇 | FeO₆ | | |

（a）　　　　　　　　　　　　　　　　　（b）

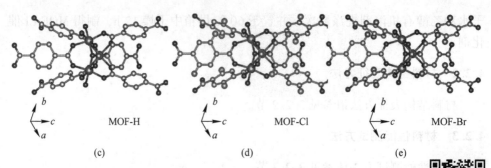

(c) MOF-H   (d) MOF-Cl   (e) MOF-Br

图 4-1   MOF-R 催化剂的晶体结构

(a) MOF-R 催化剂晶体结构示意图；(b) MOF-R 催化剂 XRD 谱图；(c)~(e) 分别为
MOF-H 催化剂、MOF-Cl 催化剂、MOF-Br 催化剂的结构球棍示意图（图中灰色球表示 C 原
子，红色球表示 O 原子，绿色球表示 Cl 原子，蓝色球表示 Br 原子）

图 4-1 彩图

500 nm（见图 4-2（b）和（c））。SEM 图像表明，不同基团的引入可以影响
MOF 的形态和尺寸。根据 SEM-EDS 分析，观察到 MOF-Br 含有 Fe、C、Br 和 O
元素（见图 4-2（d））。

图 4-2   MOF-R 催化剂的尺寸分析

(a)~(c) 分别为 MOF-H、MOF-Cl 和 MOF-Br 的 SEM 图像；(d) SEM-EDS 元素含量分析

　　X 射线光电子能谱分析表明所有 MOF 样品中均存在 Fe、C 和 O 元素。由于使用不同的有机配体，MOF-Cl 和 MOF-Br 中还分别存在 Cl 和 Br 元素。对高分辨率 C 1s XPS 光谱进行分峰拟合，可以发现存在芳香环碳结构 C＝C/C—C (284.7 eV)、C—O (285.7 eV) 及羧酸盐基团 O—C＝O (288.6 eV) 的拟合峰（见图 4-3 (a)）[225,265]。与 MOF-H 相比，拟合结果表明 MOF-Cl 样品中 C—O/C—Cl 基团的百分比增加，MOF-Br 样品中 C—O/C—Br 基团的百分比增加[266]。MOF-R 的高分辨率 O 1s XPS 谱可以分解为 3 个能量峰：530.69 eV、531.62 eV 和 533.23 eV，分别归属于 Fe—O 键、有机配体的羧酸基团和表面吸附水（见图 4-3 (b)）。如图 4-3 (c) 所示，MOF-Cl 的 Cl 2p XPS 谱显示两个能量峰，分别在 200.27 eV 和 201.88 eV，对应于 C—Cl 2$p_{3/2}$ 和 C—Cl 2$p_{1/2}$，表明 Cl 原子未与金属配位[267-269]。同样，MOF-Br 的 Br 3d XPS 谱显示出一个能量峰位于 70.39 eV，归属为—Br 基团的 C—Br 键[266]。MOF-H 的 Fe 2p XPS 谱（见图 4-3 (d)）显示出结合能分别在 711.38 eV 和 725.08 eV 的双峰，对应于 Fe^{3+} 2$p_{3/2}$ 和 Fe^{3+} 2$p_{1/2}$，表明样品中存在 Fe^{3+} 氧化态[265,270-271]。重要的是，与 MOF-H 相比，MOF-Cl (711.66 eV) 和 MOF-Br (711.74 eV) 中 Fe 2$p_{3/2}$ 的结合能分别呈现出约 0.28 eV

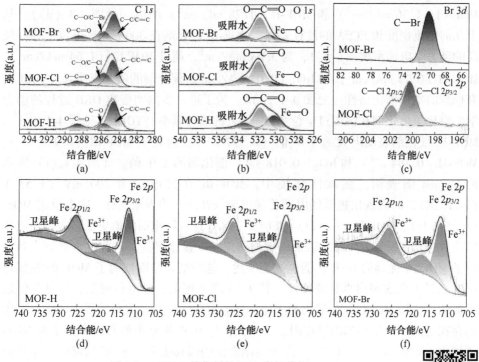

图 4-3　MOF-R 催化剂的 XPS 表征分析

(a) (b) MOF-R 催化剂的 C 1s、O 1s 谱；(c) MOF-Cl 催化剂的 Cl 2p 谱及 MOF-Br 的 Br 3d 谱；(d)~(f) 分别为 MOF-H、MOF-Cl、MOF-Br 的 Fe 2p 谱

图 4-3 彩图

和 0.36 eV 的正向偏移（见图 4-3（d）~（f））。在 O 1s 峰中也观察到类似的显著偏移，这种现象可以归因于卤素功能团使 Fe—O 团簇局部电子结构发生改变，有望促进电荷转移的增强和反应动力学的改善[259,264]。

4.3.2 材料电化学性能分析

在室温下，使用氧气饱和的 1.0 mol/L KOH 溶液，在三电极系统中研究了 MOF-R 样品的电催化 OER 性能。图 4-4（a）中的极化曲线显示，与 MOF-Cl、MOF-H 和 IrO$_2$ 催化剂相比，MOF-Br 催化剂在 10 mA/cm^2 的电流密度下具有 251.2 mV 的过电位，而 MOF-Cl、MOF-H 和 IrO$_2$ 催化剂的过电位分别为 258.1 mV、262.6 mV 和 335.3 mV。通过电化学交流阻抗谱（EIS）对溶液电阻进行确定。如图 4-4（b）所示，MOF-Br 催化剂的 Tafel 斜率（44.5 mV/dec）低于 MOF-Cl（57.5 mV/dec）、MOF-H（63.4 mV/dec）、IrO$_2$（98.6 mV/dec）催化剂和泡沫镍 NF 基底（106.1 mV/dec）。通过在非法拉第区域内进行不同扫描速率的循环伏安曲线测试，进而评估电化学双电层电容（C_{dl}）以确定电催化剂的电化学活性表面积（ECSA）。MOF-Br 催化剂的 C_{dl} 值为 2.22 mF/cm^2，高于 MOF-Cl（1.36 mF/cm^2）和 MOF-H（1.28 mF/cm^2）的值（见图 4-4（c））。基于几何电流密度和 ECSA 的计算表明，MOF-Br 催化剂在 300 mV 过电位下具有最高的动力学电流密度（j_{ECSA}），为 3.03 mA/cm^2，超过 MOF-Cl（1.64 mA/cm^2）、MOF-H（0.79 mA/cm^2）和 IrO$_2$（0.04 mA/cm^2）催化剂的值，表明其对 OER 具有卓越的本征催化活性（见图 4-4（d））。为了进一步阐明催化 OER 过程的动力学，对比了催化剂在恒定过电位 300 mV 下的周转频率（TOF）（见图 4-4（e））。MOF-Br 催化剂表现出大的 TOF 值（0.537 s^{-1}），远高于 MOF-Cl（0.293 s^{-1}）、MOF-H（0.194 s^{-1}）和 IrO$_2$（0.018 s^{-1}）催化剂的 TOF 值。如图 4-4（f）所示的 Nyquist 图表明，在碱性环境中，MOF-Br 在过电位为 300 mV（1.53 V（vs. RHE））时表现出极低的电荷传递电阻（R_{ct}），约为 4.5 Ω。这个值比 MOF-Cl（5.6 Ω）、MOF-H（6.0 Ω）和 IrO$_2$（18.3 Ω）催化剂的值更低，表明在电化学反应过程中，MOF-Cl/Br 表面的电荷传递速度显著提升。这些发现强有力地支持了 MOF-Br 优异的 OER 性能。综上所述，这些结果全面证明了 MOF-Br 在催化 OER 活性方面表现出卓越的特性，其 Tafel 斜率更低，过电位更低，并且与最近报道的单金属 MOFs OER 催化剂相比，性能更优[272-278]。实验结果证明卤素基团的存在对活性产生影响的潜在因素。首先，与 MOF 框架中没有卤素原子的 MOF-H 相比，MOF-Cl/Br 中 Fe 2p$_{3/2}$ 向更高结合能的偏移表明了 Fe 的局部电子结构的变化[259,264]。高结合能的转变可能归因于氯和溴的替代引起的活性中心电子结构的改变。调节活性中心的电子性质对于促进 OER 催化至关重要。由于溴和氯具有强烈的吸电子作用，修饰的 MOF-Br 和 MOF-Cl 孔结构中暴露的—Br 和—Cl

功能基团调节了 MOF 通道中的电子分布特性,促进了电荷转移[264,279]。卤素取代还可以改善 ECSA,从而增强 OER 活性。

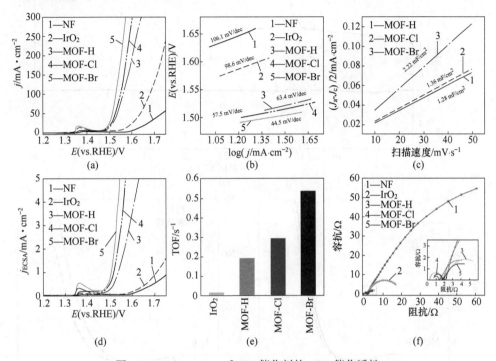

图 4-4　MOF-R、IrO$_2$ 和 NF 催化剂的 OER 催化活性

(a)(b)MOF-R、IrO$_2$ 和 NF 的 OER 极化曲线及相应的 Tafel 斜率;(c)MOF-H、MOF-Cl、MOF-Br
催化剂的双电层电容;(d)~(f)分别为 MOF-H、MOF-Cl、MOF-Br、IrO$_2$ 和 NF 的 ECSA 归一化
极化曲线、300 mV 过电位下的 TOF 对比及 300 mV 过电位下测量的 Nyquist 图

　　图 4-5(a)显示了 MOF-Br 催化剂的 E-t 曲线,在 100 mA/cm^2 的条件下经受超过 50 h 的 OER 测试,电压无明显变化,表明催化剂具有较好的耐久性。对比稳定性测试前后 MOF-Br 催化剂的极化曲线可知,在高达 100 mA/cm^2 的电流密度下,经过电位计时测试前后的催化剂的 OER 性能无明显变化,10 mA/cm^2 处的过电位仅增加了 5 mV,显著优于商业 IrO$_2$ 催化剂,这进一步证实了 MOF-Br 催化剂具有出色的长期稳定性(见图 4-5(b)和(c))。

　　本章提出并证明了一种新颖的卤素修饰的基于 Fe 的 MOF 催化剂的策略,研究了卤素对 MOF 金属活性中心电子结构的影响。通过利用有利的电子结构特别设计的 MOF-Br 催化剂在 10 mA/cm^2 的电流密度下表现出快速的 OER 动力学,10 mA/cm^2 处的过电位仅为 251.2 mV,Tafel 斜率为 44.5 mV/dec,在 300 mV 过电位下 TOF 值为 0.537 s^{-1},这些性能均优于未修饰的 MOF-H(262.6 mV,63.4 mV/dec,0.194 s^{-1})和商业 IrO$_2$ 催化剂(335.3 mV,98.6 mV/dec,

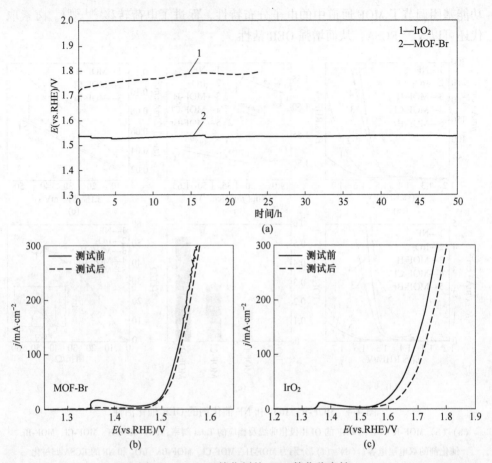

图 4-5 MOF-R 催化剂的 OER 催化稳定性

（a）MOF-Br 和商业 IrO₂ 催化剂的计时电位（E-t）曲线；（b）MOF-Br 催化剂在 100 mA/cm² 稳定性
测试 50 h 前后的极化曲线比较；（c）100 mA/cm² 下 IrO₂ 稳定性试验 24 h 前后的极化曲线比较

0.018 s⁻¹）。本章的研究结合了 MOF 催化剂的优势，并提出了一种基于有机配体
卤素取代的设计策略，精细调控了活性位点的电子结构，为未来高效 OER 电催
化剂的开发开辟了新的方向。

5 OER 催化剂的决速步骤调控策略

电解水制氢是最有前途的可再生能源储存和转化方法。然而，阳极析氧反应（OER）动力学缓慢限制了电解水的发展。目前最先进的 OER 催化剂面临着贵金属含量高、OER 活性低的困境。本章介绍了一种以金属有机框架（MOF）材料作为前驱体合成高熵合金（HEA）催化剂的方法和实例[280]。与传统合金不同，HEA 可以克服各种金属元素之间巨大的不混溶间隙，形成单相固溶体，而不是形成非均相体系。基于熵稳定效应、缓扩散效应、可定制组分和鸡尾酒效应，研究人员观察到了一系列有趣的性能。从催化应用的角度来看，不同金属元素在 HEM 中的随机分布可能有助于超越同质性，从而达到意想不到的协同效应，以刺激吸附/解吸的动力学屏障，进一步获得有前景的性能。此外，其可调节的成分、电子结构及其在腐蚀性电解质中的良好稳定性使其成为先进电催化的潜在候选材料。在碱性介质中，以 MOF 前驱体制备的 FeCoNiMo HEA 催化剂在电流密度为 10 mA/cm^2 时，其过电位仅 250 mV，比最先进的商业 IrO$_2$ 催化剂低 89 mV。在 300 mV 的过电位下，FeCoNiMo HEA 催化剂具有 0.051 s^{-1} 的周转频率，比商用 IrO$_2$ 催化剂高 3 倍，比没有 Mo 配位的 FeCoNi 合金的周转频率高 11 倍。重要的是，FeCoNiMo HEA 在 100 mA/cm^2 的高电流密度下表现出高的 OER 稳定性。甲醇分子探针实验和 X 射线光电子能谱分析表明，FeCoNiMo HEA 催化剂中 Mo 位点上的电子转移到 Fe、Co 和 Ni 上，导致催化剂表面对 OH* 的吸附减弱，从而增强了 FeCoNiMo HEA 催化剂的 OER 性能。实时 OER 动力学模拟结果与甲醇分子探针分析结果一致，均证明 Mo 在 FeCoNi 内的配位可以加快 OER 反应过程中 OH* 去质子化这一速率决定步骤。研究工作为 OER 电催化剂设计和开发提供了一种高效、经济有效的方法。

5.1 概　　述

电化学分解水的主要挑战是析氧反应（OER）过程中巨大的过电位，这是目前绿色氢能生产的障碍。贵金属催化剂 RuO$_2$ 和 IrO$_2$ 是公认的 OER 基准催化剂，已应用于工业上的水裂解反应。RuO$_2$ 和 IrO$_2$ 稳定性差、成本高等缺点限制了其大规模、长期应用。第一组 3d 过渡金属中的 Co、Ni 和 Fe 基合金是非常有前途的 OER 催化剂，因为它们可以加快反应速率，降低 OER 电催化的过电位和能量损失。但是传统的二元或三元合金由于混相间隙大，耐腐蚀性能较差，阻碍了其进一步应用。韩国科学技术院发现了一种具有核壳结构的 NiCo 合金纳米网 OER 电催化剂，其三维分层结构在碱性介质中表现出较高的 OER 活性（10 mA/cm² 时的过电位为 302 mV）[281]。中国科学技术大学杨洋教授报道了一种封装在石墨烯层中的 FeCoNi 三元合金，它在 OER 过程中表现出显著的催化性能（10 mA/cm² 时的过电位为 288 mV）[282]。尽管有这些可喜的进展，但当前的方法大多数是将 Fe、Co 和 Ni 基合金与高导电性和高成本的碳材料（如石墨烯）结合起来，从而提高 OER 活性。但更重要的是，与合金结合的部分碳材料容易氧化和坍塌，这仍然限制了合金催化剂在 OER 电催化过程中的稳定性[283-284]。韩国科学技术院在泡沫镍表面沉积了 Ni-Fe-Mo 三元非晶态多孔纳米板阵列催化剂。该催化剂活性位点丰富，电子传导快，在 OER 过程中表现出良好的电催化活性和稳定性[285]，给探索由多种过渡金属组成的高性能 OER 催化剂提供了一条新的研究思路。

高熵合金（HEA）是一种由 4 种或 4 种以上金属组成并具有一定构型熵的新型催化材料。HEA 具有表面复杂、组成可调、耐腐蚀性强等无可比拟的优势，在 OER 电催化领域备受关注。HEA 可以选择按特定比例添加特定的元素，从而降低贵金属的含量。例如，哈尔滨工业大学邱华军教授课题组制备了 Al-Ni-Co-Ru-Mo 纳米线 HEA 催化剂，其电催化 OER 活性优于商用 RuO₂[286]。与普通的二元或三元合金相比，HEA 催化剂提供了更多的化学和结构可调性，以提高其电催化活性。东南大学潘冶教授课题组通过采用一种机械合金化法，合成了 MnFeCoNi HEA 催化剂。该催化剂在碱性电解质中电流密度为 10 mA/cm² 时，过电位低至 302 mV[287]。虽然 HEA 已在电催化析氧反应中显示出巨大的潜力，但基于 FeCoNi 的四元 HEA 仍面临巨大的挑战。四元 HEA 可以作为一个基准来研究单个金属增强 OER 活性的原因。

同时，在 OER 电催化反应过程中，中间体在活性位点上的吸附和解吸是必不可少的。合金中金属元素的掺杂可以调节 OER 中间体在催化剂上的吸附和解吸性能，进一步提高其 OER 电催化活性。Mo 作为具有"类铂金属"化学特性的催化材料，引起了广泛的研究。浙江师范大学丁云杰等人证明了 Au₂₅-Cys-Mo 促进氮还原反应的潜力[288]。Mo 原子的加入使电化学合成氨反应中催化剂与 N₂ 分子的相互作用增强，表面能垒降低。此外，柏林工业大学 Peter 课题组发现 Mo 掺杂可增加 PtNi/C 八面体纳米晶的比表面积，进一步提高了催化剂的氧还原反应活性[289]。这些电催化剂性能良好的原因与其独特的原子轨道填充状态和较强的 Mo 4d 轨道供电子能力有关[290]。然而，关于 Mo 掺杂 HEA 催化剂对 OER 性能影响的研究较少。在 OER 中研究 HEA 中单个金属功能单元的作用则显得非常重要。

基于上述分析，通过在 FeCoNi 基合金中引入第四过渡金属 Mo 构建了 FeCoNiMo/C 四元 HEA 催化剂。过渡金属 Mo 的加入调整了 FeCoNi 合金的电子结构，从而大大提高了催化剂的 OER 电催化性能。实验数据证实，与 FeCoNi 合金三元催化剂相比，FeCoNiMo HEA/C 催化剂的构建显著提高了催化剂的 OER 活性。研究发现 FeCoNiMo HEA/C 催化剂的 OER 性能与掺杂金属类型密切相关。正如预期的那样，纳米级 FeCoNiMo HEA/C 在碱性介质中 10 mA/cm² 电流密度下的 OER 过电位仅为 250 mV，这一过电位比 FeNiCo 合金催化剂低 48 mV，比商用 IrO_2 催化剂低 89 mV。在 300 mV 过电位下，FeCoNiMo HEA/C 催化剂的 TOF 值比不含 Mo 的 FeCoNi 合金催化剂提高了 11 倍。同时，FeCoNiMo HEA/C 催化剂在高电流密度（100 mA/cm²）下超过 60 h 测试表现出优异的 OER 催化稳定性。

5.2 材料的制备及测试技术

5.2.1 材料的制备

5.2.1.1 FeCoNi MOF 催化剂前驱体的制备

将 0.34 mmol 有机配体 2,5-二羟基对苯二甲酸与 0.25 mmol 醋酸亚铁、0.25 mmol 六水合硝酸钴和 0.25 mmol 六水合硝酸镍溶于 1.35 mL 乙醇、1.35 mL 去离子水中，在 120 ℃加热 24 h 溶剂热反应得到 FeCoNiMo MOF 前驱体。

5.2.1.2 FeCoNiMo MOF 催化剂前驱体的制备

将 0.34 mmol 有机配体 2,5-二羟基对苯二甲酸与 0.25 mmol 醋酸亚铁、0.25 mmol 六水合硝酸钴、0.25 mmol 六水合硝酸镍、0.25 mmol 钼酸钠溶于 1.35 mL乙醇、1.35 mL 去离子水中，在 120 ℃加热 24 h 溶剂热反应得到 FeCoNiMo MOF 前驱体。

5.2.1.3 FeCoNi 合金的制备

将得到的 FeCoNi MOF 前驱体冷却至室温，经有机微孔滤膜抽滤，抽滤物依次用去离子水和乙醇有机溶剂洗涤。干燥后，将产物放入管式炉中通入 H_2/Ar 混合气在高温下还原 2 h，冷却到室温后即得一种新型 FeCoNi 合金纳米材料，命名为 FeCoNi/C。

5.2.1.4 FeCoNiMo 高熵合金的制备

将得到的 FeCoNiMo MOF 前驱体冷却至室温，经有机微孔滤膜抽滤，抽滤物依次用去离子水和乙醇有机溶剂洗涤。干燥后，将产物放入管式炉中通入 H_2/Ar 混合气在高温下还原 2 h，冷却到室温后即得一种新型 FeCoNiMo 高熵合金纳米材料，命名为 FeCoNiMo HEA/C。

5.2.2 材料结构表征方法

材料结构表征方法请参见 3.2.2 节。用 FEI 公司 Nova Nano SEM450T 型场发射扫描电子显微镜（FESEM）对合成样品的形貌进行了分析，工作电压为 5 kV。用 Tecnai G2 TF30 在 300 kV 的加速电压下拍摄了透射电子显微镜（TEM）、高分辨率透射电子显微镜（HRTEM）图像和高角度环形暗场扫描透射电子显微镜–能量色散 X 射线光谱（HAADF-STEM-EDX）。Fe、Co、Ni 和 Mo 的含量是通过在 PE Avio 200 仪器上进行的电感耦合等离子体发射光谱（ICP-OES）获得的。ICP质谱（ICP-MS）在 iCAP QC 光谱仪上以 1150 W 进行测量。

5.2.3 材料性能测试方法

材料性能测试方法请参见 3.2.3 节。

5.3 材料的结构及性能

5.3.1 材料设计与结构分析

采用溶剂热法合成了 FeCoNi MOF 和 FeCoNiMo MOF 前驱体，接下来在 $H_2/$Ar 气氛中利用高温还原法制备 FeCoNi 和 FeCoNiMo HEA 合金催化剂。FeCoNiMo HEA 催化剂的制备方法参见图 5-1[291]。

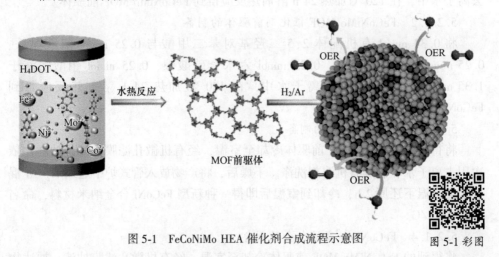

图 5-1 FeCoNiMo HEA 催化剂合成流程示意图   图 5-1 彩图

通过分析发现 HEA 在 FT-IR 光谱中没有明显的有机物相关特征峰，表明合成的 HEA 催化剂中不含 MOF 前驱体结构单元，证明 MOF 结构已完全转化（见图 5-2）。采用 X 射线粉末衍射（XRD）、扫描电镜（SEM）、透射电镜、高角环形暗场扫描透射电镜（HAADF-STEM）、能量色散 X 射线能谱（EDS）等对 FeCoNi/C 和 FeCoNiMo HEA/C 催化剂进行结构分析。如图 5-3（a）所示，FeCoNi/C 和 FeCoNiMo HEA/C 样品的 XRD 图谱中没有发现金属氧化物峰。与 FeCoNi/C 相比，FeCoNiMo HEA/C 的衍射峰明显变宽[292]。而且，FeCoNiMo HEA/C 的 XRD 谱图在 44°、52° 和 74° 的衍射峰分别对应面心立方结构（fcc）（111）晶面、（200）晶面和（220）晶面，且与纯 Fe、Co、Ni、Mo 的金属衍射峰相比，FeCoNiMo HEA/C 样品的衍射峰位置发生了明显的偏移，表明金属元素成功地引入到纳米催化剂中形成了 HEA 结构[292]。此外，由于晶格畸变和成功引入金属 Mo，造成 FeCoNiMo HEA/C 的 XRD 谱图中 44° 附近的衍射峰变为宽峰[286,293]。表 5-1 为利用电感耦合等离子体发射光谱对催化剂进行化学成分分析得到的各金属元素在催化剂中的含量。根据 ICP 数据计算可知，FeCoNi 合金的实际混合熵为 1.09R，引入 Mo 元素后，FeCoNiMo HEA/C 的实际混合熵为 1.40R，进一步证明该四元 FeCoNiMo HEA 合金属于高熵合金[293]。本章研究中所制备的 HEA 催化剂是以 MOF 作为前驱体，高温热解之后产生石墨化的碳物种。石墨化的碳载体可为电催化反应提供一定的导电性并且提供更多的催化活性位点，从而增强其电荷和质量传输。如图 5-3（b）所示，FeCoNiMo HEA/C 的 SEM 图片显示出 FeCoNiMo HEA 的形貌呈颗粒状，表面粗糙。FeCoNiMo HEA/C 的 TEM 图片同样显示出均匀的纳米颗粒形貌，且颗粒尺寸为 8 nm±0.3 nm（见图 5-3（c））。图 5-3（d）是图 5-3（c）所示 TEM 图像中标记的方形区域的放大图像。为了获得更精确的信息，在图 5-3（d）中选取了两个纳米颗粒，分别标记为粒子 A 和粒子 B。由图 5-3（e）粒子 A 的 TEM 图像可见晶格间距为 0.204 nm 的

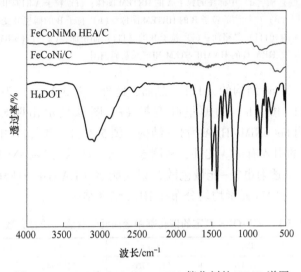

图 5-2　FeCoNi 和 FeCoNiMo HEA 催化剂的 FT-IR 谱图

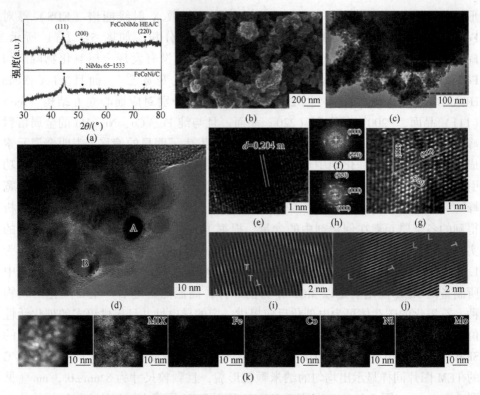

图 5-3 FeCoNiMo HEA/C 催化剂的结构和形貌表征

(a) FeCoNi/C 和 FeCoNiMo HEA/C 的 XRD 谱图; (b) FeCoNiMo HEA/C 的 SEM 图像;
(c) FeCoNiMo HEA/C 的透射电镜图像; (d) 图 (c) 中标注的红色方形区域拍摄的
放大 TEM 图像; (e) 图 (d) 中标注的粒子 A 的 HRTEM 图像; (f) 粒子 A 的傅里叶
变换模式; (g) 图 (d) 中标注的粒子 B 的 HRTEM 图像; (h) 粒子 B 的傅里叶变换
模式; (i) 粒子 A 的 (111) 晶格面; (j) 粒子 B 的 (111) 晶格面; (k) FeCoNiMo
HEA/C 的 HAADF-STEM-EDS 元素面扫图

图 5-3 彩图

晶格条纹, 对应于 fcc 结构的 (111) 晶面, 此外, 图 5-3 (g) 为粒子 B 的 TEM
图像, 图 5-3 (f) 和 (h) 的傅里叶变换 FFT 图像显示出明显的 (111) 和
(220) 面, 证明 FeCoNiMo HEA 为 fcc 结构。图 5-3 (i) 和 (j) 中可见大量的位
错, 可能与 Mo 的引入有关。此外, 从图 5-3 (k) 所示的 FeCoNiMo HEA/C 样品
高角环形暗场扫描透射电镜-能量色散 X 射线能谱 (HAADF-STEM-EDS) 图可以
看出 Fe、Ni、Co 和 Mo 元素均匀分布在 HEA 纳米结构中。

表 5-1 ICP-OES 测定的催化剂中金属元素含量 (质量分数) (%)

催化剂	Fe	Co	Ni	Mo
FeCoNi/C	11.4476	11.4476	11.2946	—
FeCoNiMo HEA/C	6.8380	9.0199	9.4593	6.5273

采用 X 射线光电子能谱（XPS）对催化剂的表面结构进行了研究。XPS 总谱进一步证实了 FeCoNiMo HEA/C 样品中 Fe、Co、Ni、Mo 和 C 元素的存在（见图 5-4（a））。对 Fe 2p、Co 2p、Ni 2p 和 Mo 3d 的 XPS 谱线进行分峰拟合分析。如图 5-4（b）所示，FeCoNi/C 的 Fe 2p 高分辨谱表明 FeCoNi/C 中存在零价态的 Fe（峰位置分别在 709.9 eV 和 723.2 eV）。FeCoNiMo HEA/C 的 Fe 2p 谱同样也显示出 Fe^0 的存在。如图 5-4（c）所示，FeCoNi/C 和 FeCoNiMo HEA/C 在 779.2 eV 和 794.3 eV 处的峰分别属于 Co^0 $2p_{3/2}$ 和 Co^0 $2p_{1/2}$ 金属峰[294-295]。同时，FeCoNi/C 和 FeCoNiMo HEA/C 在 853.3 eV 和 870.71 eV 处的峰值分别属于 Ni^0 $2p_{3/2}$ 和 Ni^0 $2p_{1/2}$（见图 5-4（d））[296-297]。如图 5-5 所示，FeCoNiMo HEA/C 的 Mo 3d 谱在 227.49 eV（Mo^0 $3d_{5/2}$）和 230.19 eV（Mo^0 $3d_{3/2}$）处存在自旋双峰，表明 FeCoNiMo HEA/C 中存在金属 Mo[298-300]。FeCoNiMo HEA/C 的 Fe^0、Co^0 和 Ni^0 的结合能与不含 Mo 的 FeCoNi/C 相比出现了轻微的负位移，说明在 FeCoNi 合金

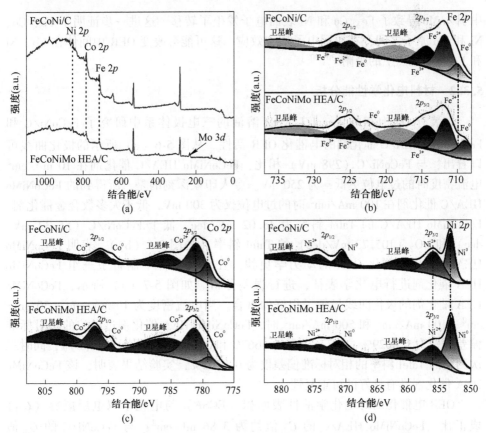

图 5-4　FeCoNiMo HEA/C 和 FeCoNi/C 的高分辨率 XPS 谱图分析

（a）XPS 全谱；（b）Fe 2p；（C）Co 2p；（d）Ni 2p

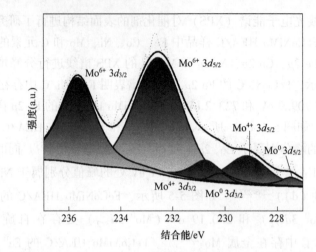

图 5-5 FeCoNiMo HEA/C 的高分辨率 XPS Mo 3d 谱图分析

中引入 Mo 导致了 Fe、Co 和 Ni 表面电子发生了转移。这进一步证明了 Fe、Co、Ni 和 Mo 原子之间存在协同电子耦合效应。这可能会改变 OER 中间体在 Co、Ni 和 Fe 活性位点上的吸附[301-302]。

5.3.2 材料电化学性能分析

在装有 O_2 饱和的 1 mol/L KOH 溶液的三电极体系中研究了 FeCoNi/C 和 FeCoNiMo HEA/C 催化剂的电催化 OER 活性。从图 5-6 (a) 所示的极化曲线可以看出，与 FeCoNi/C (298 mV) 相比，FeCoNiMo HEA/C 催化剂在 10 mA/cm^2 电流密度时的过电位更低，为 250 mV。令人印象深刻的是，所得到的 FeCoNiMo HEA/C 催化剂在 100 mA/cm^2 时的过电位仅为 300 mV，低于大多数合金催化剂。FeCoNiMo HEA/C 的 Tafel 斜率为 48.02 mV/dec，低于 FeCoNi/C (55.32 mV/dec) 和 IrO_2 (105.73 mV/dec) 的 Tafel 斜率 (见图 5-6 (b))，表明 FeCoNiMo HEA/C 催化剂催化 OER 的动力学更快。在相同条件下制备了三组 FeCoNiMo HEA 催化剂进行电化学表征，进行误差分析。如图 5-7 (a) 所示，FeCoNiMo HEA 催化剂的极化曲线显示了很好的重合。当电流密度为 10 mA/cm^2、50 mA/cm^2、100 mA/cm^2 和 500 mA/cm^2 时，FeCoNiMo HEA 催化剂过电位的相对标准偏差分别为 1.4029%、1.7764%、1.6667% 和 0.5587% (见图 5-7 (b))，同时三次测量的 Tafel 斜率的相对标准偏差仅为 0.9765%，实验结果表明，该 FeCoNiMo HEA 催化剂具有良好的可重复性。

OER 电催化剂的电化学活性表面积 (ECSA) 与电化学双电层电容 (C_{dl}) 成正比。FeCoNiMo HEA/C 的 C_{dl} 值约为 3.86 mF/cm^2，与 FeCoNi/C 的 C_{dl} 值 (3.29 mF/cm^2) 非常接近，表明 ECSA 不是引起 FeCoNiMo HEA/C 催化剂 OER 电催化活性改变的主要原因。令人惊讶的是，在碱性介质中 300 mV 的过电位下，

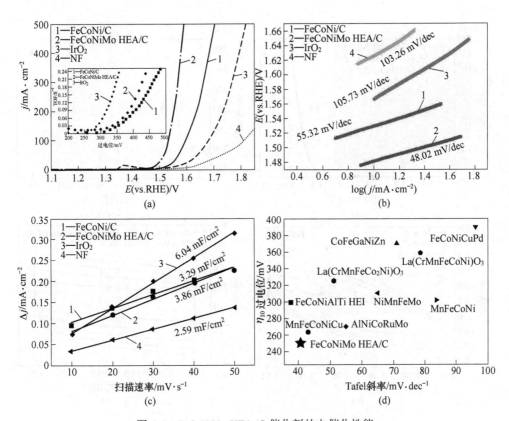

图 5-6 FeCoNiMo HEA/C 催化剂的电催化性能

(a) 室温下 1.0 mol/L KOH 溶液中 FeCoNi/C 和 FeCoNiMo HEA/C 催化剂的极化曲线（插图：FeCoNi/C、FeCoNiMo HEA/C 和 IrO$_2$ 催化剂在不同过电位下的 TOF 图）；(b) 室温下 1.0 mol/L KOH 溶液中 FeCoNi/C 和 FeCoNiMo HEA/C 催化剂的 Tafel 斜率图；(c) FeCoNi/C 和 FeCoNiMo HEA/C 催化剂的双电层电容；(d) 10 mA/cm^2 时 FeCoNiMo HEA/C 催化剂与最近报道的高效 HEA 催化剂的过电位和 Tafel 斜率比较

FeCoNiMo HEA/C 催化剂的 TOF 值约为 0.051 s^{-1}，比不含 Mo 的 FeCoNi/C 催化剂（0.0045 s^{-1}）高 11 倍，比商业 IrO$_2$ 催化剂高 3 倍（见图 5-6（a）插图）。采用电化学阻抗谱进一步分析催化剂在 OER 电催化反应过程中的电极反应动力学。由等效电路图拟合的 Nyquist 图可知（见图 5-8），在 1.0 mol/L KOH、300 mV 的高过电位下，FeCoNiMo HEA/C 的电荷转移电阻值（R_{ct}）最小，约为 1.1 Ω，远远小于 FeCoNi/C 催化剂的电荷转移电阻（R_{ct}）值（4.3 Ω），证明在 FeCoNiMo HEA/C 催化剂表面，电化学 OER 过程的电荷转移速度要快得多。Mo 的存在能使 Fe、Co、Ni 在 FeCoNiMo HEA/C 中保留更多的金属 Ni、Co 和 Fe，优化 OER 中间体在 FeCoNiMo 表面的吸附强度[299]。与最近报道的高效 HEA 基 OER 电催化剂相比，FeCoNiMo HEA/C 催化剂在相同条件下仍表现出较优的 OER 电催化性能。

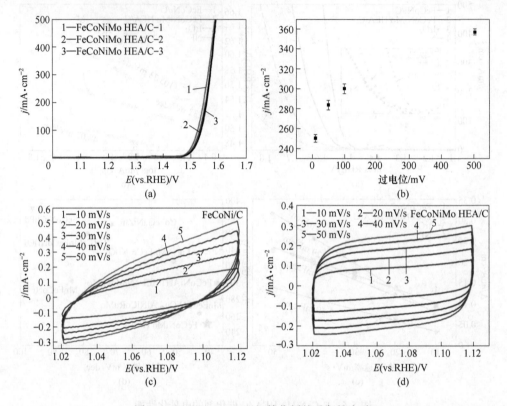

图 5-7 FeCoNiMo HEA/C 催化剂的重复性实验

（a）FeCoNiMo HEA/C 催化剂相同条件下三次测量的极化曲线；（b）过电位误差分析；
（c）（d）分别为 FeCoNi/C、FeCoNiMo HEA/C 催化剂在不同扫速时的循环伏安曲线（CV）

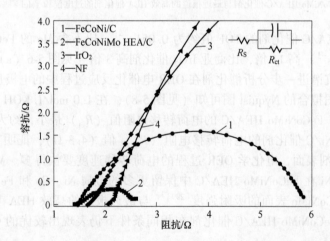

图 5-8 FeCoNi/C、FeCoNiMo HEA/C、IrO₂ 和 NF 在 300 mV 的过电位下测量的 Nyquist 图

众所周知，电催化剂性能的重要评估指标是其能否在长时间、高电流密度下仍能保持良好的电催化性能。如图 5-9（a）所示计时电位曲线可以看出，FeCoNi/C 和 FeCoNiMo HEA/C 催化剂在 100 mA/cm² 的高电流密度下，稳定性测试 65 h 未见明显电位变化，表明其具有较好的 OER 电催化稳定性。此外，与FeCoNi/C 和商业 IrO₂ 催化剂稳定性测试后明显衰退的 OER 电催化性能不同，FeCoNiMo HEA/C 催化剂稳定性测试前后 OER 极化曲线完全重合，表明FeCoNiMo HEA/C 催化剂优异的 OER 电催化稳定性（见图 5-9（b）~（d））。

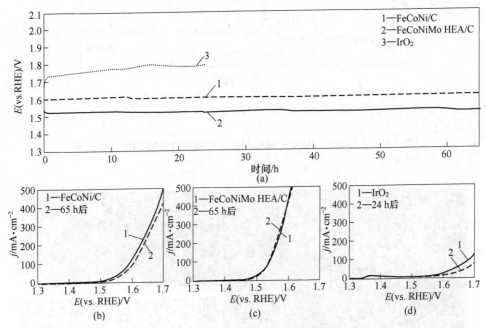

图 5-9　FeCoNiMo HEA/C 催化剂 OER 催化稳定性分析

（a）FeCoNi/C、FeCoNiMo HEA/C 和商业 IrO₂ 催化剂的计时电位（E-t）曲线；（b）FeCoNi/C 在 100 mA/cm²
稳定性测试 65 h 前后的极化曲线比较；（c）FeCoNiMo HEA/C 在 100 mA/cm² 稳定性测试 65 h 前后的
极化曲线比较；（d）100 mA/cm² 下 IrO₂ 稳定性试验 24 h 前后的极化曲线比较

电催化剂的长时间稳定性在很大程度上取决于表面重构后的活性位点结构及整体化学结构。采用 FESEM、TEM 和 XPS 等方法测定了在 100 mA/cm² 电流密度下稳定性测试后的 FeCoNiMo HEA/C 催化剂形貌和化学结构变化。图 5-10 对比了 FeCoNiMo HEA/C 催化剂在保持电流密度为 100 mA/cm² 测试 24 h 和 65 h 后的 XRD 谱图。与稳定性测试前 FeCoNiMo HEA/C 催化剂的 XRD 相比，稳定性测试 24 h 后样品出现了几个新生成的峰。经过 65 h 的稳定性测试，FeCoNiMo HEA/C 催化剂 XRD 谱图中新出现的峰明显增强，这与多金属氧化物 CoFe₂O₄ 的标准卡片（JCPDS 卡：22-1086）相匹配。从图 5-11 所示的 TEM 图像可以看出，

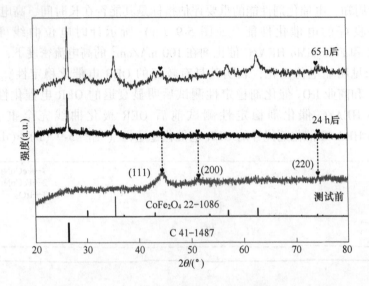

图 5-10 FeCoNiMo HEA/C 催化剂稳定性测试前后的 XRD 谱图分析

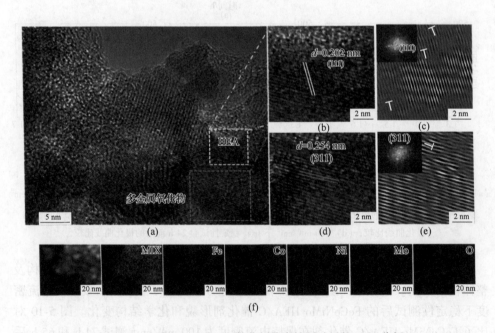

图 5-11 FeCoNiMo HEA/C 催化剂稳定性测试后的 TEM 分析

（a）稳定性测试 65 h 后 FeCoNiMo HEA/C 的 HRTEM 图像；（b）图（a）中标注的 HEA 的 HRTEM 图像及
相应的傅里叶变换模式；（c）图（a）中标注的 HEA 的原子晶格图像；（d）图（a）中标注的多金属
氧化物的 HRTEM 图像及相应的傅里叶变换模式；（e）图（a）中标注的多金属氧化物的原子晶格图像；
（f）稳定性测试 65 h 后 FeCoNiMo HEA/C 的 HAADF-STEM-EDS 元素面扫图

FeCoNiMo HEA/C 催化剂经过稳定性测试后，保持了其原有的纳米颗粒形貌，然而，稳定性测试 65 h 后，在 FeCoNiMo HEA/C 样品中发现了 HEA 和新生成的多金属氧化物。图 5-11 (b) 和 (c) 的 HRTEM 图像显示 HEA(111) 晶面及位错的存在，说明经过长期稳定性测试后，FeCoNiMo HEA/C 催化剂中 HEA 的结构得到了部分保留。图 5-11 (d) 和 (e) 所示间距为 0.254 nm 的晶格条纹归因于新生成的多金属氧化物 (311) 晶面。采用 HAADF-STEM-EDS 进一步获取组分信息。由图 5-11 (f) 可知，稳定性测试后，Fe、Co、Ni、Mo、O 元素仍均匀分布在 FeCoNiMo HEA/C 催化剂的整个区域。

如图 5-12 所示，Fe 2p、Co 2p、Ni 2p 和 Mo 3d 的高分辨率 XPS 光谱显示出 Fe^0 (709.14 eV 和 722.39 eV)、Fe^{2+} (711.11 eV 和 724.15 eV)、Co^0 (778.98 eV 和 794.21 eV)、Co^{2+} (780.85 eV 和 796.02 eV)、Ni^0 (856.37 eV 和 874.62 eV)、Ni^{2+} (860.87 eV 和 877.85 eV)、Mo^0 (227.25 eV 和 230.74 eV) 和 Mo^{4+} (229.30 eV 和 231.62 eV) 的峰。稳定性测试后 FeCoNiMo HEA/C 的 Fe^0/Fe^{2+} (约 0.3)、Co^0/Co^{2+} (约 0.154) 和 Ni^0/Ni^{2+} (约 1.26) 值与稳定性测试前 (分别为 0.37、0.158 和 1.9) 相比，均略有下降，表明在 OER 过程中，FeCoNiMo HEA/C 催化剂中金属 Fe^0、Co^0 和 Ni^0 得到了部分保留的同时也产生了新的多金属氧化物物种。如图 5-13 所示，稳定性测试后 FeCoNiMo HEA/C 催化剂的 XPS O 1s 谱显示出 3 个峰，与晶格氧键 (529.89 eV)、氢氧根 (531.7 eV) 和 H_2O (532.98 eV) 有关，拟合结果表明，经 24 h 稳定性测试后，FeCoNiMo HEA/C 催化剂的 M—O/M—OH 比值 (0.269) 较稳定性测试前 (0.134) 有所提高，这与 Fe 2p、Co 2p、Ni 2p 和 Mo 3d 光谱的 XPS 分析结果一致。XRD、TEM 和 XPS 结果表明，经过 24 h 的稳定性测试后，FeCoNiMo HEA 表面形成了 $CoFe_2O_4$ 物种。表面 $CoFe_2O_4$ 的形成使催化剂具有活性氧空位，加速了氧分子的生成[303]。新生成的多金属氧化物具有 OER 电催化活性及部分保留的化学结构可能是 FeCoNiMo HEA/C 催化剂具有优异稳定性的原因。

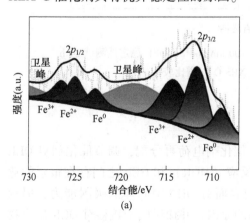

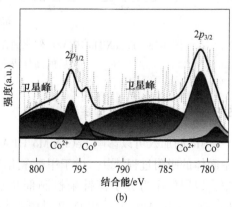

(a)　　　　　　　　　　　　　　　　(b)

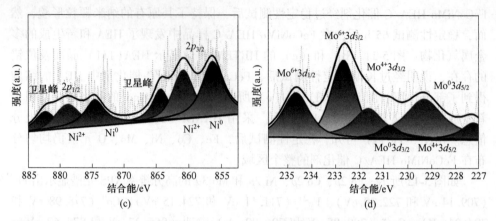

图 5-12　FeCoNiMo HEA/C 催化剂在 100 mA/cm² 下 OER 稳定性测试 24 h 后的高分辨率 XPS 谱

(a) Fe 2p；(b) Co 2p；(c) Ni 2p；(d) Mo 3d

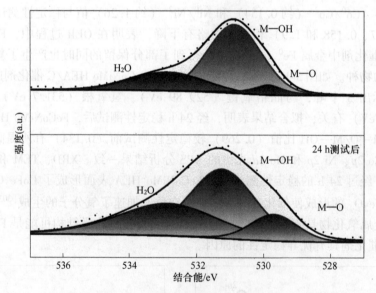

图 5-13　FeCoNiMo HEA/C 催化剂在 100 mA/cm² 下 OER 稳定性测试 24 h
前后的高分辨率 XPS O 1s 谱比较

5.3.3　材料电催化机理探讨

Mo 的加入可以影响 FeCoNiMo HEA 催化剂电荷再分配，调节催化剂对 OER 中间体的吸附过程[304]。由于甲醇氧化反应（MOR）和 OER 之间存在很强的竞争，以甲醇作为分子探针来检测催化剂表面对 OH* 中间体的吸附能力，揭示 FeCoNiMo HEA/C 电催化 OER 性能提高的原因，并探讨电子转移对 OER 反应物和中间体结合强度的影响。OER 中间体 OH^* 是一种亲电试剂，容易被亲核试剂甲醇分子捕获。因此，MOR 相较 OER 极化曲线中电流密度的增加反映了 OH^* 在催化剂表面的覆盖[301]。为了排除 ECSA 对 MOR 的影响，分别计算 FeCoNiMo HEA/C 和 FeCoNi/C 催化剂在甲醇电解质溶液中的 C_{dl} 值（见图 5-14），发现其在有甲醇和没有甲醇的电解质中差异不大，这证明了 MOR 电流的增加与 ECSA 的变化无关。如图 5-15（a）所示，相较 FeCoNiMo HEA/C，FeCoNi/C 的 MOR 电流密度值增加得更大，表明 FeCoNi/C 对 OH^* 的吸附更强，导致 OH^* 在 FeCoNi/C 表面的覆盖率比 FeCoNiMo HEA/C 高，这与 XPS 分析结果一致。通过实时动力学拟合，进一步研究了 FeCoNi/C 和 FeCoNiMo HEA/C 催化剂上的 OER 催化反应机理（见图 5-15（b））。值得注意的是，如图 5-16 所示，OH^* 去质子化的标准自由能（ $\Delta G_O^\ominus - \Delta G_{OH}^\ominus$ ）大于 O^* 氧化跃迁的标准自由能（ $\Delta G_{OOH}^\ominus - \Delta G_O^\ominus$ ）和 OOH^* 氧化解吸的标准自由能（ $\Delta G_{OD}^{*\ominus}$ ），表明在 FeCoNi/C 和 FeCoNiMo HEA/C 表面均以四电子转移路径（4e OER）为主。从图 5-15（c）的自由能图可以看出，FeCoNiMo HEA/C 上 OH^* 去质子化步的活化能（310 meV）低于 FeCoNi/C（390 meV），这与 MOR 分析结果一致，说明 Mo 与 FeCoNi 的配位可以加快 OER 中 OH^* 去质子化这一速率决定步骤的进行。OH^* 的强吸附可以诱导 FeCoNi/C 的表面重构，进一步抑制去质子化 OH^* 步骤，从而减缓 FeCoNi/C 催化剂表面 OER 反应动力学。与 FeCoNi/C 相比，Mo 的引入减弱了 FeCoNiMo HEA/C 表面 Fe、Co 和 Ni 位点对 OH^* 的吸附（见图 5-15（d）），从而促进去质子化步骤的进行，使 FeCoNiMo HEA/C 催化剂具有更好的 OER 性能。

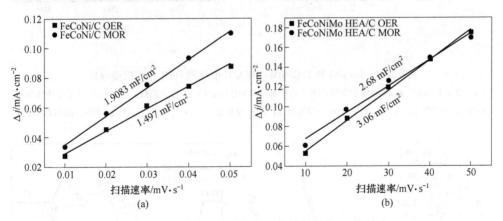

图 5-14　催化剂在无甲醇和有甲醇情况下的 C_{dl} 值对比

(a) FeCoNi/C；(b) FeCoNiMo HEA/C

本章介绍了一种以 MOF 为前驱体制备高熵合金 OER 电催化剂的方法。在 FeCoNi 合金中加入独特的"类铂金属"Mo，大大提高了催化剂的电催化析氧反

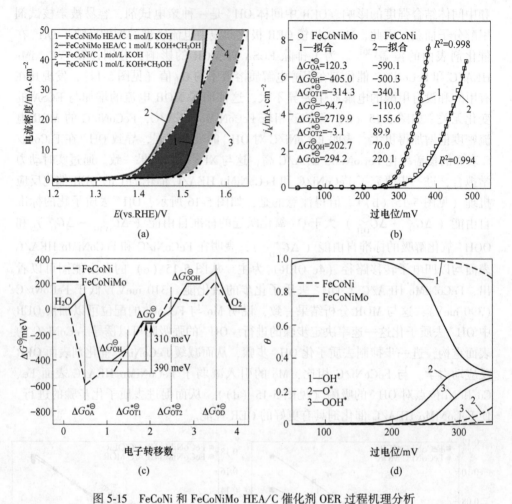

图 5-15 FeCoNi 和 FeCoNiMo HEA/C 催化剂 OER 过程机理分析

（a）在 1.0 mol/L KOH 溶液中含甲醇和不含甲醇（0.602 mol/L）的极化曲线变化；（b）动力学电流密度 OER 动力学拟合；（c）电催化 OER 反应能垒图；（d）催化剂表面 O*、OH* 和 OOH* 中间体的相对覆盖率

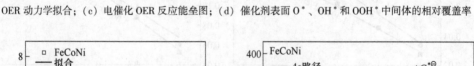

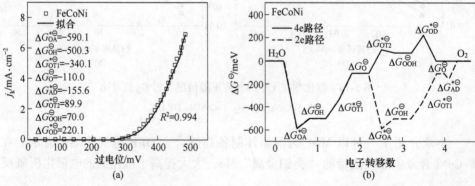

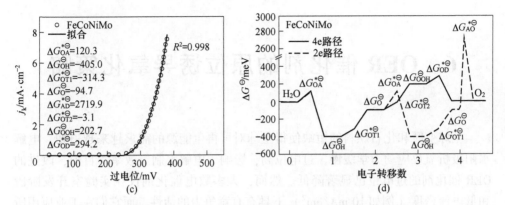

图 5-16 催化剂 OER 反应动力学电流密度动力学拟合和反应能垒图
(a)（c）FeCoNi/C、FeCoNiMo HEA/C 催化剂的动力学电流密度动力学拟合；
(b)（d）FeCoNi/C、FeCoNiMo HEA/C 催化剂的反应能垒图

应性能。所制备的 FeCoNiMo HEA/C 催化剂仅需 300 mV 的过电位就能提供 100 mA/cm² 的电流密度，并具有良好的 OER 电催化稳定性，优于不含 Mo 的 FeCoNi 催化剂甚至商业 IrO₂ 催化剂。甲醇分子探针实验和 XPS 分析结合实时动力学模拟表明，由于电子从 Mo 转移到 Fe、Co 和 Ni，使催化剂表面对反应中间体 OH* 的吸附减弱，促进了 FeCoNiMo HEA/C 的 OER 电催化反应动力学。

6　OER 催化剂的原位诱导氧化策略

全球变暖和化石燃料的短缺使得全球对可再生能源的需求越来越迫切。电解水阳极析氧反应动力学缓慢，过电位高，影响了电解水制氢效率。目前，改进的 OER 催化剂的过电位已显著降低。然而，大多数电催化剂仅在实验室开发阶段和低电流密度（例如 $10 \ mA/cm^2$）下具有有竞争力的活性，而它们在工业应用所需的高电流密度（$100 \sim 1000 \ mA/cm^2$）下的性能尚未得到广泛研究。此外，OER 催化剂特别是非贵金属催化剂，在实际工业应用条件下及高电流密度下的长期稳定性至关重要但仍是一个巨大挑战。因此，开发具有低成本、高稳定性的 OER 催化剂是重中之重。本章介绍了一种原位诱导合成高熵合金和高熵氧化物异质结构（FeCoNiMnCr HEA-HEO）催化剂的策略。在碱性介质中，该催化剂 $300 \ mV$ 过电位时的 TOF 值为 $0.0715 \ s^{-1}$，是商用 IrO_2 催化剂的 4.08 倍。同时，该催化剂表现出比高熵合金催化剂更优异的 OER 电催化稳定性，维持电流密度 $100 \ mA/cm^2$ 稳定性测试 240 h 后，FeCoNiMnCr HEA-HEO 催化剂的活性损失可以忽略不计。值得注意的是，FeCoNiMnCr HEA-HEO 催化剂在苛刻的工业电解水测试条件（6 mol/L KOH，85 ℃）及超高电流密度（$500 \ mA/cm^2$）下稳定性测试 500 h，其 OER 催化性能未见明显下降，是目前所报道的最稳定的 OER 催化剂之一。这一研究工作为设计和制备满足电解水制氢工业应用的高稳定 OER 电催化剂提供了新思路。

6.1　概　　述

高熵合金（HEA）催化剂在 OER 电催化领域因其表现出的巨大潜力从而引起了广泛的关注。通过控制金属元素的种类和比例可以调节 HEA 催化剂的结构，可使 HEA 呈现出不同的 OER 性能。例如，Huo 等人报道了高活性 FeCoNiCuPd/CFC 催化剂，通过引入多金属位点来降低 OER 反应限速步骤（$O^* \rightarrow OOH^*$）能垒，优化催化剂性能。中国科学院宁波材料所陈国新课题组揭示了 HEA 中元素偏析区的形成，降低了 HEA 上 H_2O 解离的能垒，从而使催化剂具有良好的 OER 催化活性[305]。HEA 的优势在于存在多个金属位点，而 HEA 电催化剂的高活性和稳定性主要是由各种金属位点的协同作用来获得的。尽管通过调整 HEA 金属中心的种类和数量，HEA 的 OER 活性和稳定性均有所提高，但对 HEA 中金属位

点与反应中间体之间相互作用的理解仍很有限，在机理认知上的不足限制了
HEA 催化剂的实际应用。大量的研究表明，HEA 催化剂的 OER 催化活性和稳定
性主要与 HEA 催化剂和反应中间体之间吸附强度有关[306]。具有多个金属位点
的 HEA 很容易与 OER 中间体结合。遗憾的是，OER 中间体的结合具有能量优
势，使 HEA 表面与 OER 中间体的结合强度过强。上一章介绍的研究工作发现
OH* 在 FeCoNi 合金催化剂表面的吸附较强，限制了后续 OH* 脱质子化步骤的进
行，而 Mo 的引入成功减弱了反应中间体 OH* 在 FeCoNiMo HEA 中 Fe、Co 和 Ni
位点上的吸附，降低了 OH* 脱质子化步骤能垒，提高了催化剂的 OER 催化性
能。江南大学的朱罕课题组通过调节反应中间体在金属位点上的吸附，降低反应
中间体与 HEA 表面的吸附能，提高了 HEA 的电催化活性和稳定性[307]。因此，
合理调节 HEA 活性位点/中心对中间体的吸附能是调控 OER 中 HEA 反应活性和
稳定性的关键。

本章介绍的研究工作首次通过 Cr 诱导 HEA 结构重构，成功地将高熵合金原
位转变为高熵合金和高熵氧化物（HEA-HEO）异质结构，这种自发原位生成的
HEA-HEO 异质结构具有热力学稳定性，而且当 HEO 作为平衡剂构建多相催化剂
时，可以产生 HEO 与 HEA 之间的强相互作用，以平衡催化剂与 OER 中间体之
间的吸附能。HEA 相与原位诱导重构的 HEO 相之间的紧密接触，以及多金属位
点与氧的协同作用有利于降低 OER 反应中间体的吸附能垒。密度泛函理论
（DFT）计算表明，HEO 的形成可以提高活性位点的 d 带中心，为高效持久的
OER 催化反应过程提供价态保护。得益于这一优化的结构，FeCoNiMnCr HEA-
HEO 催化剂表现出优异的 OER 电催化活性和稳定性，尤其是在苛刻的电解水工
业条件（6 mol/L KOH，85 ℃）及超高电流密度（500 mA/cm^2）下稳定性测试
500 h，OER 催化性能损失小，证明 FeCoNiMnCr HEA-HEO 催化剂优异的 OER 催
化稳定性。

6.2 材料的制备及测试技术

6.2.1 材料的制备

6.2.1.1 FeCoNiMn MOF/CNT 前驱体的制备

将 0.34 mmol 有机配体 2,5-二羟基对苯二甲酸、0.25 mmol 醋酸亚铁、
0.25 mmol 六水合硝酸钴、0.25 mmol 六水合硝酸镍、0.25 mmol 四水合硝酸锰和
25 mg 碳纳米管溶解于 1.35 mL 乙醇、1.35 mL 去离子水和 22.5 mL N,N-二甲基
甲酰胺有机溶剂组成的混合溶剂中，超声 45 min，在烘箱中加热至 120 ℃保持
30 h 溶剂热反应得到 FeCoNiMn MOF/CNT 四元金属有机框架前驱体。

6.2.1.2 FeCoNiMnCr MOF/CNT 前驱体的制备

将 0.34 mmol 有机配体 2,5-二羟基对苯二甲酸、0.25 mmol 醋酸亚铁、0.25 mmol 六水合硝酸钴、0.25 mmol 六水合硝酸镍、0.25 mmol 四水合硝酸锰、0.25 mmol 硝酸铬和 25 mg 碳纳米管溶于 1.35 mL 乙醇、1.35 mL 去离子水和22.5 mL N,N-二甲基甲酰胺有机溶剂组成的混合溶剂中，超声 45 min，120 ℃加热 24 h 溶剂热反应得到 FeCoNiMnCr MOF/CNT 五元金属有机框架前驱体。

6.2.1.3 FeCoNiMn HEA/CNT 催化剂的制备

将制得的 FeCoNiMn MOF/CNT 前驱体冷却至室温，经有机微孔滤膜抽滤，抽滤物依次用去离子水和乙醇有机溶剂洗涤数次。干燥后，将产物放入管式炉中通入 H_2/Ar 混合气在高温下还原 2 h，冷却到室温后即得 FeCoNiMn HEA/CNT 催化剂。

6.2.1.4 FeCoNiMnCr HEA-HEO/CNT 催化剂的制备

将制得的 FeCoNiMnCr MOF/CNT 前驱体冷却至室温，经有机微孔滤膜抽滤，抽滤物依次用去离子水和乙醇有机溶剂洗涤数次。干燥后，将产物放入管式炉中通入 H_2/Ar 混合气在高温下还原 2 h，冷却到室温后即得 FeCoNiMnCr HEA-HEO/CNT 催化剂。

6.2.1.5 FeCoNiMnCr HEA/CNT 催化剂的制备

将制得的 FeCoNiMnCr MOF/CNT 前驱体冷却至室温，经有机微孔滤膜抽滤，抽滤物依次用去离子水和乙醇有机溶剂洗涤数次。干燥后，将产物放入管式炉中通入 H_2/Ar 混合气在高温下还原 5 h，冷却到室温后即得 FeCoNiMnCr HEA/CNT 催化剂。

6.2.1.6 FeCoNiMnCr HEO/CNT 催化剂的制备

将制得的 FeCoNiMnCr MOF/CNT 前驱体冷却至室温，经有机微孔滤膜抽滤，抽滤物依次用去离子水和乙醇有机溶剂洗涤数次。干燥后，将产物放入马弗炉中于 600 ℃高温下反应 3 h，冷却到室温后即得一种 FeCoNiMnCr HEO/CNT 催化剂。

6.2.2 材料结构表征方法

材料结构表征方法请参见 3.2.2 节。

在上海同步辐射光源（SSRF）光束线 BL11B 的透射模式下测量了 Ni 的 X 射线吸收光谱（XAS）。将样品压制成直径为 1 cm 的薄片，使用 Si（111）双晶单色器进行能量选择，并在透射模式下收集样品数据，标准样如镍箔、NiO 和 Ni_2O_3 也以透射模式收集。$E^{\ominus}$ 值 8333.0 eV 用于校准与 Ni 吸收 K 边的第一个拐点有关的所有数据。

6.2.3 材料性能测试方法

材料性能测试方法请参见 3.2.3 节。

6.2.4 密度泛函理论计算参数设置

密度泛函理论计算参数设置请参见 3.2.4 节。具体运用 CASTEP 程序包进行 DFT 计算[209]。对于系统中相关交换相互作用泛函的描述，采用了 Generalized Gradient Approximation（GGA）和 Perdew-Burke-Ernzerhof（PBE）[210-212]。平面波截断能为 380 eV，并且所有几何优化都考虑了超软赝势。还选择了 Broyden-Fletcher-Goldfarb-Shannon（BFGS）算法[213]，对 k 点进行了粗质量设置以实现能量最小化。HEO 模型是基于实验表征出的 $NiMnCrO_4$ 结构建立的，为了保证几何松弛，在 z 轴上引入了 2 nm 真空空间。对于所有的几何优化，考虑以下收敛准则，包括 Hellmann-Feynman 力应小于 0.01 eV/nm，总能差异应不超过每原子 5×10^{-5} eV，离子间位移应小于 0.0005 nm。

6.3　材料的结构及性能

6.3.1　材料设计与结构分析

如图 6-1 所示，采用铬原位诱导 FeCoNiMn HEA 重构合成了 FeCoNiMnCr HEA-HEO 异质结构催化剂。铬作为一种前过渡金属，由于其电正性和亲氧性，可自发形成高度稳定的氧化物。同时，展示不同金属氧化电位的埃林厄姆图也揭示了这种趋势。根据文献报道，Cr 靠近埃林厄姆图底部，表明其具有较高的氧化势，易于形成氧化态。因此，这种 Cr 的自发诱导合成策略，可以通过调节反应温度和时间，使高熵组成在其金属相和氧化物相之间转换，自发形成 HEA-HEO 异质结构。从图 6-2 中前驱体的 XRD 谱图可以看出，加入 Cr 后 MOF 前驱体的 XRD 衍射峰位置没有明显变化。图 6-3（a）所示的 FeCoNiMn HEA/CNT 的 X 射线衍射谱（XRD）显示了 FeCoNiMn HEA/CNT 的面心立方（fcc）衍射峰，分别对应于（111）、（200）和（220）晶面。与 Fe 基合金和 Ni 基合金的衍射峰相比，FeCoNiMn HEA/CNT 样品的衍射峰位置发生了明显的偏移，表明 HEA 合金结构的形成。根据表 6-1 所示的 ICP 数据计算可知，FeCoNiMn HEA/CNT 的混合熵为 $1.38R$，满足高熵合金形成条件[293]。高分辨率 TEM（HRTEM）图像显示，FeCoNiMn 晶格间距为 0.208 nm 和 0.201 nm，与 HEA 晶体的（111）晶面相对应，进一步证明合成的 FeCoNiMn 合金属于 HEA（见图 6-4）。

表 6-1　ICP-OES 测定的催化剂中金属元素含量（质量分数）　　　（%）

催化剂	Fe	Co	Ni	Mn	Cr
FeCoNiMn HEA/CNT	23.44	13.77	15.57	2.59	—
FeCoNiMnCr HEA-HEO/CNT	15.17	6.50	12.53	1.59	1.59

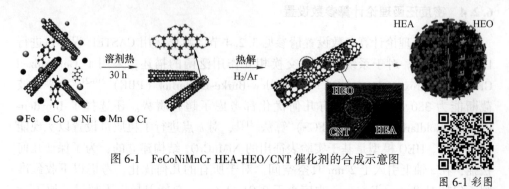

图 6-1　FeCoNiMnCr HEA-HEO/CNT 催化剂的合成示意图

图 6-1 彩图

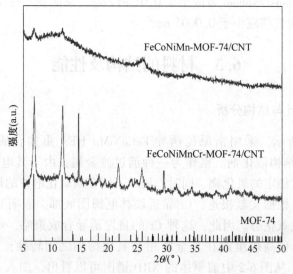

图 6-2　FeCoNiMn MOF/CNT 和 FeCoNiMnCr MOF/CNT 前驱体 XRD 谱图

如图 6-3（a）的 XRD 谱图所示，FeCoNiMnCr HEA-HEO/CNT 新形成的 XRD 峰分别位于 35°和 64°左右，分别属于尖晶石氧化物的（311）和（440）晶面，并与尖晶石氧化物 NiCrMnO₄ 的标准谱线（JPCDS 卡：71-0854）吻合。FeCoNiMnCr HEA-HEO/CNT 除具有 fcc HEA 结构外，还具有明显的金属氧化物相，表明引入 Cr 后自发形成了氧化物相。如图 6-3（b）（c）和图 6-4（a）所示，FeCoNiMnCr HEA-HEO/CNT 和 FeCoNiMn HEA/CNT 样品形貌相似，呈颗粒状，表面粗糙。FeCoNiMnCr HEA-HEO 具有均匀的纳米颗粒形态，粒径为 4.180 nm± 0.177 nm（见图 6-4（c））。图 6-3（d）清晰显示了 FeCoNiMnCr HEA-HEO/CNT 催化剂中 HEA 和 HEO 组分紧密结合并附着在碳纳米管上。为了获得更精确的信息，在图 6-3（d）中选取了两个纳米颗粒，分别用圆形虚线和实线标记。图 6-3（e）是图 6-3（d）所示 TEM 图像中虚线标记区域的放大图像，图像可见晶格间距为 0.209 nm 的晶格条纹，对应于 fcc 结构的（111）晶面。此外，图 6-3（f）为图 6-3（d）中实线标记区域的放大图像，可见晶格间距为 0.253 nm 的晶格条纹，对应于尖晶石氧化物结构的（311）晶面。图 6-3（ⅰ）和（ⅱ）的傅里叶变换 FFT 图像与 HRTEM 结果一致，证明 FeCoNiMnCr HEA-HEO/CNT 催化剂中存在 HEA 和 HEO 的异质结构。从图 6-3（g）所示的 FeCoNiMnCr HEA-HEO/CNT 催化剂 HAADF-STEM-EDS 图可以看出 Fe、Ni、Co、Mn 和 Cr 元素在 HEA-HEO 异质结构中的分布。如图 6-4（d）所示的拉曼光谱分析表明，与 FeCoNiMn HEA 相比，FeCoNiMnCr HEA-HEO/CNT 在 $550 \sim 750$ cm^{-1} 区域有两个新的宽峰，与金属氧化物中的金属—氧键有关，进一步证明通过 Cr 诱导的原位重构策略成功实现了从 HEA 到 HEA-HEO 异质结构的转变。对 FeCoNiMn HEA/CNT 和 FeCoNiMnCr HEA-HEO/CNT 两种材料的比表面积和孔隙率进行了分析。从 N$_2$ 吸附-脱附等温线（见图 6-5（a））和孔径分布曲线（见图 6-5（b））可以看出，FeCoNiMnCr HEA-HEO/CNT 复合材料具有较高的 BET 比表面积（158.3112 m^2/g），并表现为微孔和中孔共存。FeCoNiMnCr HEA-HEO/CNT 复合材料的高的比表面

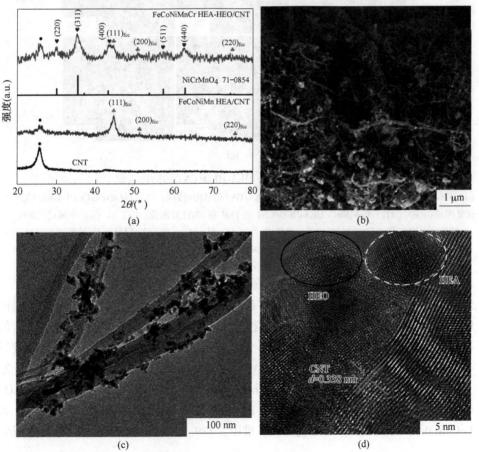

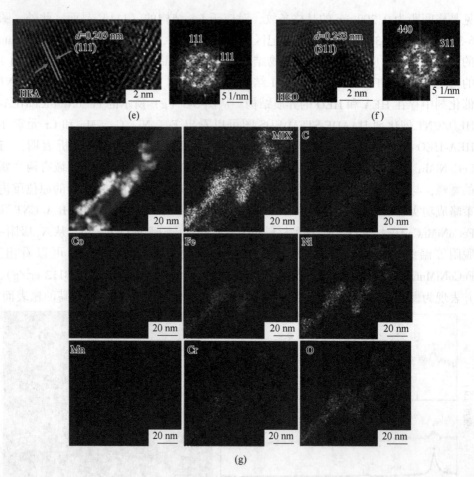

图 6-3　FeCoNiMnCr HEA-HEO/CNT 的结构表征

（a）FeCoNiMnCr HEA-HEO/CNT 和 FeCoNiMn HEA/CNT 的 XRD 谱图；（b）FeCoNiMnCr HEA-HEO/CNT 的
SEM 图像；（c）（d）FeCoNiMnCr HEA-HEO/CNT 的 TEM 和 HRTEM 图像；（e）从（d）中标记的虚线标记
区域的放大 TEM 图像和相应的傅里叶变换模式（i）；（f）从（d）中标记的实线标记区域的放大 TEM 图像
和相应的傅里叶变换模式（ii）；（g）FeCoNiMnCr HEA-HEO/CNT 的 HAADF-STEM-EDS 元素面扫图

积和孔隙率有望提供更多的催化活性位点，增强电催化反应过程中的传质。

采用 X 射线光电子能谱（XPS）研究了催化剂的表面化学结构。XPS 总谱证
明了 FeCoNiMnCr HEA-HEO/CNT 催化剂中 Fe、Co、Ni、Mn、Cr、O 和 C 元素的
存在（见图 6-6（a））。对 Fe $2p$、Co $2p$、Ni $2p$、Mn $3d$ 和 O $1s$ 的 XPS 谱线进行
分峰拟合分析发现，FeCoNiMnCr HEA-HEO/CNT 中 Co $2p$、Fe $2p$、Ni $2p$ 和 Mn $2p$
自旋轨道的结合能略大于 FeCoNiMn HEA/CNT，表明 FeCoNiMnCr HEA-HEO/
CNT 中 Co、Fe、Ni 和 Mn 具有更高的氧化态。在 FeCoNiMn HEA/CNT 和
FeCoNiMnCr HEA-HEO/CNT 的 Co $2p$ 谱中，779.9 eV 和 795.0 eV 处的双重态分

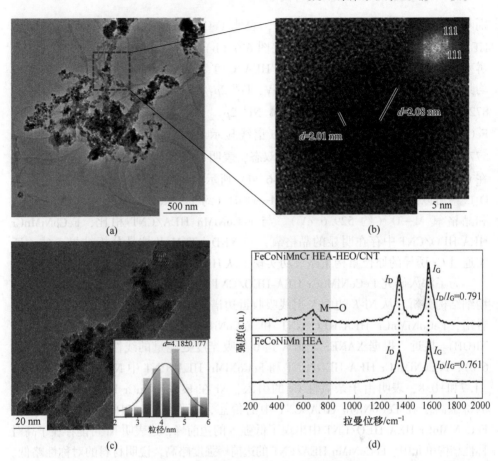

图 6-4　FeCoNiMn HEA/CNT 结构表征

（a）（b）FeCoNiMn HEA/CNT 的低倍率和高倍率 TEM 图像；（c）FeCoNiMnCr HEA-HEO/CNT 的 TEM 图像及尺寸分布直方图（插入图）；（d）FeCoNiMn HEA/CNT 和 FeCoNiMnCr HEA-HEO/CNT 的拉曼光谱图

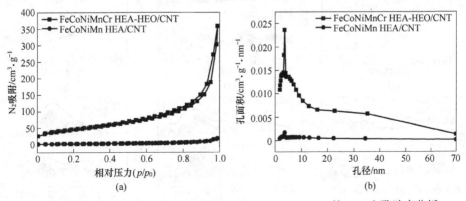

图 6-5　FeCoNiMn HEA/CNT 和 FeCoNiMnCr HEA-HEO/CNT 的 BET 和孔隙率分析

（a）N_2 吸附/解吸等温线；（b）孔径分布曲线

别归属于金属 Co^0 $2p_{3/2}$ 和 Co^0 $2p_{1/2}$，表明 FeCoNiMn HEA/CNT 和 FeCoNiMnCr HEA-HEO/CNT 中存在金属态钴（见图 6-6（b））[294-295]。图 6-6（c）中的高分辨率 Fe $2p$ 能谱证明 Fe 在 FeCoNiMn HEA/CNT 和 FeCoNiMnCr HEA-HEO/CNT 中均具有零价态（Fe^0 $2p_{3/2}$ 为 710.3 eV，Fe^0 $2p_{1/2}$ 为 723.5 eV）。在 853.2 eV 和 872.1 eV 处的峰分别被视为金属 Ni^0 $2p_{3/2}$ 和 Ni^0 $2p_{1/2}$（见图 6-6（d））。FeCoNiMnCr HEA-HEO/CNT 的 Cr $2p$ 谱线显示 Cr 在 576.53 eV（Cr^0 $2p_{3/2}$）和 577.75 eV（Cr^{3+} $2p_{3/2}$）处存在自旋双态，表明 FeCoNiMnCr HEA-HEO/CNT 中存在 Cr^0 金属态和 Cr^{3+} 氧化态。如图 6-6（f）所示，FeCoNiMnCr HEA-HEO/CNT 的 O $1s$ 谱可以拟合为 3 个峰，分别为 M—OOH（约 532.3 eV）、M—OH（约 531 eV）和晶格氧 M—O（约 529.6 eV）。与 FeCoNiMn HEA/CNT 相比，FeCoNiMnCr HEA-HEO/CNT 中存在明显的晶格氧，与 XRD、TEM 及拉曼分析结果一致，证实通过 Cr 诱导的原位重构策略成功实现了从 HEA 到 HEA-HEO 异质结构的转变。

为了深入研究 FeCoNiMnCr HEA-HEO/CNT 的化学结构，进行了 X 射线吸收精细结构分析。从 Ni-K 边的 X 射线吸收近边谱（XANES）（见图 6-6（g））可以看出，FeCoNiMnCr HEA-HEO/CNT 和 FeCoNiMn HEA/CNT 的 Ni-K 边位置与 $Ni(OH)_2$ 接近。根据 XANES 光谱 K 边 0.5 吸光度处能量的线性拟合可见（见图 6-7），FeCoNiMnCr HEA-HEO/CNT 和 FeCoNiMn HEA/CNT 中 Ni 的氧化态分别为 +1.7 和 +0.8，表明由于亲氧性 Cr 的引入，Ni 在 FeCoNiMnCr HEA-HEO/CNT 中的价态高于在 FeCoNiMn HEA/CNT 中的价态，而低于 $Ni(OH)_2$ 中的价态。在 FeCoNiMnCr HEA-HEO/CNT 中出现了低强度的边前峰，这表明 Ni 可能存在于高对称性结构单元中。FeCoNiMn HEA/CNT 的边前峰强度略高，说明材料的对称性略低。在图 6-6（h）中，FeCoNiMn HEA/CNT 的傅里叶变换 EXAFS（FT-EXAFS）谱线

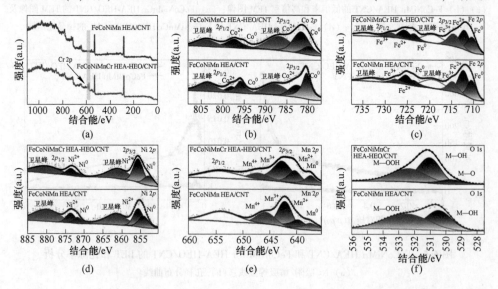

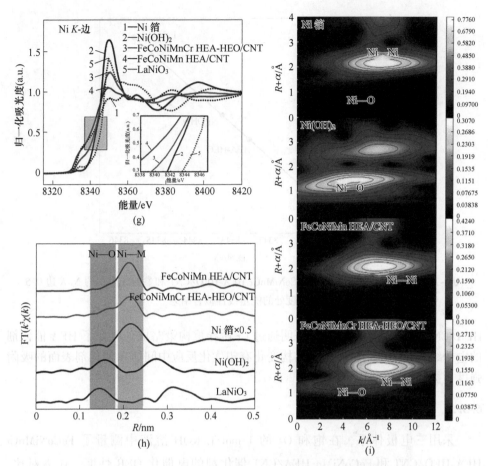

图 6-6 FeCoNiMnCr HEA-HEO/CNT 催化剂化学结构表征

（a）~（f）分别为 FeCoNiMn HEA/CNT 和 FeCoNiMnCr HEA-HEO/CNT 的 XPS 总谱、Co 2p、Fe 2p、Ni 2p、
Mn 2p 和 O 1s 谱；（g）FeCoNiMn HEA/CNT、FeCoNiMnCr HEA-HEO/CNT 及其参比化合物的 Ni-K 边 XANES 谱；
（h）FeCoNiMn HEA/CNT、FeCoNiMnCr HEA-HEO/CNT 及其参比化合物的 Fe-K 边 FT-EXAFS 谱；
（i）FeCoNiMn HEA/CNT、FeCoNiMnCr HEA-HEO/CNT、NiO 和 Ni 箔的小波变换分析

（1 Å=0.1 nm）

显示 Ni—Ni 配位的主峰（0.21 nm），且未观察到 Ni—O 键[229,231]。与
FeCoNiMn HEA/CNT 相比，FeCoNiMnCr HEA-HEO/CNT 的 FT-EXAFS 谱线在
0.163 nm 处有一个峰，在 0.217 nm 处有一个峰，分别对应 Ni—O 和 Ni—Ni 键，
验证了 FeCoNiMnCr HEA-HEO/CNT 催化剂的 HEA-HEO 异质结构。此外，对
FeCoNiMnCr HEA-HEO/CNT 和 FeCoNiMn HEA/CNT 催化剂的 k^3 加权 Ni-K 边
EXAFS 曲线进行了小波变换（WT）（见图 6-6（i））。在 FeCoNiMnCr HEA-HEO/
CNT 和 FeCoNiMn HEA/CNT 中均检测到了与 Ni—Ni 键有关的小波变换信号（与
Ni 箔中的 Ni—Ni 键信号相似），证实了 FeCoNiMnCr HEA-HEO/CNT 和 FeCoNiMn

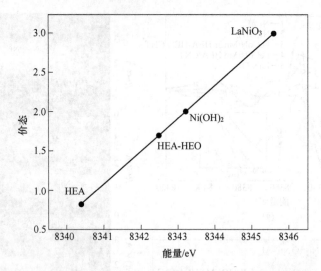

图 6-7 FeCoNiMn HEA/CNT、FeCoNiMnCr HEA-HEO/CNT 和参比化合物的 Ni-K 边 0.5 吸光度处的能量线性拟合结果

HEA/CNT 中 Ni 合金的存在。证明通过 Cr 诱导重构策略成功改变了 HEA 催化剂的电子结构和配位结构，这一结构变化有望优化反应中间体在催化剂表面的吸附强度，提高 OER 催化性能。

6.3.2 材料电化学性能分析

采用三电极体系，在饱和 O_2 的 1 mol/L KOH 溶液中测量了 FeCoNiMnCr HEA-HEO/CNT 和 FeCoNiMn HEA/CNT 催化剂的电催化 OER 性能。作为对比，商业 IrO_2 催化剂也在相同的条件下进行了研究。根据图 6-8 （a）所示的极化曲线，在电流密度为 10 mA/cm² 时，FeCoNiMnCr HEA-HEO/CNT 催化剂的过电位为 261 mV，比 FeCoNiMn HEA/CNT （286 mV）、FeCoNiMnCr HEA/CNT （280 mV）、FeCoNiMnCr HEO/CNT （291 mV）和商业 IrO_2 （333 mV）催化剂的过电位低。实验结果表明，所制备的 FeCoNiMnCr HEA-HEO/CNT 催化剂在 500 mA/cm² 的高电流密度下，过电位仅 320 mV，具有很大的实际应用潜力。FeCoNiMnCr HEA-HEO/CNT 催化剂的 Tafel 斜率为 42.2 mV/dec，低于 FeCoNiMn HEA/CNT （51.76 mV/dec）、FeCoNiMnCr HEA/CNT （52.33 mV/dec）和商业 IrO_2 （107.27 mV/dec）的 Tafel 斜率（见图 6-8 （b）），表明 FeCoNiMnCr HEA-HEO/CNT 催化剂具有更快的 OER 反应动力学。如图 6-8 （c）所示，FeCoNiMnCr HEA-HEO/CNT 催化剂的 C_{dl} 值为 9.83 mF/cm²，略高于 FeCoNiMn HEA/CNT 催化剂 （7.21 mF/cm²）和 IrO_2 催化剂 （6.04 mF/cm²）的 C_{dl} 值，这一结果与 BET 结果的趋势一致。图 6-8 （d）的 Nyquist 图显示，FeCoNiMnCr HEA-HEO/CNT 在 1 mol/L KOH 中过电位为 300 mV

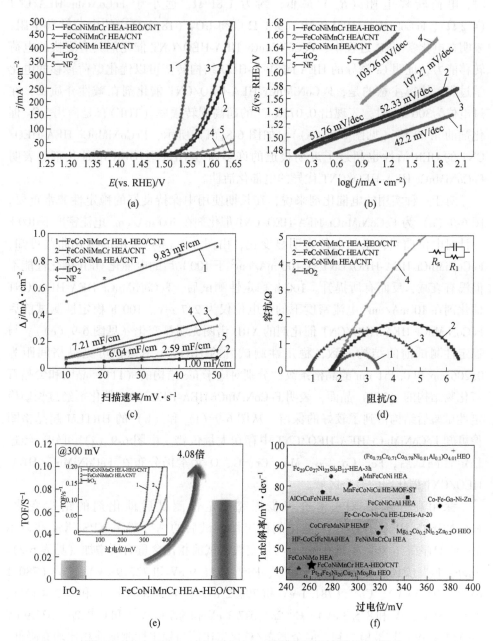

图 6-8　FeCoNiMnCr HEA-HEO/CNT 催化剂的电催化 OER 性能

(a)~(e) 分别为室温条件下在 1.0 mol/L KOH 溶液中 FeCoNiMnCr HEA-HEO/CNT、FeCoNiMnCr HEA/CNT、
FeCoNiMn HEA/CNT 和商业 IrO_2 催化剂的极化曲线、Tafel 斜率、C_{dl} 值对比、Nyquist 图、TOF 曲线；

(f) 在 1 mol/L KOH 中 10 mA/cm² 电流密度下 FeCoNiMnCr HEA-HEO/CNT 催化剂与最近报道的
HEA 基 OER 电催化剂的性能比较

时，电荷转移电阻（R_{ct}）最低，约为 1.81 Ω，远小于 FeCoNiMn HEA/CNT（4.2 Ω）、FeCoNiMnCr HEA/CNT（5.1 Ω）和 IrO_2（18.3 Ω）的电荷转移电阻，表明在电化学 OER 过程中，FeCoNiMnCr HEA-HEO/CNT 催化剂具有更快的电荷转移能力，证明 Cr 诱导的 HEA 向 HEA-HEO 结构转变可以优化电荷转移的电化学过程。值得注意的是，FeCoNiMnCr HEA-HEO/CNT 催化剂在碱性介质中，在过电位为300 mV时，表现出 0.0715 s^{-1} 的超高周转频率（TOF），是商用 IrO_2 催化剂的 4.08 倍（见图 6-8（e））。如图 6-8（f）所示，FeCoNiMnCr HEA-HEO/CNT 的 OER 活性也超过了近期报道的许多高效 HEA 基 OER 电催化剂，表明 FeCoNiMnCr HEA-HEO/CNT 优异的电催化活性。

对于一种实用的电催化剂来说，在长期使用中保持良好的稳定性非常重要。图 6-9（a）为 FeCoNiMnCr HEA-HEO/CNT 催化剂在 100 mA/cm^2 电流密度下 100 h 的计时电位曲线，未见电位有明显变化，由图 6-9（b）所示的极化曲线可知，FeCoNiMnCr HEA-HEO/CNT 在 100 mA/cm^2 下 100 h 后的电催化 OER 催化性能不但没有衰减，反而有所提升。100 h 稳定性测试后，FeCoNiMnCr HEA-HEO/CNT 催化剂在 10 mA/cm^2 电流密度下的过电位仅为 247 mV。100 h 稳定性测试前后 FeCoNiMnCr HEA-HEO/CNT 催化剂的 XRD 谱图无明显变化（见图 6-9（c））。与稳定性测试前的结构一致，稳定性测试后的 HRTEM 图像也可见晶格间距为 0.206 nm 和 0.251 nm 的晶格条纹，分别对应于 fcc 结构的（111）晶面和尖晶石氧化物结构的（311）晶面，表明 FeCoNiMnCr HEA-HEO/CNT 催化剂经过长期稳定性试验后结构得到了较好的保留。从图 6-9（f）和（h）的 HRTEM 超晶格图像可知 FeCoNiMnCr HEA-HEO/CNT 中存在大量位错。由图 6-9（i）可知，经过稳定性测试后，Fe、Co、Ni、Mn、Cr、C、O 元素仍分布在 FeCoNiMnCr HEA-HEO/CNT 催化剂的整个区域。

采用高分辨率 XPS 谱进一步探究稳定性测试后催化剂的结构变化，FeCoNiMnCr HEA-HEO/CNT 催化剂稳定性测试后的高分辨率 XPS 测量谱显示 M—O 的存在（含量为 16.02%），与稳定性测试前相比含量有所增加（见表 6-2）。此外，Fe^0（710.6 eV 和 720.9 eV）、Fe^{2+}（711.9 eV 和 722.9 eV）、Co^0（780.1 eV 和 793.3 eV）、Co^{2+}（781.1 eV 和 795.2 eV）、Ni^0（852.7 eV 和 872.4 eV）、Ni^{2+}（855.3 eV 和 875.3 eV）、Cr^0 $2p$（577.1 eV 和 585.6 eV）和 Cr^{3+} $2p$（577.9 eV 和 587.1 eV）均被检测到，但金属态/氧化态比值与稳定性测试前相比均有降低，如 Fe^0/Fe^{2+}（0.23 vs. 0.72）、Ni^0/Ni^{2+}（0.12 vs. 0.38）、Mn^0/Mn^{2+}（0.24 vs. 0.75）、Cr^0/Cr^{3+}（0.22 vs. 0.52），证明长时间 OER 电催化反应使催化剂中产生了新的氧化物结构。这一结果也表明了 FeCoNiMnCr HEA-HEO/CNT 催化剂具有较好地保存异质结构的能力，这与该催化剂优异的稳定性分不开。

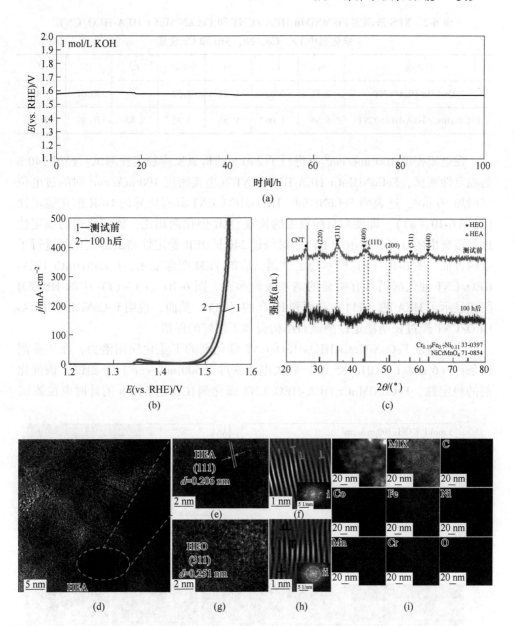

图 6-9 FeCoNiMnCr HEA-HEO/CNT 催化剂在 100 mA/cm² 电流密度下电催化
OER 稳定性及结构表征

（a）稳定性测试 100 h 计时电位曲线；（b）稳定性测试前后极化曲线对比；（c）稳定性测试前后 FeCoNiMnCr
HEA-HEO/CNT 催化剂的 XRD 谱图对比；（d）稳定性测试后 FeCoNiMnCr HEA-HEO/CNT 催化剂的 HRTEM
图像；（e）（f）从（d）中标记的虚线区域的放大 TEM 图像、相应的超晶格图像及傅里叶变换模式；（g）
（h）从（d）中标记的实线区域的放大 TEM 图像、相应的超晶格图像及傅里叶变换模式；（i）FeCoNiMnCr
HEA-HEO/CNT 的 HAADF-STEM-EDS 元素面扫图

表 6-2　XPS 法测定 FeCoNiMn HEA /CNT 和 FeCoNiMnCr HEA-HEO/CNT
催化剂中 Fe、Co、Ni、Mn 和 Cr 含量　　　　　　　（%）

催化剂	Fe	Co	Ni	Mn	Cr	C	O
FeCoNiMn HEA/CNT	2.31	0.62	0.27	1.32	—	90.01	5.47
FeCoNiMnCr HEA-HEO/CNT	3.56	1.06	0.65	1.35	2.83	76.99	13.56

在电流密度 100 mA/cm² 下进行了 240 h 的析氧反应稳定性测试。经过 240 h 的稳定性测试，FeCoNiMnCr HEA-HEO/CNT 在电流密度 100 mA/cm² 时的过电位仅增加 10 mV，这表明 FeCoNiMnCr HEA-HEO/CNT 具有优异的 OER 催化稳定性（见图 6-10 （a））。即使与目前报道的长效 OER 催化剂相比，该催化剂的稳定性也是很突出的（见图 6-10 （b））。对经过 240 h OER 稳定性测试的催化剂进行了结构表征。图 6-10 （c）所示稳定性测试后的 TEM 图像显示，FeCoNiMnCr HEA-HEO/CNT 催化剂仍具有明显的纳米颗粒形态。图 6-10 （c）~（f）中的 HRTEM 图像显示了 HEA 的 （111） 晶面和 HEO 的 （311） 晶面，说明 FeCoNiMnCr HEA-HEO/CNT 经过长期稳定性测试后结构得到了较好的保留。

为了验证 FeCoNiMnCr HEA-HEO/CNT 催化剂的工业化应用潜力，在工业测试条件（6 mol/L KOH，85 ℃）和大电流密度（500 mA/cm²）下测试了该催化剂的稳定性。FeCoNiMnCr HEA-HEO/CNT 催化剂在长达 500 h 的计时电位测试

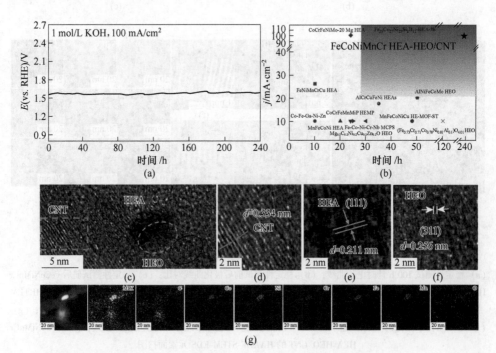

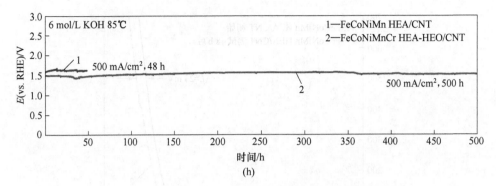

图 6-10　FeCoNiMnCr HEA-HEO/CNT 稳定性和结构表征

（a）稳定性测试 240 h 计时电位曲线；（b）FeCoNiMnCr HEA-HEO/CNT 催化剂与文献报道的长效 OER
电催化剂稳定性比较；（c）240 h 稳定性测试后 FeCoNiMnCr HEA-HEO/CNT 催化剂的 HRTEM 图像；
（d）~（f）图（c）中标记的方形虚线、圆形虚线、圆形实线区域的放大 TEM 图像；（h）FeCoNiMnCr
HEA-HEO/CNT 和 FeCoNiMn HEA/CNT 在 6 mol/L KOH 和 85 ℃的工业条件下稳定性测试计时电位曲线

中，OER 电位未见明显降低（见图 6-10（h））。从图 6-11 所示的 500 h 稳定性测试前后的 FeCoNiMnCr HEA-HEO/CNT 的极化曲线对比可以看出，稳定性测试后 500 mA/cm² 处的过电位仅降低了 12 mV，而 FeCoNiMn HEA/CNT 催化剂工业条件下稳定性测试 48 h 后的过电位提高了 23 mV（见图 6-12），证实 FeCoNiMnCr HEA-HEO/CNT 催化剂优异的稳定性，在电解水工业化应用中具有巨大潜力。

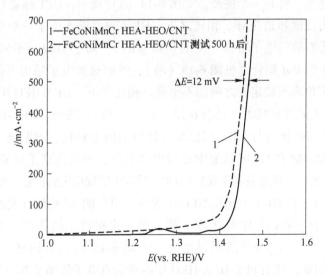

图 6-11　FeCoNiMnCr HEA-HEO/CNT 催化剂在 6 mol/L KOH 和 85 ℃的工业条件下
稳定性测试 500 h 前后极化曲线对比

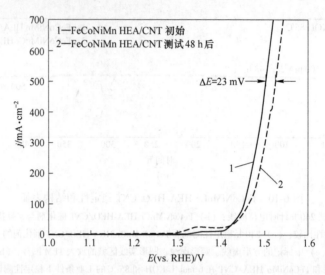

图 6-12　FeCoNiMn HEA/CNT 催化剂在 6 mol/L KOH 和 85 ℃的工业条件下
稳定性测试 48 h 前后极化曲线对比

6.3.3 材料电催化机理探讨

　　高熵合金（HEA）和高熵氧化物（HEO）是很有前途的 OER 催化剂。如何充分利用多相高熵异质结构催化剂，设计出具有良好 OER 催化性能的多相高熵异质结构催化剂，将是一个挑战。如图 6-13（a）所示，DFT 理论计算表明 HEA 表面更多地由反键轨道主导。相比之下，HEO 的形成产生了一个更富电子的表面，这保证了有效的电子转移（见图 6-13（b））。对于 HEA，不同金属的 3d 轨道重叠，产生强 d-d 耦合（见图 6-13（c）），然而这种电子结构可能导致关键活性位点的稳定价态与稳定性之间的不平衡。相比之下，HEA-HEO 中由于 HEO 的形成金属 3d 轨道重叠减弱（见图 6-13（d））。更重要的是，HEA-HEO 异质结构中 Ni-3d 和 Co-3d 轨道与 HEA 相比都有轻微的向上移位，表明电活性更高。同时，Fe-3d、Mn-3d 和 Cr-3d 轨道中心均出现上移，不仅保证了在费米能级（E_F）附近的高电子密度，而且有利于在长期 OER 过程中实现稳定的价态。在 HEA-HEO 结构中，Ni-3d 轨道在 HEA 中比在 HEO 中表现出更宽的 3d 轨道（见图6-13（e）），d 带中心逐渐从 HEA 向 HEO 出现上移，进一步提高了电活性。对于 Mn-3d 轨道，在 HEO 中，e_g-t_{2g} 分裂能明显增大（见图 6-13（f））。同样，Cr-3d 轨道在 HEO 中明显加宽，这有利于 HEA-HEO 中的点对点电子传递及 Ni 和 Co 位点的固定，以获得长期的电活性（见图 6-13（g））。对于 Mn 和 Cr 位点，HEO 的形成引起了明显的电子结构调制，提高了材料的电活性和电子转移效率，加速了 OER

动力学。值得注意的是，Co-3d 轨道在 HEO 附近 d 轨道中心上移，这表明 HEO 不仅为 OER 提供了高电活性位点，而且提高了 HEA 位点附近的电活性（见图 6-13（h）），而对于 Fe-3d 轨道，HEO 的形成并没有引起其电子结构的较大变化（见图 6-13（i））。材料的电子结构理论计算结果表明，HEO 的形成在很大程度上通过电子在 3d 轨道上的离域化调节整体电子结构，从而提高了催化剂的活性，保证了其 OER 过程的稳定性。

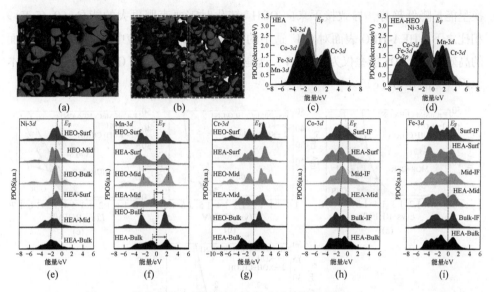

图 6-13　催化剂的电子结构 DFT 理论计算结果分析

（a）（b）FeCoNiMn HEA/CNT 和 FeCoNiMnCr HEA-HEO/CNT 费米能级附近的成键轨道（蓝色）与反键轨道（绿色）的实际空间轮廓图；（c）FeCoNiMnCr HEA 的 PDOS 图；（d）FeCoNiMnCr HEA-HEO 的 PDOS 图；（e）~（i）从 HEA 到 HEO 的 Ni-3d、Mn-3d、Cr-3d、Co-3d、Fe-3d 的 PDOS 图

图 6-13 彩图

以甲醇为探针，研究 OER 过程中电子转移对反应物与中间体结合强度的影响。MOR 极化曲线与 OER 极化曲线之间电流密度的增大反映了 OH^* 在催化剂表面的覆盖程度，进一步体现催化剂对 OH^* 的吸附能力[301]。如图 6-14 所示，计算了添加甲醇和不添加甲醇的 LSV 曲线之间的填充面积（$S_1 = 3.02$，$S_2 = 2.74$，$S_3 = 5.71$，$S_{HEO} = 0.638$），发现催化剂对 OH^* 的吸附强度呈现 FeCoNiMn HEA/CNT > FeCoNiMnCr HEA/CNT > FeCoNiMnCr HEA-HEO/CNT > FeCoNiMnCr HEO/CNT 的趋势。进一步比较了 OH^* 在 HEA 和 HEA-HEO 上的吸附能（见图 6-15（a）），与 FeCoNiMnCr HEA-HEO 异质结构相比，FeCoNiMnCr HEA 表面对 OH^* 具有更强的吸附，这一结论与甲醇分子探针实验数据吻合。DFT 计算表明（见图 6-15（b）），FeCoNiMnCr HEA-HEO 和 FeCoNiMnCr HEA 催化剂的 OER 电催化速

率决定步骤（RDS）均为从 O* 到 OOH* 的转换步骤。OER 反应中间体（OH*、O*、OOH*）在催化剂表面的最佳吸附结构如图 6-15（c）所示，HEA-HEO 异质结构中反应中间体都倾向于吸附在 Cr 和 O 附近的 Ni 和 Mn 位点上，证明 Cr 的引入可以有效地激活其周围的 Ni 和 Mn 原子催化活性。归因于这一优化的电子结构，当 $U=0$ V 时，与 HEA 表面 RDS 能垒（1.68 eV）相比，HEA-HEO 的能垒更低（1.56 eV）。当 $U=1.23$ V 时，由于 HEA 对 OH* 的强吸附，从 OH* 到 O* 的转换呈能量降低趋势，导致接下来向 OOH* 转化时需要克服更大的能垒（0.45 V）。相比之下，HEA-HEO 表面对 OH* 适中的吸附强度确保了反应中间体在催化剂表面的高效转换，RDS 能垒仅为 0.33 eV，这是 HEA-HEO 异质结构 OER 性能提升的根本原因（见图 6-15（c））。

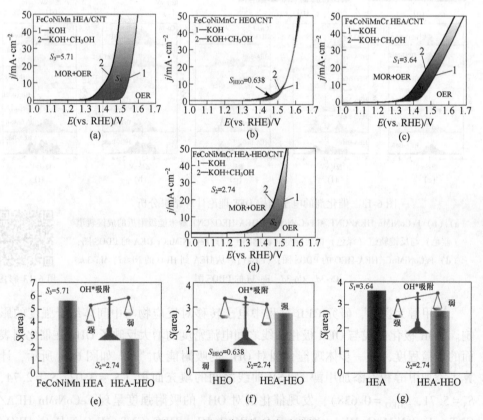

图 6-14 甲醇分子探针实验分析

（a）~（d）FeCoNiMn HEA/CNT、FeCoNiMnCr HEO/CNT、FeCoNiMnCr HEA/CNT 和 FeCoNiMnCr HEA-HEO/CNT 在 1.0 mol/L KOH 溶液中含甲醇（0.602 mol/L）和不含甲醇的极化曲线对比；（e）~（g）FeCoNiMn HEA/CNT、FeCoNiMnCr HEO/CNT 和 FeCoNiMnCr HEA/CNT 与 FeCoNiMnCr HEA-HEO/CNT 含甲醇（0.602 mol/L）和不含甲醇的极化曲线填充面积对比

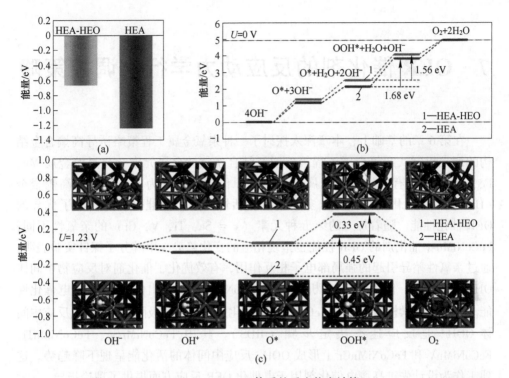

图 6-15　FeCoNiMnCr HEA-HEO 体系的反应能垒计算

（a）FeCoNiMnCr HEA/CNT 和 FeCoNiMnCr HEA-HEO/CNT 对 OH^* 中间体吸附自由能对
比；（b）$U=0\ V$ 下 OER 能垒图；（c）$U=1.23\ V$ 下 OER 能垒图与 FeCoNiMnCr HEA 和
FeCoNiMnCr HEA-HEO 的相应结构变化（紫色球 = Fe，蓝色球 = Co，橙色球 = Ni，
棕色球 = Mn，灰色球 = Cr）

图 6-15 彩图

　　本章提出并证明了高熵合金通过 Cr 诱导重构原位相变为 HEA-HEO 异质结构。TEM、XPS 和 XAS 分析表明，通过这种 Cr 诱导合成策略，高熵组成可以在金属态和氧化物态之间切换。DFT 计算揭示了 HEO 的形成诱导电子结构调制，不仅提供了高活性位点，而且促进了点对点电子转移，从而为 OER 过程提供了合适的中间体吸附强度。利用这种理想的电子结构，FeCoNiMnCr HEA-HEO 催化剂具有优异的 OER 电催化活性，在 $100\ mA/cm^2$ 时的过电位仅为 247 mV。在苛刻的电解水工业条件（6 mol/L KOH，85 ℃）及超高电流密度（$500\ mA/cm^2$）下稳定性工作 500 h，OER 催化性能损失小，证明 FeCoNiMnCr HEA-HEO 催化剂优异的 QER 催化稳定性。

7 OER 催化剂的反应动力学行为调控策略

在第 6 章的基础上，本章深入探讨了一种亲氧金属工程策略诱导高熵合金结构的调控机制。亲氧金属工程策略通过结合亲氧性金属元素 x 与过渡金属 Mn、Fe、Co 和 Ni，有效地将多金属合金位点原位诱导转化为异质结构的高熵合金（HEA）/高熵氧化物（HEO）多相电催化活性位点，使催化剂展现出了优异的 OER 催化性能。随着加入的第五种元素（x = Sc，Ti，V，Cr）的亲氧性不同，FeCoNiMn-x 催化剂的 OER 性能也呈现相应的变化趋势。甲醇分子探针实验表明，通过亲氧性差异引起的强局部电子相互作用，有效优化了催化剂对反应物中间体 OH^* 的吸附能，促进了 O_2 的析出，使 FeCoNiMnCr 表现出优异的 OER 电催化性能。实时动力学模拟表明在 FeCoNiMn-x 催化剂表面，从吸附的 O^* 形成反应中间体 OOH^* 是反应速率决定步骤（RDS）。其中 FeCoNiMnSc、FeCoNiMnTi、FeCoNiMnV 和 FeCoNiMnCr 上形成 OOH^* 反应中间体的活化能呈现下降趋势。这项工作作为设计先进高熵电催化剂用于电催化 OER 反应方面提供了理论指导。

7.1 概　　述

由于化石燃料的枯竭及燃烧化石燃料造成的污染所带来的有害影响，人类目前正面临着前所未有的危机。因此，探索环境友好和可持续发展的绿色能源逐渐成为全球各国的共同追求。氢气（H_2）作为一种高效环保的绿色能源载体，可转化为稳定的化学能源应用于各行各业。电解水生产 H_2 则是一种清洁高效的产氢方式。然而，受制于阳极析氧反应（OER）动力学缓慢的四电子转移过程，使开发兼具高活性和高稳定性的 OER 电催化剂来提高工业电催化水分解的能量转换效率成为重中之重。尽管在电催化领域已经开发了大量的高活性非贵金属合金 OER 催化剂，但它们中的大多数在实际应用中很难保持长期高活性。因此，必须开发廉价、稳定和有效的电催化剂来生产 H_2。

高熵合金（HEA）通常是由 4 种或 4 种以上的接近等物质的量的主元素组成的单相合金。由于其巨大的合金设计空间和独特的性能，可以在催化剂表面上提供多种多样的多元素活性位点。近年来过渡金属基高熵合金作为 OER 催化剂已被广泛研究。然而，对设计多金属工程催化剂的结构和调控机制仍缺乏深入了解。常见的 Fe/Co/Ni 基材料的固有性能适合于 OER 电催化，但其催化活性还远远不能令人满意。而高价过渡金属作为掺杂剂会使得 Fe/Co/Ni 基催化剂构建高价金属或形成异质结构，从而获得特定的催化性能。Mn 适当掺杂并与 FeCoNi 结合可以显著提高催化剂长期稳定性，同时保持 OER 的良好活性。尽管纯相的 HEA 已显示出潜在的 OER 电催化性能，但一些 HEA 在电催化过程中对中间物的吸附力太强，导致性能不佳。相反，许多高稳定性和高活性的 HEA 催化剂往往含有少量的贵金属，这也限制了 HEA 的长期发展。研究发现氧化物位点对中间产物的吸附作用较弱，可以调整 HEA 催化剂活性位点的吸附能量。基于此设计出 HEA-HEO 异质结构，将有望提升催化剂的活性。

本章介绍了亲氧金属工程策略诱导高熵合金结构的调控机制。将亲氧性的前过渡金属 Sc、Ti、V、Cr 和后过渡金属 Mn、Fe、Co 和 Ni 结合形成多金属高熵催化剂 FeCoNiMn-x（x = Sc，Ti，V，Cr）。由于前过渡金属 Sc、Ti、V、Cr 本身具有的氧亲和力，其会自发诱导将多金属合金位点转化为高熵合金/氧化物（HEA-HEO）异质结构活性位点。随着加入的第五种元素的亲氧性逐渐增加，FeCoNiMn-x 催化剂的 OER 性能也呈现相应的变化。FeCoNiMnCr 催化剂被证实性能最佳，在碱性介质中电流密度为 10 mA/cm^2 时，其过电位低至 255 mV，比最先进的商业 IrO$_2$ 低 89 mV。稳定性测试中，FeCoNiMnCr 在 500 mA/cm^2 下保持长达 48 h 后表现出可忽略不计的活性损失。甲醇分子探针实验发现，引入 Sc、Ti、V 或 Cr 前过渡金属元素形成的高熵异质结构（HEA-HEO）催化剂对于 OH* 中间体的吸附存在规律性变化。值得注意的是，其中具有较低亲氧性且对于 OER 中间体具有较弱吸附的 Cr 所形成的高熵异质催化剂 FeCoNiMnCr 纳米粒子将通过亲氧性差异引起强局部电子相互作用，从而有效地优化了对反应物中间体的吸附能力，促进了 O$_2$ 的析出。实时反应动力学模拟表明从吸附的 O* 形成反应中间体 OOH* 是反应限速步骤（RDS），FeCoNiMnSc、FeCoNiMnTi、FeCoNiMnV 和 FeCoNiMnCr 的 OER 反应限速步骤能垒值分别为 444 meV、382 meV、370 meV 和 368 meV，呈现下降趋势。

7.2 材料的制备及测试技术

7.2.1 材料的制备

7.2.1.1 FeCoNiMnSc MOF、FeCoNiMnTi MOF、FeCoNiMnV MOF 和 FeCoNiMnCr MOF 前驱体的制备

以 FeCoNiMnCr MOF 制备为例，将 0.25 mmol C$_4$H$_6$O$_4$Fe、0.25 mmol Co(NO$_3$)$_2$·6H$_2$O、0.25 mmol Ni(NO$_3$)$_2$·6H$_2$O、0.25 mmol MnN$_2$O$_6$·4H$_2$O、0.25 mmol Cr(NO$_3$)$_3$·9H$_2$O 和 0.34 mmol 有机配体 2,5-二羟基对苯二甲酸溶于 22.5 mL DMF、1.35 mL 乙醇、1.35 mL 去离子水的混合溶剂中。随后混合物快

速转移到 50 mL 高压釜中，在 120 ℃加热 30 h。FeCoNiMnSc MOF、FeCoNiMnTi MOF、FeCoNiMnV MOF 也使用相同方法制备，仅仅只是分别让相同添加量的 $VOSO_4 \cdot xH_2O$、$TiOSO_4 \cdot xH_2SO_4 \cdot xH_2O$、$Sc(NO_3)_3 \cdot xH_2O$ 代替 $Cr(NO_3)_3 \cdot 9H_2O$。

7.2.1.2　FeCoNiMnSc、FeCoNiMnTi、FeCoNiMnV 和 FeCoNiMnCr 催化剂的制备

FeCoNiMnSc MOF、FeCoNiMnTi MOF、FeCoNiMnV MOF 和 FeCoNiMnCr MOF 前驱体先冷却至室温，经有机微孔滤膜抽滤，抽滤物依次用去离子水和乙醇有机溶剂洗涤。干燥后，将产物放入管式炉中。管式炉在 350 ℃下预处理 1 h，后通入混合气体 H_2/Ar（5% H_2）在 450 ℃下保持 2 h。冷却到室温后即得 FeCoNiMnSc、FeCoNiMnTi、FeCoNiMnV 和 FeCoNiMnCr 四种材料。

7.2.2　材料结构表征方法

材料结构表征方法请参见 3.2.2 节和 5.2.2 节。

7.2.3　材料性能测试方法

材料性能测试方法请参见 3.2.3 节。

7.3　材料的结构及性能

7.3.1　材料设计与结构分析

如图 7-1 所示，采用水热-热解法合成出 FeCoNiMn-x 复合材料。首先利用扫描电镜（SEM）和透射电镜（TEM）对四种异质结构的微观形态进行了检测。SEM 图像显示四种催化剂均为类似的颗粒形态，且有明显的团聚现象（见图 7-2）。由图 7-3 可以看到，由于热解和碳化，处理后的 FeCoNiMn-x 复合材料呈纳米颗粒状，FeCoNiMnSc、FeCoNiMnTi、FeCoNiMnV 和 FeCoNiMnCr 的颗粒粒径分别为 7.69 nm、10.64 nm、8.28 nm 和 5.48 nm。图 7-4（a）~（c）所示的高分辨率透射电镜（HRTEM）图像清晰显示了紧邻的 HEA 和 HEO 晶格条纹，证明在 HEA 和

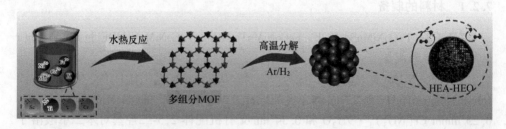

图 7-1　FeCoNiMn-x 催化剂制备示意图

图 7-2　FeCoNiMn-*x* 的 FESTEM 图像

（a）（e）FeCoNiMnSc；（b）（f）FeCoNiMnTi；（c）（g）FeCoNiMnV；（d）（h）FeCoNiMnCr

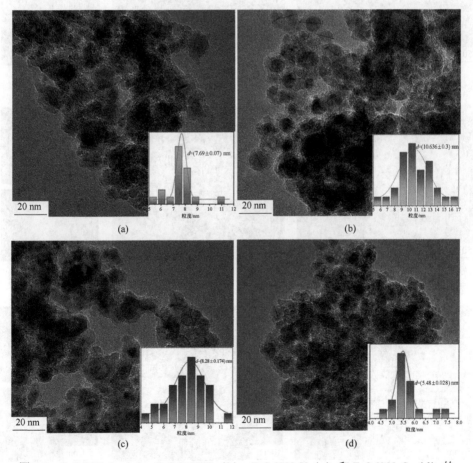

图 7-3　FeCoNiMnSc（a）、FeCoNiMnTi（b）、FeCoNiMnV（c）和 FeCoNiMnCr（d）的
TEM 图像和粒度分布统计图（插图）

HEO 之间形成了紧密连接的异质结构。晶格间距为 0. 205 nm 左右的晶格条纹对应 HEA 面心立方（fcc）的（111）晶面，表明了 FeCoNiMn-*x* 催化剂中单相 fcc 的形成。0. 255 nm 左右的晶格间隙与 HEO 的（311）晶面有关。图 7-4（e）~（h）中元素映射结果显示 Sc、Ti、V、Cr 元素分别存在并均匀分布于 FeCoNiMnSc、FeCoNiMnTi、FeCoNiMnV 和 FeCoNiMnCr 样品中。表 7-1 中列出了不同催化剂中元素的等离子体发射光谱（ICP-OES）信息，进一步证实所制备的催化剂具有设计的元素组成。

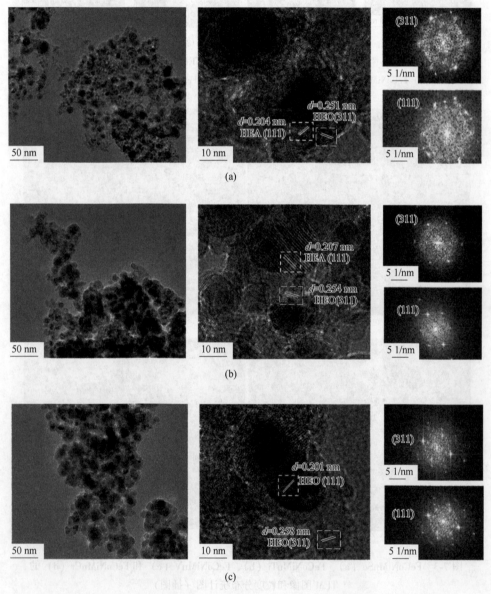

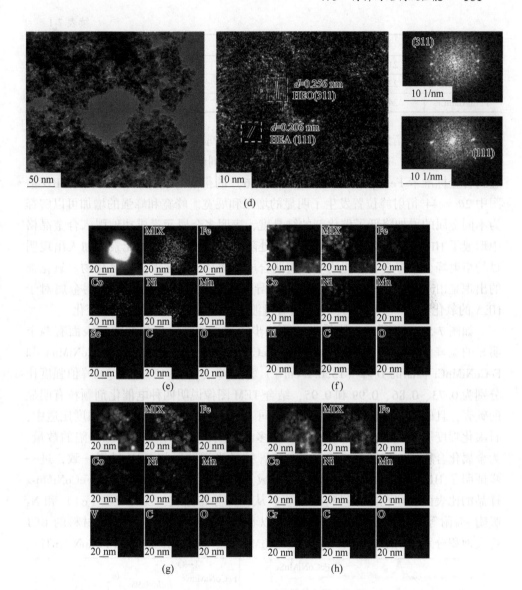

图 7-4 FeCoNiMnSc（a）FeCoNiMnTi（b）、FeCoNiMnV（c）、FeCoNiMnCr（d）的 TEM 和
HRTEM 图像和 FeCoNiMnSc（e）、FeCoNiMnTi（f）、FeCoNiMnV（g）、FeCoNiMnCr（h）的
HAADE-STEM 和 EDS 映射图

表 7-1　电感耦合等离子体发射光谱法测定 FeCoNiMn-x 催化剂中各元素的含量（质量分数）
（%）

催化剂	Fe	Co	Ni	Mn	M
FeCoNiMnSc	20.39	10.36	13.29	5.19	Sc（13.61）

续表 7-1

催化剂	Fe	Co	Ni	Mn	M
FeCoNiMnTi	21.29	13.25	14.26	2.93	Ti (14.86)
FeCoNiMnV	22.37	13.57	14.20	6.24	V (11.09)
FeCoNiMnCr	24.13	6.47	13.78	2.09	Cr (17.72)

通过 X 射线衍射（XRD）和拉曼光谱进一步验证了 HEA-HEO 结构的成功合成。从图 7-5（a）所示的四种 FeCoNiMn-x 催化剂的 XRD 谱图中可以看出，与多金属合金标准卡 FeNi₃（JCPDS 卡：22-1086）的衍射峰相比，四个样品 XRD 谱图中 2θ = 44°衍射峰位置发生了明显的增强和展宽。峰宽和峰强的增加可以解释为不同金属的增加降低了催化剂的结晶度，表明多金属元素成功地引入合金晶格中形成了 HEA[293]。XRD 谱图中 35.6°处随着 Sc、Ti、V、Cr 元素的加入出现明显的衍射峰，为多金属氧化物峰，表明合成的样品中存在多金属氧化物。氧化物的出现是由于 Sc、Ti、V、Cr 元素的诱导自发产生的，这一现象说明金属对于 HEA 的氧化诱导产生的 HEO 可能随着过渡金属亲氧性发生规律性的变化。

如图 7-5（b）所示，拉曼光谱进一步证实了四种电催化剂颗粒表面有两个明显的宽峰。拉曼光谱定量分析表明 FeCoNiMnSc、FeCoNiMnTi、FeCoNiMnV 和 FeCoNiMnCr 样品的 D 峰（1350.8 cm⁻¹）和 G 峰（1570.42 cm⁻¹）的峰值强度比分别为 0.73、0.86、0.99 和 0.95，结合 TEM 图像说明四种电催化剂颗粒有明显的碳壳，且碳壳石墨化程度有明显的不同。其中 FeCoNiMnCr 的峰值强度比适中，石墨化程度居中的碳基材料可能含有较多的缺陷，从而增加了边缘缺陷的数量，为金属化合物的生长提供了更多的位点。拉曼光谱结果与 XRD 结果一致，进一步证明了 HEA-HEO 异质结构的成功合成。采用 BET 和 BJH 方法对 FeCoNiMn-x 样品的比表面积和孔隙率进行了分析。从孔径分布曲线（见图 7-5（c））和 N₂ 吸附-脱附等温线（见图 7-5（d））可以看出，四种 HEA-HEO 复合材料的 BET 比表面积分别为 169.2653 m²/g（FeCoNiMnCr）、99.7245 m²/g（FeCoNiMnTi）、

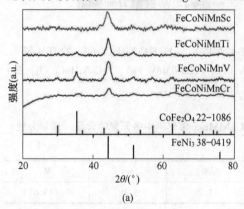

(a)

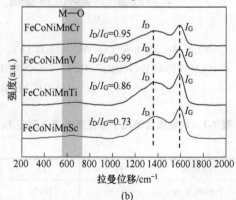

(b)

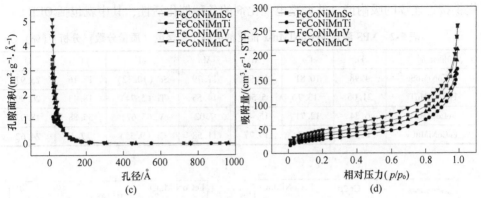

图 7-5　FeCoNiMn-*x* 催化剂的 XRD 谱图（a）、拉曼光谱（b）、孔径分布（c）
和 N₂ 吸附/解吸等温线（d）

（1 Å = 0.1 nm）

123.5257 m²/g（FeCoNiMnV）和 141.8993 m²/g（FeCoNiMnSc），可见 FeCoNiMnCr 具有较高的比表面积并表现为微孔和中孔共存，FeCoNiMnCr 催化剂的孔隙率有望提供更多的催化活性位点，从而增强其电荷和质量输运。

　　用 X 射线光电子能谱（XPS）进一步揭示了 FeCoNiMn-*x* 催化剂的化学结构和元素价态。图 7-6（a）和表 7-2 对加入不同前过渡金属的 FeCoNiMn-*x* 催化剂 XPS 谱进行综合分析，证实了 FeCoNiMnSc、FeCoNiMnTi、FeCoNiMnV 和 FeCoNiMnCr 四种催化剂分别引入了 Sc、Ti、V 和 Cr。图 7-7 所示的高分辨 C 1*s* XPS 谱证实了 FeCoNiMn-*x* 催化剂中 C＝C/C—C（284.7 eV）碳成分的存在，这一结果与材料的拉曼光谱数据吻合。图 7-6（b）~（f）显示了 FeCoNiMn-*x* 催化剂中的金属元素均为金属态和氧化态的混合。从图 7-6（b）所示的高分辨率 Fe 2*p* 谱可以看出，四种 FeCoNiMn-*x* 催化剂的 Fe 2*p₃/₂* 谱有四个显著的峰，分别位于 710.01 eV、711.85 eV、713.97 eV 和 717.28 eV，分别对应于 Fe 金属、Fe^{2+}、Fe^{3+} 及其卫星峰。如图 7-6（c）所示 Co 2*p₃/₂* 谱有两个不同氧化态的峰，分别被确定为零价 Co 的峰（779.47 eV）和 Co^{2+} 的峰（782.77 eV）。Ni 2*p* XPS 谱（见图 7-6（d））揭示了 Ni 2*p₃/₂* 谱可以拟合成三个峰，分别对应于零价 Ni（853.0 eV）、Ni^{2+}（855.31 eV）及卫星峰（860.82 eV）[308]。前过渡金属 Cr 加入后，Ni^{2+} 峰面积百分比增加且在四种催化剂中最高（80.37%）。从图 7-6（e）所示的 Mn 2*p₃/₂* 谱可以观察到，四种样品均含有 Mn^{0}（637.52 eV）、Mn^{2+}（640.78 eV）、Mn^{3+}（643.63 eV）和 Mn^{4+}（647.02 eV）四种不同价态的 Mn。O 1*s* 谱（见图 7-6（f））表明 FeCoNiMn-*x* 催化剂中 O 主要以晶格氧（M—O，529.74 eV）、表面吸附氧（530.86 eV）和表面吸附分子水（532.48 eV）的形式存在。Cr 2*p*、V 2*p*、Ti 2*p* 和 Sc 2*p* 的 XPS 谱如图 7-8 所示，显示了 Cr、V、Ti 和 Sc 主要以氧化态的形式存在。在原子水平上混合多种元素是 HEA 独有的性质，这将有利于提供接近连续的吸附能，并调整电催化剂的各种催化活性，其中就包括 OER。

表 7-2　XPS 测定 FeCoNiMn-x 催化剂中各元素含量（质量分数）分析　（%）

催化剂	Fe	Co	Ni	Mn	M	C	O
FeCoNiMnSc	4.98	10.81	14.98	17.79	Sc（10.32）	17.16	23.97
FeCoNiMnTi	21.05	13.7	5.56	14.53	Ti（5.74）	18.43	20.99
FeCoNiMnV	6.34	12.71	15.45	7.02	V（3.62）	35.88	18.97
FeCoNiMnCr	8.32	8.85	19.77	11.58	Cr（9.55）	17.3	24.62

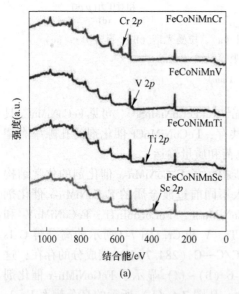

(a)

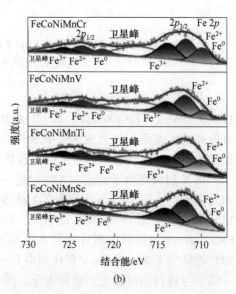

(b)

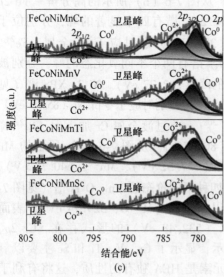

(c)

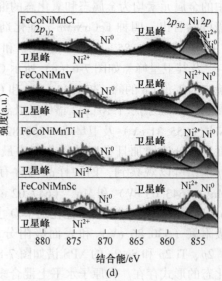

(d)

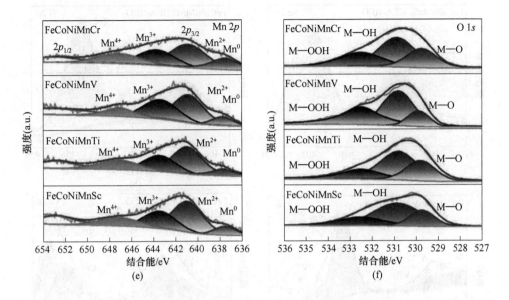

图 7-6 FeCoNiMn-*x* 催化剂的 XPS 总谱（a），以及精细 Fe 2*p* 谱（b）、Co 2*p* 谱（c）、
Ni 2*p*（d）、Mn 2*p*（e）和 O 1*s*（f）谱图

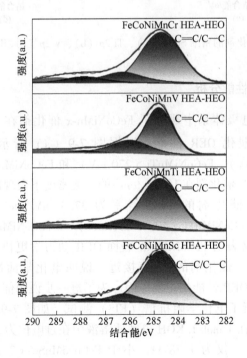

图 7-7 FeCoNiMn-*x* 催化剂的 C 1*s* XPS 图

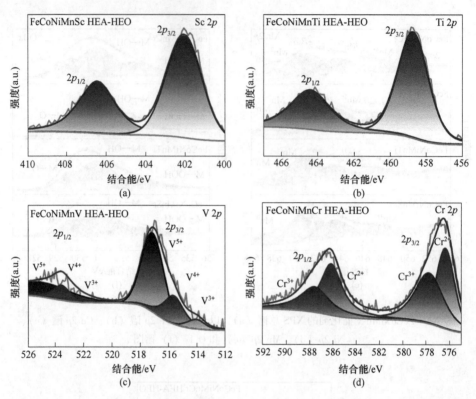

图 7-8　FeCoNiMn-x 催化剂的精细 Sc 2p（a）、Ti 2p（b）、V 2p（c）和 Cr 2p（d）的 XPS 谱

7.3.2　材料电化学性能分析

　　室温下，在三电极体系中研究了 FeCoNiMn-x 催化剂在 O_2 饱和的 1 mol/L KOH 溶液中的电催化 OER 性能。根据图 7-9（a）所示的 LSV 曲线，与 FeCoNiMnSc（283 mV）、FeCoNiMnTi（270 mV）和 FeCoNiMnV（262 mV）催化剂相比，FeCoNiMnCr 催化剂在 10 mA/cm² 的电流密度下表现出 255 mV 的超低过电位。FeCoNiMnCr 催化剂的 Tafel 斜率为 37.3 mV/dec，低于 FeCoNiMnSc（42.16 mV/dec）、FeCoNiMnTi（40.95 mV/dec）和 FeCoNiMnV（38.5 mV/dec）（见图 7-9（b））。这表明 FeCoNiMnCr 表面 OER 动力学更快。由图 7-9（c）可知，四种 FeCoNiMn-x 催化剂的 C_{dl} 值接近，说明电化学活性表面积不是影响 FeCoNiMn-x 催化剂 OER 性能的主要原因。为了进一步说明催化 OER 过程中的电极反应动力学，进行了电化学阻抗谱（EIS）测试。如图 7-9（d）的 Nyquist 图所示，FeCoNiMnCr 在 1 mol/L KOH 电解质溶液中在过电位为 300 mV 时，电荷转移电阻（R_{ct}）最低，仅为 1.78 Ω，小于 FeCoNiMnSc（2.7 Ω）、FeCoNiMnTi（2.2 Ω）、FeCoNiMnV（1.95 Ω）和商业 IrO_2（18.3 Ω）催化剂的 R_{ct} 值，表明

在电化学 OER 过程中，FeCoNiMnCr 表面具有更高的电子导电性和更快的电荷转移[299]。值得注意的是，在图 7-9（e）（f）中，FeCoNiMnCr 催化剂在过电位为 300 mV 时具有 0.21 A/mg 的高单位质量活性，相比之下 FeCoNiMnSc（0.04 A/mg）、FeCoNiMnTi（0.06 A/mg）和 FeCoNiMnV（0.12 A/mg）的单位质量活性就小得多。

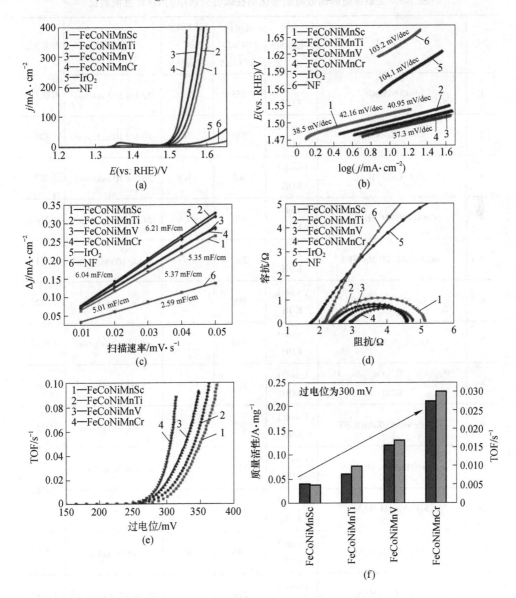

图 7-9　FeCoNiMn-x 催化剂的电催化 OER 性能

（a）~（f）室温条件下在 1.0 mol/L KOH 溶液中 FeCoNiMn-x 和商业 IrO₂ 催化剂的极化曲线、Tafel 斜率、C_{dl} 值对比、Nyquist 图、TOF 曲线、单位质量活性比较

同时，FeCoNiMnCr 催化剂在过电位为 300 mV 时也表现出最高的 TOF（0.03 s^{-1}）。FeCoNiMnCr 的 OER 活性也超过了许多近期报道的高效 OER 高熵电催化剂（见表 7-3），以上结果进一步证明了 FeCoNiMnCr 催化剂具有优异的 OER 性能。

表 7-3　文献报道的高效高熵催化剂在碱性介质中的 OER 性能对比

序号	催化剂	电解质	过电位（10 mA/cm^2）/mV	Tafel 斜率/mV·dec^{-1}	稳定性	参考文献
1	FeCoNiMnCr	1 mol/L KOH	255	37.3	112 h@ 500 mA/cm^2	本章工作
2	Co-Fe-Ga-Ni-Zn	1 mol/L KOH	370	71	10 h@ 10 mA/cm^2	[309]
3	MnFeCoNi HEA	1 mol/L KOH	302	83.7	20 h@ 10 mA/cm^2	[287]
4	CoCrFeMnNiP HEMP	1 mol/L KOH	320	60.8	24 h@ 10 mA/cm^2	[310]
5	CoCrFeNiMo-20 Mg HEA	1 mol/L KOH	220	59	24 h@ 100 mA/cm^2	[311]
6	Fe-Co-Ni-Cr-Nb MCPS	1 mol/L KOH	288	27.7	30 h@ 10 mA/cm^2	[312]
7	CoCrFeNiAl HEC	1 mol/L KOH	240	—	240 h@ 10 mA/cm^2	[313]
8	Mg$_{0.2}$Co$_{0.2}$Ni$_{0.2}$Cu$_{0.2}$Zn$_{0.2}$O HEO	1 mol/L KOH	360	61.4	25 h@ 10 mA/cm^2	[314]
9	MnFeCoNiCu HE-MOF-ST	1 mol/L KOH	293	81	48 h@ 10 mA/cm^2	[315]
10	FeNiMnCrCu HEA	1 mol/L KOH	317	58	10 h @ 26 mA/cm^2	[316]
11	FeCoNiCrAl HEA	1 mol/L KOH	342	75	—	[316]
12	AlNiFeCoMo HEO	1 mol/L KOH	240	46	50 h@ 20 mA/cm^2	[317]
13	AlCrCuFeNi HEA	1 mol/L KOH	270	77.5	35 h@ 17.5 mA/cm^2	[318]
14	Fe$_{29}$Co$_{27}$Ni$_{23}$Si$_9$B$_{12}$-HEA-3 h	1 mol/L KOH	277	85	50 h@ 100 mA/cm^2	[319]

续表 7-3

序号	催化剂	电解质	过电位 (10 mA/ cm²)/mV	Tafel 斜率 /mV·dec⁻¹	稳定性	参考文献
15	(Fe₀.₇₃Cr₀.₇₁Co₀.₇₈Ni₀.₈₁Al₀.₁)O₄.₀₁ HEO	1 mol/L KOH	381	97.4	120 h@ 10 mA/cm²	[320]
16	HF-CoCrFeNiAl HEA	1 mol/L KOH	265	56.8	10 h@ 10 mA/cm²	[321]
17	Fe-Cr-Co-Ni-Cu HE-LDHs-Ar-20	1 mol/L KOH	330	63.7	24 h@ 10 mA/cm²	[322]
18	MnFeCoNiCu	1 mol/L KOH	263	43	24 h@ 10 mA/cm²	[291]
19	FeCoNiMo HEA	1 mol/L KOH	250	42.5	65 h@ 10 mA/cm²	[280]
20	Pt₃₄Fe₅Ni₂₀Cu₃₁Mo₉Ru HEA	1 mol/L KOH	259	39	40 h@ 10 mA/cm²	[323]

为了评估 FeCoNiMn-x 催化剂在实际电催化应用中的长期稳定性，进行了计时电位稳定性测试（见图 7-10），四种 FeCoNiMn-x 催化剂在 500 mA/cm² 的高电

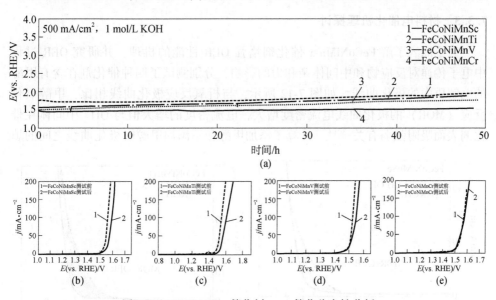

图 7-10 FeCoNiMn-x 催化剂 OER 催化稳定性分析

(a) FeCoNiMn-x 催化剂的计时电位（E-t）曲线；(b)~(e) FeCoNiMnSc、FeCoNiMnTi、FeCoNiMnV 及 FeCoNiMnCr 催化剂 500 mA/cm² 下稳定性测试 48 h 前后的极化曲线比较

流密度下均未见明显电位损失，稳定性前后的极化曲线对比表明 FeCoNiMnCr 催化剂具有最优的电催化稳定性。从图 7-11 可以看出，500 mA/cm² 48 h 稳定性试验后 FeCoNiMn-x 催化剂仍能较好地保持原本的结构，进一步证明 FeCoNiMn-x 催化剂具有较好的稳定性。

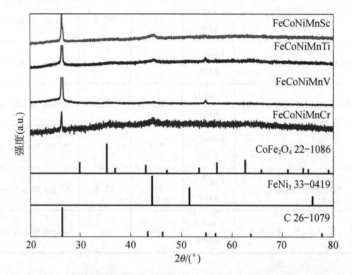

图 7-11　稳定性测试后 FeCoNiMn-x 催化剂的 XRD 谱图分析

7.3.3　材料电催化机理探讨

为了深入了解 FeCoNiMn-x 催化剂增强 OER 性能的机理，并研究 OER 过程中电子传递对反应物和中间体亲和力的影响，分别测试了四种催化剂在含有甲醇的电解质中的极化曲线。如图 7-12 所示，与析氧反应极化曲线相比，甲醇氧化反应（MOR）的极化曲线电流密度增大，电流密度的增大值与 OH* 中间体在催化剂表面吸附强弱有关[301]。计算了添加甲醇和不添加甲醇时极化曲线之间的填

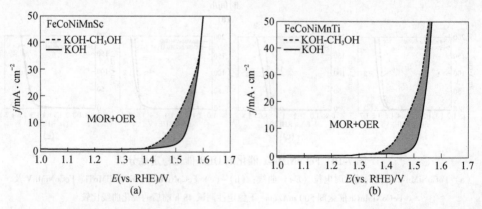

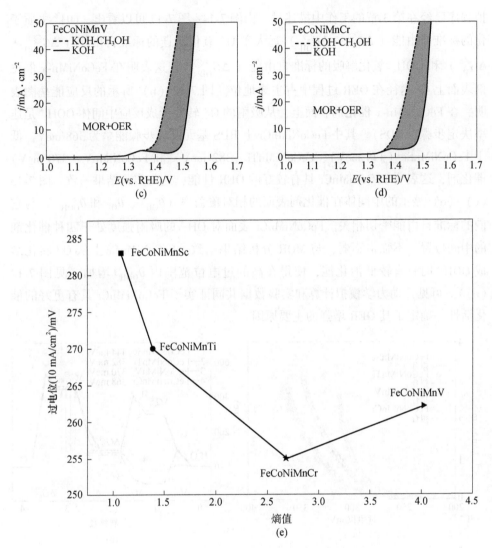

图 7-12 FeCoNiMn-x 催化剂的甲醇分子探针实验分析

（a）~（d）FeCoNiMnSc、FeCoNiMnTi、FeCoNiMnV 和 FeCoNiMnCr 催化剂在 1.0 mol/L KOH 溶液中含甲醇和不含甲醇（0.602 mol/L）的极化曲线对比；（e）四种 FeCoNiMn-x 催化剂填充面积与 OER 过电位的相关性分析

充面积（S_{Sc} = 1.09，S_{Ti} = 1.374，S_V = 4.03，S_{Cr} = 2.685），表明四种 FeCoNiMn-x 催化剂表面对 OH* 的吸附强度不同。根据 Sabatier 原理，还原金属作为催化剂，过强或过弱的吸附都不利于反应的进行。在图 7-12（e）中，FeCoNiMnCr 对 OH* 的吸附能力不强也不弱，证明 FeCoNiMnCr 具有最好的反应活性。

通过使用实时动力学模拟拟合动力学电流密度，进一步研究了 FeCoNiMn-x 催化剂结构–性能的关系（见图 7-13（a））[280,324]。详细的 OER 动力学模型和模拟程序已经在第 3 章的工作中描述过。由图 7-14~图 7-17 可以看出，OH^* 去质子化的标准自由能（$\Delta G_O^\ominus - \Delta G_{OH}^\ominus$）远大于 O^* 氧化跃迁的标准自由能（$\Delta G_{OOH}^\ominus - \Delta G_O^\ominus$）和 OOH^* 氧化解吸的标准自由能（$\Delta G_{OD}^{*\ominus}$），这表明在 FeCoNiMn-x 催化剂表面上 4e 途径在 OER 过程中占主导地位。图 7-12（b）所示的反应能垒图表明，在 FeCoNiMn-x 催化剂表面上，从吸附的 O^* 转化形成反应中间体 OOH^* 是速率决定步骤（RDS）。其中 FeCoNiMnCr 上 RDS 基元反应步骤能垒为 368 meV，低于 FeCoNiMnSc（444 meV）、FeCoNiMnTi（382 meV）和 FeCoNiMnV（370 meV）催化剂，这表明 FeCoNiMnCr 具有较好的 OER 性能，这与实验结果一致。图 7-13（c）~（e）显示的中间体在催化剂表面的相对覆盖率（θ_{OH^*}、θ_{O^*} 和 θ_{OOH^*}）与它们的标准自由能密切相关。FeCoNiMnCr 表面对 OH^* 的吸附强度处于四种催化剂的中间位置，不强也不弱，与 MOR 分析结果一致。FeCoNiMnCr 上从 O^* 转化形成 OOH^* 时具有较低活化能，使得在高的过电位范围内 θ_{OOH^*} 增加（见图 7-12（e））。可见，动力学模拟计算和实验数据共同证实了 FeCoNiMnCr 具有更好的催化活性，确定了其 OER 增强的主要原因。

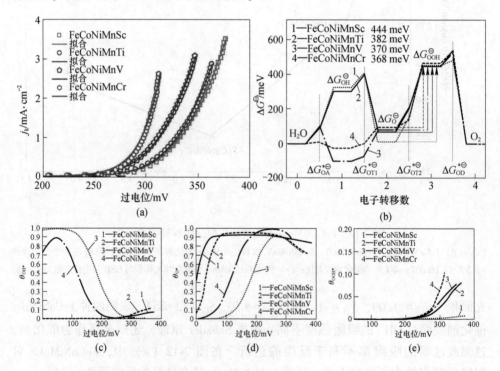

图 7-13 FeCoNiMn-x 催化剂 OER 过程机理分析

（a）动力学电流密度；（b）电催化 OER 反应能垒图；（c）~（e）FeCoNiMn-x 催化剂
表面 O^*、OH^* 和 OOH^* 中间体的相对覆盖率

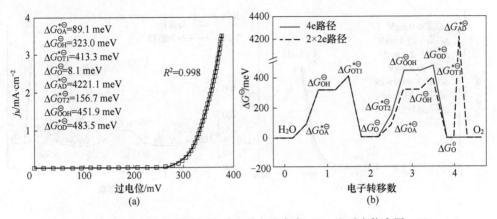

图 7-14 FeCoNiMnSc 催化剂的动力学电流密度（a）和反应能垒图（b）

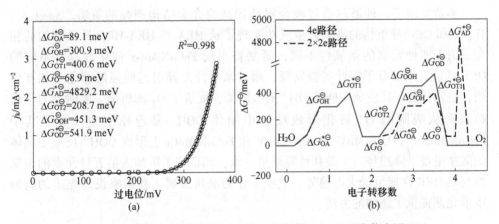

图 7-15 FeCoNiMnTi 催化剂的动力学电流密度（a）和反应能垒图（b）

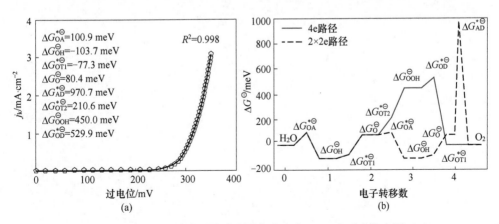

图 7-16 FeCoNiMnV 催化剂的动力学电流密度（a）和反应能垒图（b）

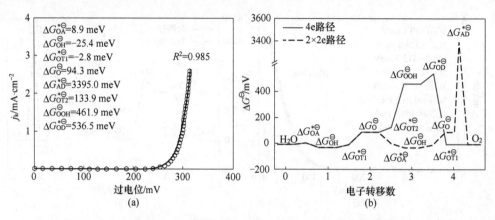

图 7-17 FeCoNiMnCr 催化剂的动力学电流密度（a）和反应能垒图（b）

本章介绍了一种通过前过渡金属诱导高熵合金结构调控的策略。通过 Sc、Ti、V 和 Cr 诱导重构的高熵合金成功实现了从 HEA 到 HEA-HEO 异质结构的相变。由于四种元素的亲氧性不同，所制备出的 FeCoNiMn-x 催化剂具有不同的 OER 性能。甲醇分子探针实验发现，通过亲氧性差异引起的强局部电子相互作用，有效优化了反应物中间体 OH^* 的吸附能，促进了 O_2 的析出。实时动力学模拟表明从吸附的 O^* 转化形成反应中间体 OOH^* 是速率决定步骤。其中 FeCoNiMnSc、FeCoNiMnTi、FeCoNiMnV 和 FeCoNiMnCr 上形成 OOH^* 反应中间体的能垒呈现下降趋势。实验和计算结果一致，均证明了所加入第五种元素的亲氧性与其 OER 性能呈现火山趋势。这项工作为高价金属工程策略设计先进的高熵电催化剂提供了新颖的方法。

8 ORR 催化剂的壳层稳定策略

燃料电池阴极氧还原催化剂应用的最大瓶颈是成本高和寿命短，核–壳催化剂可以有效降低铂载量，提高铂利用率，然而，核–壳催化剂中的核金属容易发生溶出和表面富集，是造成催化剂性能下降的主要原因。本章介绍了一种新型的核–壳纳米粒子催化剂，其边缘和顶点被难溶金属氧化物覆盖，由于金属氧化物偏析在这些催化剂颗粒的低配位数位点上，可以阻碍核金属原子的溶出和表面富集，从而提高核–壳催化剂的稳定性[325]。而且，边缘和顶点这些对反应中间体具有较强吸附作用的位点被金属氧化物占据，铂原子则覆盖在吸附较弱的平面位点上，有利于提高催化剂的本征活性。制备的 TiO_2 修饰的 Au 纳米颗粒和 Ti-Au @ Pt 核–壳型催化剂对于阴极氧还原反应的 Pt 单位质量活性在 0.9 V 时高达 3.0 A/mg，为目前商品化 Pt/C 催化剂的 13 倍多，ORR 本征活性是当时报道的核–壳结构 ORR 催化剂中的最高水平，目前仍处于世界领先水平。同时，催化剂的氧还原活性在循环 10000 圈后未见显著降低，可见其优异的电催化稳定性。

8.1 概　述

能源短缺和环境污染已成为 21 世纪人类面临的重大挑战，发展清洁可再生能源已成为当前多学科研究中的重大科学问题之一。氢能因其清洁、地球储量丰富、能量密度高、来源广泛等优点被认为是可以取代传统化石能源的新型绿色能源。质子交换膜燃料电池（PEMFC）以氢气为燃料，其高效和清洁的特点满足了可持续发展的要求，因此受到国内外的普遍关注。同时，PEMFC 应用前景广阔，既可应用于军事、空间领域，也可应用于发电站、汽车、移动式便携设备等民生领域。以 PEMFC 驱动的燃料电池汽车为例，PEMFC 续航路程长，据报道，一次加满 700 atm（70.9275 MPa）的氢气可使 PEMFC 驱动的燃料电池汽车行驶将近 500 km，足以满足远途交通的动力需求，且加注时间仅需数分钟[326]。当前性能最佳、应用最广的 PEMFC 电极催化剂是铂（Pt）基催化剂[327]。然而，由于 Pt 资源匮乏，价格昂贵，并且阴极的氧还原反应（ORR，$O_2 + 4H^+ + 4e \rightarrow 2H_2O$）较低的催化活性导致燃料电池所需的 Pt 用量大幅提高，从而大大增加了燃料电池造价，成为实现 PEMFC 商业化应用的主要制约因素。因此，开发低 Pt 负载量、高催化性能的 ORR 催化剂成为 PEMFC 的主要研究方向和研究热点，属于《国家中长期科学和技术发展规划纲要》支持的重点领域和前沿技术，能够有效服务于国家战略需求和社会需求。

燃料电池阴极氧还原反应催化活性是影响 PEMFC 性能的最重要因素。据文献报道，阳极氢氧化反应（HOR，$2H_2 \rightarrow 4H^+ + 4e$）的交换电流密度为 10^2 mA/cm² 量级，而阴极氧还原反应（ORR，$O_2 + 4H^+ + 4e \rightarrow 2H_2O$）的交换电流密度仅为 10^{-5} mA/cm² 量级，可见，Pt 催化剂阴极 ORR 催化活性仅为阳极 HOR 催化活性的千万分之一。为了获得较高的燃料电池性能，往往需要在阴极使用大量的 Pt 作为催化剂。一般而言，PEMFC 阳极的 Pt 用量约为 0.05 mg/cm²，而阴极的 Pt 用量需达约 0.3 mg/cm²。为了减少 Pt 的用量，提高 Pt 的利用率，近年来科研工作者开展了大量的研究工作并提出了多种方法。这些方法包括减小 Pt 颗粒的粒径以增大 Pt 纳米颗粒的比表面积；构筑有效的三相反应界面使 Pt 纳米颗粒均匀分布于三相反应界面中，从而提高 Pt 的利用率；高活性的 Pt 高指数晶面合成；调节 Pt 的晶格应力，合成具有不饱和位点的锯齿状 Pt 纳米线；采用非贵金属原子掺杂形成 Pt 合金以减少 Pt 的用量并实现对催化剂活性的调节；构筑铂原子层核-壳结构催化剂等。

在 Pt 催化剂的各种新型结构中，核-壳结构使 Pt 原子层集中分布于催化剂纳米颗粒的表面，是减少 Pt 用量及提高 Pt 利用率的最有效途径之一。电化学催化反应的核心步骤是催化剂表面的氧化还原反应，以直径为 3 nm 的 Pt 颗粒为例，仅 30% 的 Pt 原子位于 Pt 颗粒的表面，可参与电化学催化反应，而内层 70% 的 Pt 原子则未被利用[328]。可见构筑核-壳结构催化剂，使具有高催化活性但价格昂贵的 Pt 仅分布于催化剂表面即电化学催化反应中心，可以显著减少 Pt 的用量，提高 Pt 的利用率。美国布鲁克海文国家实验室 Adzic 教授课题组在单原子层铂核-壳结构（外层 Pt 仅为 1 个原子层）ORR 催化剂设计及优化方面开展了重要的、奠基性的研究工作，设计合成出了 Pd@Pt、Ru@Pt、Ir@Pt、Rh@Pt、PdAu@Pt、IrNi@Pt、IrRe@Pt、AuNiFe@Pt 等一系列单原子层铂核-壳结构催化剂，以期实现最小化 Pt 用量，获得 100% 的 Pt 利用率。其主要核心技术是电化学沉积中的欠电位沉积（underpotential deposition，UPD）技术，即金属在正于其 Nernst 电位时，发生在异种金属基体上的沉积；其为某些金属电沉积过程的初始步骤，由于沉积物种与基底的相互作用，可以很方便地进行单层金属沉积。当在催化剂核金属上采用欠电位沉积单层 Cu 金属后，Cu 再采用伽伐尼置换（Galvanic displacement）为 Pt，实现单原子层 Pt 核-壳型催化剂的制备。

核-壳结构 ORR 催化剂不仅具有超高的 Pt 利用率，同时，核-壳结构催化剂中内层核金属原子可改变表面 Pt 原子层的晶格应力，并结合电子效应调节使催化剂活性得到有效提高。上海交通大学章俊良教授在其 2005 年发表的一篇论文中指出：单原子层铂核-壳结构催化剂的 ORR 催化活性与 Pt 的 d-能带中心呈火山图式的对应关系（先增大后减小的变化趋势）[329]。Pt 的 d-能带中心移动能影响 Pt—O 结合能的强弱，根据 Sabatier 原理，具有较优 ORR 催化活性的金属催化剂应该具有中等强度的催化剂—O 结合能。催化剂—O 结合能太弱将不利于 O_2 分子的吸附和 O—O 键断裂；太强则不利于吸附于催化剂表面的反应中间体解吸，阻塞反应活性位点。核-壳结构催化剂中内层核金属对外层 Pt 原子层的应力效应和电子效应正是造成 Pt 的 d-能带中心移动的原因。这一结论可为内层核金属的选择提供理论指导。以 Pt(111) 晶面为例，Pt(111) 晶面对 O 的结合能较强，为了提高其 ORR 催化活性就需选择能使 Pt 的 d-能带中心下移的金属为核，如 Pd、Ni、Co、Fe、Ru、Ir、PdNi、PdCu、PdAu、IrNi 等，以减弱 Pt—O 结合能，从而使铂原子层核-壳结构催化剂的 ORR 催化活性相对于 Pt 纳米颗粒得到明显提高。

可见，铂原子层核-壳结构催化剂不仅具有超低的 Pt 负载量、超高的 Pt 利用率，还具有较高的 ORR 催化活性，在催化材料和燃料电池领域受到高度的关注。然而，由于其内层核金属原子的溶出和表面富集，使得催化剂的性能下降，成为制约核-壳型催化剂发展的重要影响因素。香港科技大学邵敏华教授等人以 PdCu 合金为核制备出了具有较高 ORR 活性的 PdCu@Pt 核-壳催化剂，然而研究发现在燃料电池运行过程中，内层 PdCu 合金中的 Cu 会慢慢溶出，生成的 Cu^{2+} 不仅与质子交换膜中的磺酸根结合，占据 H^+ 的传输位点，还能从阴极传输到阳极影响催化剂 HOR 催化活性，最终导致电池性能明显下降[330]。随后的研究也证实了以 PdNi 合金为核的 PdNi@Pt 催化剂中内层 Ni 的溶出[331]。美国布鲁克海文国家实验室 Sasaki 教授的研究证实即使使用较为稳定的 Pd 金属为核，Pd@Pt 核-壳催化剂中的 Pd 核也存在溶出现象[332]。Sasaki 等人将高稳定性的 Au 原子引入内层核金属中以增加内层金属稳定性，研究证明 Au 的引入对增强以 Pd[15]、PdNi[28]、NiFe[29] 等为核的单原子层 Pt 核-壳结构催化剂的稳定性有一定效果，但由于 Au 的表面能比 Pt 低，Au 的引入易造成内层 Au 原子在 Pt 表面富集。虽然有文献证明 Pt 表面少量 Au 的存在能提高 Pt 的氧化电位使 Pt 稳定性提高，但大量的 Au 原子富集会阻塞 Pt 表面活性位点，使 ORR 催化剂活性下降。

基于上述对国内外研究现状分析，本章将从金属纳米颗粒的结构入手来研究造成内层核金属的溶出与表面富集的主要原因，从而从根本上寻求解决这一问题的方法。从图 8-1 所示的正十面体 Ti-Au 纳米颗粒高分辨透射电子显微镜照片及结构示意图[325]中可以看出，正十面体面心立方金属纳米颗粒表面由 10 个原子最密堆积的 (111) 晶面与 15 个 (110) 型边缘连接组成，其中每个 (111) 晶面的中心角为 70.53°，所以 5 个 (111) 晶面的中心角之和为 352.65°，造成每个晶面间 (360°−352.65°)/5 即 1.47° 的间隙[333]。这些间隙导致金属纳米颗粒边缘位点的晶格形变与扭曲，造成边缘位点的原子具有较低的配位数和较高的表面能[334]，可见，核-壳结构纳米颗粒中具有较低配位数和较稀疏原子排列的边缘位点成为内层核原子最易溶出和发生表面富集的区域。因此，设计并制备出了正十面体和正二十面体 Au 纳米颗粒，在其具有较低配位数的边和顶点位置定向修饰上钛氧化物分子（TiO$_2$），并包覆单原子层 Pt 制成 TiO$_2$ 修饰的 Au@ Pt 核-壳催化剂（Ti-Au@ Pt）。所制备的 Ti-Au@ Pt/C 催化剂表现出比商业 Pt/C 催化剂更优异的 ORR 电催化性能，其单位面积活性是商业 Pt/C 催化剂的 5 倍，单位质量活性是商业 Pt/C 催化剂的 13 倍[325]。此外，在 Ti-Au@ Pt/C 催化剂中，内层核原子易发生溶出和表面富集的位点，被具有更低表面能的氧化钛密封，有效地防止了内层核金属原子偏析到 Pt 表面上，从而在长时间运行过程中很大程度上保留了催化剂的电化学活性表面积（ECSA）和 ORR 电催化活性。

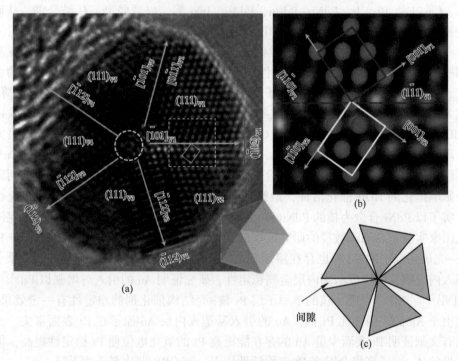

图 8-1　Ti-Au 正十面体纳米颗粒微观结构表征

（a）Ti-Au 正十面体纳米颗粒高分辨率透射电子显微镜照片；（b）图（a）中白色虚线区域的放大照片；

（c）面心立方十面体纳米颗粒结构示意图

8.2　材料的制备及测试技术

8.2.1　材料的制备

8.2.1.1　Ti 修饰金纳米颗粒（Ti-Au/C）的制备

首先将活性炭 XC72R 在无水乙醇中超声 30 min，使活性炭在乙醇溶液中分散均匀。随后，将按 3 : 1 的比例配制好的柠檬酸三钠与异丙醇钛混合液与上述超声后的碳分散液混合，在连续 Ar 流下对混合液进行超声波处理 1 h 后，将三乙基硼氢化锂添加到混合液中，反应 15 min 后，将混合物加热至 40 ℃，加热 0.5 h 以除去剩余的还原剂。配制 0.05 mol/L NaAuCl$_4$ 乙二醇溶液然后将其滴加到上述混合液中并超声处理 1 h 以获得 Ti-Au/C。将混合物过滤并用超纯水洗涤，然后真空干燥。为了进行比较，在相同的条件下并遵循相同的实验流程合成了 Au/C，其唯一的区别是没有添加钛盐。

8.2.1.2 Ti 修饰 Au@Pt 核-壳催化剂（Ti-Au@Pt/C）的制备

使用 Volta PGZ402 型恒电位仪在三电极测试池中进行电化学沉积。将 20 μL Ti-Au/C 浆料滴在旋转圆盘玻碳电极（RDE）表面制备催化剂薄膜，待浆料在室温下干燥后，利用 Cu 欠电位沉积（UPD）技术在金纳米颗粒表面形成 Cu 的单原子层，Cu 再采用伽伐尼置换（Galvanic Displacement）为 Pt，实现 Au@Pt 核-壳型催化剂（Ti-Au@Pt/C）制备[335]。由于 Cu 的 UPD 过程不能在金属氧化物表面发生，因此 Pt 层只能覆盖 Au 表面。采用 Au/C 配制的浆料，在相同方法和条件下制备了 Au@Pt/C。基于 RDE 电极几何面积（0.196 cm^2）计算出了催化剂中贵金属的负载量，其中，Au@Pt/C 催化剂的 Au 和 Pt 负载量分别为 18.3 μg/cm^2 和 1.3 μg/cm^2，Ti-Au@Pt/C 催化剂的 Au 和 Pt 负载量分别为 8.4 μg/cm^2 和 1.1 μg/cm^2。

8.2.2 材料结构表征方法

材料结构表征方法请参见 3.2.2 节。

使用配备冷场发射枪的双像差校正 JEOL-ARM200F 显微镜在 200 kV 下进行 HRTEM 测试、STEM 图像和化学图谱分析。XPS 光谱使用 XPSPEAK 软件进行分析。83.8 eV 处的 Au 4$f_{7/2}$ 峰用于能量校准。

8.2.3 材料性能测试方法

材料性能测试方法请参见 3.2.3 节。

将带有催化剂的旋转盘电极（RDE）安装到旋转器上作为工作电极。Pt 箔和 Ag/AgCl 电极分别用作对电极和参比电极。通过在 Ar 饱和的 0.1 mol/L HClO$_4$ 溶液中以 50 mV/s 的扫描速率进行循环伏安法测试，使用 CV 曲线上的氢欠电势沉积电荷进行积分来确定催化剂电化学活性表面积（ECSA）。在 O$_2$ 饱和的 0.1 mol/L HClO$_4$ 溶液中以 10 mV/s 的扫描速率和 1600 r/min 的旋转速率测量 ORR 极化曲线。加速稳定性测试（ADT）在空气饱和 0.1 mol/L HClO$_4$ 溶液中进行。为了进行比较，在相同条件下测量了商业 Pt/C 催化剂（TKK 公司 46.6%（质量分数）Pt，Pt 粒径 2.6 nm）的电化学性能。电化学测量均在室温下进行，电位参考可逆氢电极（RHE）的电位。

8.3   材料的结构及性能

8.3.1   材料设计与结构分析

如图 8-2 透射电子显微镜（TEM）图像所示，碳基材上的 Ti-Au 纳米颗粒高度分散且尺寸均匀，平均颗粒粒径约为 6.8 nm。与大多数纳米颗粒具有的多面体结构类似，当沿<110>方向观察 Ti-Au 纳米颗粒时，可观察到五个 {111} 孪晶，并且呈现十面体或二十面体形状（见图 8-3）。图 8-4（a）显示了一个典型的 Ti-Au 颗粒的高分辨 TEM（HRTEM）图像，该颗粒具有截短的十面体形状，沿其<110>方向观察，可见如图 8-3 所示的相似的 5 个 {111} 孪晶。为了得到 Ti 和 Au 的分布，进行了电子能量损失谱（EELS）分析。图 8-4（d）显示了扣除背景后的 EELS 谱，表明 Ti 和 Au 在颗粒边缘和内部的分布是不均匀的。分析 Au M_{54} 和 Ti L_{32} 边缘的 EELS 信号强度的线扫描曲线（见图 8-4（e））表明在 Ti-Au 纳米颗粒核心主要存在 Au 元素，而 Ti 则分布在 Au 核心的表面。如图 8-3（b）~（d）和图 8-4（f）~（h）所示的二维 EELS 信号强度图进一步揭示了 Ti 主要集中在 Au 颗粒的表面。DFT 研究表明，因为金属氧化物的表面能通常比纯金属低，金属氧化物倾向于偏析在金属纳米颗粒表面的低配位数位点（特别是在边缘和顶点位点）上[197]。在这项研究中，Au 的表面能（约 1130 erg/cm² （1.13×10⁻⁴ J/cm²））是 TiO_2（280~380 erg/cm² （2.8×10⁻⁵~3.8×10⁻⁵ J/cm²））的 4 倍，TiO_2 应倾向于偏析到金纳米颗粒表面的低配位数位点上[336]。为了进一步了解 Ti-Au 纳米颗粒的纳米结构，进行了 X 射线光电子能谱（XPS）研究。XPS 光

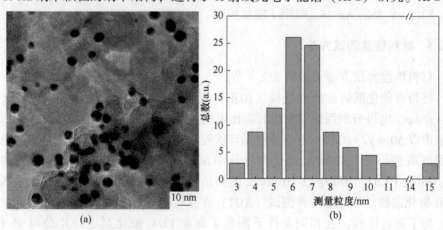

图 8-2   Ti-Au/C 的粒径分析

（a）Ti-Au/C 的 TEM 图像；（b）Ti-Au 纳米颗粒的粒径分布图

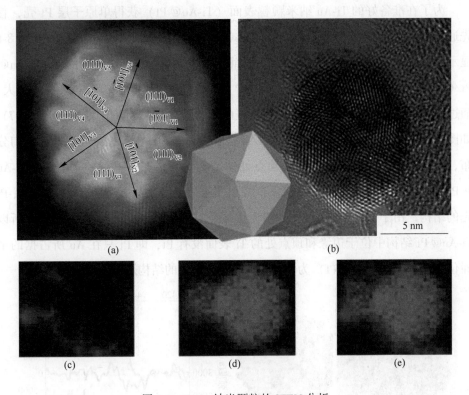

图 8-3 Ti-Au 纳米颗粒的 STEM 分析

(a) STEM 图像；(b) HRTEM 图像；(c)~(e) Ti-Au 纳米颗粒中 Ti、Au 及 Ti 和 Au 的分布图

谱分析（见图 8-4 (i)）表明，Au $4f_{7/2}$ 结合能在 83.9 eV，表明 Ti-Au/C 纳米颗粒中 Au 处于金属态（Au^0）[337]。Ti $2p_{3/2}$ 的结合能在 459.7 eV，表明 Ti 以氧化态（Ti^{4+}）存在（见图 8-4 (j)）。如图 8-5 所示，Ti-Au/C 催化剂的 O $1s$ 谱具有很大一部分的金属—氧键（Ti—O），这证实了 Ti-Au/C 催化剂表面大量 TiO_2 的存在，这与 EELS 测量结果吻合。此外，在图 8-4 (a) 所示的十面体 Au 颗粒中，有 10 个 {111} 晶面和 15 个 <110> 连接边缘，由于原子排列不同造成的应力使连接处产生空隙，TiO_2 更趋向于锚定在金纳米颗粒表面边缘和顶点位置的空隙处[334]。因此，Ti-Au 纳米颗粒中的这种特殊元素分布是由于在初始纳米颗粒合成过程中溶液中存在氧气，导致钛氧化物优先偏析到低配位数位点而形成的。图 8-4 (b) 给出了相应 Ti-Au 纳米颗粒结构示意图，可见，十面体 Ti-Au 纳米粒子的原子结构，其核心为 Au，而在 <110> 边缘和的 {111} 晶面的顶点处由 Ti 占据。

为了在准备好的 Ti-Au 纳米颗粒表面（Ti-Au@Pt）获得单原子层 Pt 壳，首先通过 Cu 欠电位沉积（UPD）制备 Cu 单原子层，然后通过 Pt 置换 Cu。图 8-6 显示了 Ti-Au@Pt/C 催化剂的 TEM 图像和纳米颗粒粒径分布图。可见，Ti-Au@Pt/C 纳米颗粒的平均粒径约为 7.6 nm，比 Ti-Au/C 纳米颗粒（6.8 nm）稍大。通过同时获得的 EELS 和 EDS 谱图像验证了 Ti-Au@Pt/C 催化剂的结构（见图 8-7）。如图 8-7（a）~（c）所示，Ti-Au@Pt/C 呈现出 Au 在中心，Pt 在颗粒外部均匀分布，Ti 则集中在纳米颗粒边缘和顶点处的结构。图 8-7（d）~（e）所示的 Ti-Au@Pt 纳米颗粒 STEM 图片及元素分布线扫图进一步证实了 Ti-Au@Pt 为 Au 核-Pt 壳的结构。由于 Cu 欠电位沉积方法无法在金属氧化物上沉积单原子层 Cu，所以 Ti-Au@Pt 结构中位于边缘和顶点处的 Ti 表面没有 Pt，即 Pt 只在 Au 所占据的平面位点外覆盖。图 8-7（f）为 Ti-Au@Pt 纳米颗粒的结构示意图。

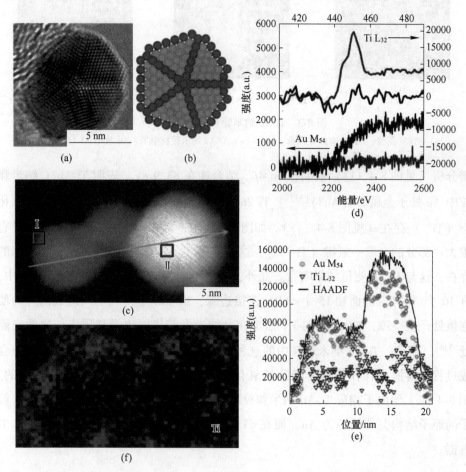

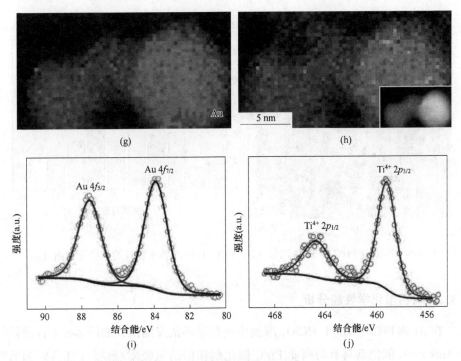

图 8-4　Ti-Au 纳米颗粒的微观结构

（a）Ti-Au 纳米颗粒的 HRTEM 图；（b）Ti-Au 纳米颗粒的结构示意图，其中 Au（绿色球）位于核心，Ti（红色球）位于颗粒的边缘和顶点位置；（c）Ti-Au 纳米颗粒的STEM 图像；（d）图（c）中红色框区域（红线）和蓝色框区域（蓝线）的 Ti L_{32}（顶部两条线）和 Au M_{54}（底部两条线）的 EELS 谱线；（e）沿图（c）中绿色箭头方向的EELS Ti L_{32} 和 Au M_{54} 分布线扫图，（f）~（h）Ti-Au 纳米颗粒中 Ti、Au 和 Ti 和 Au 分布面扫图；（i）（j）Ti-Au/C 样品的 Au 4f 和 Ti 2p XPS 谱

图 8-4 彩图

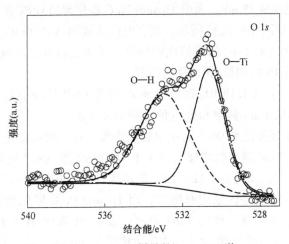

图 8-5　Ti-Au/C 样品的 O 1s XPS 谱

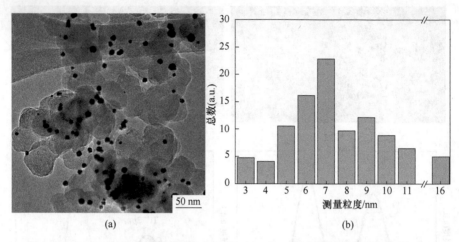

图 8-6 Ti-Au@Pt/C 的 TEM 图像（a）和 Ti-Au@Pt 纳米颗粒的粒径分布图（b）

8.3.2 材料电化学性能分析

在 Ar 饱和 0.1 mol/L HClO$_4$ 溶液中进行循环伏安测试，如图 8-8（a）所示，Ti-Au@Pt/C 催化剂具有与商业 Pt/C 催化剂相似的氢吸附/解吸（H$_{upd}$）和氧吸附/解吸区域。与商用 Pt/C 相比，Ti-Au@Pt/C 催化剂的氧还原峰电位略有正移，这表明氧从 Pt 表面的解吸自由能降低。在 O$_2$ 饱和的 0.1 mol/L HClO$_4$ 溶液中转速为 1600 r/min 的旋转盘电极（RDE）上测试了 Ti-Au@Pt/C、Au@Pt/C 和商业 Pt/C 催化剂的 ORR 极化曲线，如图 8-8（b）所示。Ti-Au@Pt/C 催化剂极限扩散电流密度值大于 6 mA/cm^2，表明 Ti-Au@Pt/C 催化剂表面上的 O$_2$ 经历四电子反应路径完全还原为 H$_2$O[338]。Ti-Au@Pt/C 核-壳催化剂的半波电位值为 878 mV，比商业 Pt/C 催化剂高 25 mV，表明 Ti-Au@Pt/C 催化剂的 ORR 催化活性要比 Pt/C 催化剂高得多。如图 8-8（c）所示，在高电位区域 Ti-Au@Pt/C、Au@Pt/C 和商业 Pt/C 三种催化剂的 Tafel 斜率值比较接近，表明在高电位区域 Ti-Au@Pt/C 和 Au@Pt/C 具有纯 Pt 的相似 ORR 反应历程。

通常，在 0.1 mol/L HClO$_4$ 溶液中纯 Pt 催化 ORR 反应应有两个 Tafel 斜率，即高电位区域的低 Tafel 斜率和低电位区域的高 Tafel 斜率[339]。OH* 从 Pt 表面脱附被证明是 Pt 基催化剂 ORR 的速率决定步骤，对于提高催化剂的性能至关重要，低电位区域 Tafel 斜率的增加归因于 Pt 表面吸附的 OH* 脱附遇阻导致 ORR 动力学变慢[340-341]。从图 8-8（c）可以清楚地看到，Au@Pt/C 和商业 Pt/C 催化剂的 Tafel 斜率在低电势区域均有增加，而 Ti-Au@Pt/C 催化剂即使在低电位区域仍保持与高电位区域一样的 Tafel 斜率，表示 Pt 表面 Ti 的修饰可有效促进 OH* 的脱附，从而加速 ORR 反应动力学。使用 Koutecky-Levich 方程计算 0.9 V 时

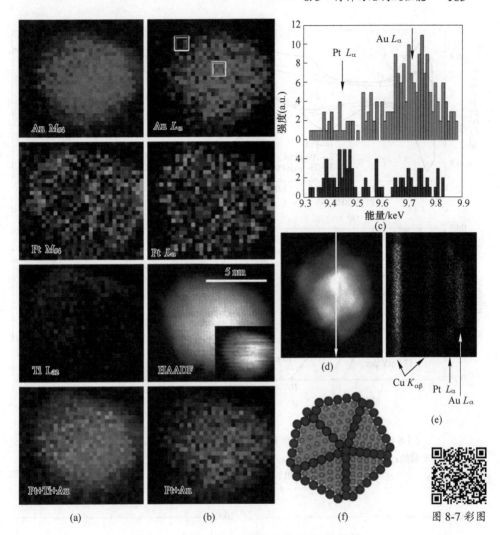

图 8-7 Ti-Au@Pt 核-壳纳米颗粒的微观结构

（a）（b）Ti-Au@Pt 纳米颗粒的 EELS 和 EDS 元素分布面扫图；（c）图（b）中绿色框区域（绿色柱状图）
和蓝色框区域（蓝色柱状图）的 Pt 和 Au 的分布图；（d）Ti-Au@Pt 纳米颗粒的 STEM-HAADF 图像；（e）图
（a）沿箭头方向的 EDS 元素分布图；（f）Ti-Au@Pt 纳米颗粒的结构示意图（其中 Au（绿色球）位于核心，
Pt（蓝色球）位于 Au 表面，Ti（红色球）位于颗粒的边缘和顶点位置）

Ti-Au@Pt/C 催化剂的单位面积活性和单位质量活性，如图 8-9 所示，Ti-Au@Pt/C
催化剂的单位面积活性和单位质量活性均比商业 Pt/C 及 Au@Pt/C 催化剂高，表
明 Ti 的修饰使催化剂的性能得到了明显提升。图 8-8（d）比较了 Ti-Au@Pt/C
催化剂与商业 Pt/C 催化剂的单位面积活性和单位质量活性。Ti-Au@Pt/C 催化剂
的单位面积活性为 1.32 mA/cm²，是商业 Pt/C 催化剂（0.254 mA/cm²）的 5 倍，
单位质量活性为 3.0 A/mg，是商业 Pt/C 催化剂（0.22 A/mg）的 13 倍，证实了

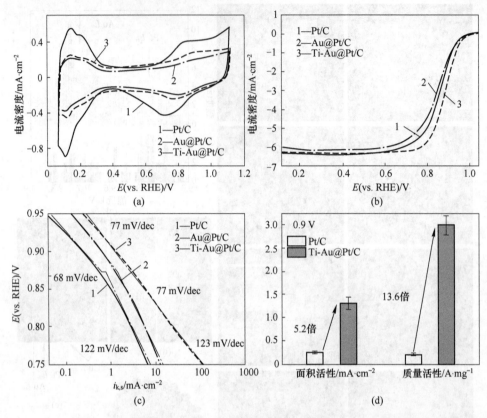

图 8-8 Ti-Au@Pt/C、Au@Pt/C 和商业 Pt/C 催化剂 ORR 性能比较

(a) CV 曲线；(b) ORR 极化曲线；(c) Tafel 曲线；(d) Ti-Au@Pt/C 与商业 Pt/C 催化剂的
单位面积活性和单位质量活性对比

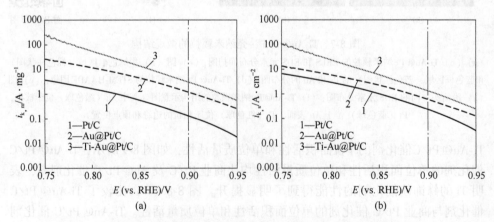

图 8-9 Ti-Au@Pt/C、Au@Pt/C 和商业 Pt/C 催化剂的单位质量活性 (a)
和单位面积活性 (b) 对比

Ti-Au@Pt/C 催化剂优异的 ORR 催化性能。

除了高 ORR 催化活性外，Ti-Au@Pt/C 催化剂还表现出优异的稳定性。在空气饱和 0.1 mol/L HClO₄ 溶液中以 50 mV/s 扫描速率在 0.6~1.0 V 的电势区间内循环 10000 圈来评估 Ti-Au@Pt/C 催化剂的稳定性。为了进行比较，还在相同条件下测量了 Au@Pt/C 和商业 Pt/C 催化剂的稳定性。如图 8-10 所示，经过 10000 圈循环后，由于铂原子的溶解和铂纳米颗粒团聚，商业 Pt/C 催化剂的半波电位下降 8 mV，单位质量活性损失 16%。然而 Ti-Au@Pt/C 催化剂在 10000 圈循环后半波电势没有降低（见图 8-11（a））。图 8-11（b）对比了 Ti-Au@Pt/C、Au@

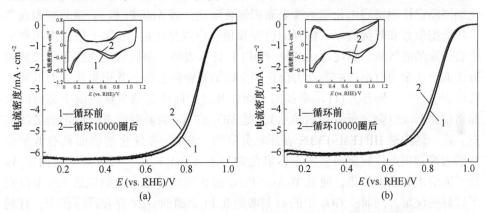

图 8-10　商业 Pt/C 催化剂（a）及 Au@Pt/C 催化剂（b）在空气饱和 0.1 mol/L HClO₄ 溶液中以 50 mV/s 扫描速率在 0.6~1.0 V 的电势区间内循环 10000 圈前后的 ORR 极化曲线和 CV 曲线（插图）对比

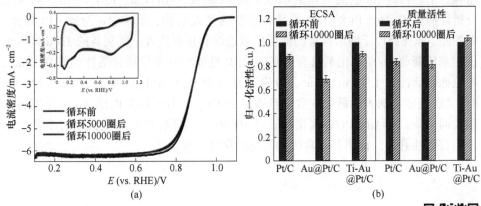

图 8-11　催化剂稳定性对比

（a）Ti-Au@Pt/C 催化剂在空气饱和 0.1 mol/L HClO₄ 溶液中以 50 mV/s 扫描速率在 0.6~1.0 V 的电势区间内循环 10000 圈前后的 ORR 极化曲线和 CV 曲线（插图）对比；（b）Ti-Au@Pt/C、Au@Pt/C 和商业 Pt/C 催化剂稳定性测试前后的 ECSA 和单位质量活性对比

图 8-11 彩图

Pt/C 和商业 Pt/C 稳定性测试前后催化剂的电化学活性表面积和单位质量活性变化，值得注意的是，在这三种催化剂中，Au@Pt/C 催化剂经过 10000 圈循环后的 ECSA 损失最大（31%），而表面低配位数位点修饰了 Ti 的 Ti-Au@Pt/C 催化剂，较好地保留了 ECSA，不仅如此，经过 10000 圈循环，Ti-Au@Pt/C 催化剂在 0.9 V 时的单位质量活性由原来的 3.0 A/mg 提高到了 3.10 A/mg。

8.3.3 材料电催化机理探讨

因为 Au@Pt 核-壳纳米颗粒中内层 Au 原子的溶出和表面富集，Au@Pt/C 催化剂经稳定性测试后电化学活性表面积显著降低，而 Au@Pt 核-壳催化剂表面具有较低配位数和较稀疏原子排列的边缘和顶点位点是内层 Au 原子最易溶出和发生表面富集的区域。密度泛函理论（DFT）计算表明，金属氧化物由于其较低的表面能，比金属有更强的驱动力偏析到金属纳米颗粒表面，并聚集在表面低配位数位点上[197]。具有 {111} 孪晶的十面体和二十面体金纳米颗粒由于晶面间的晶格扭曲形成空隙（低配位数位点），是 TiO_2 在 Au 纳米颗粒表面锚定的最佳位点，这一结构被 HRTEM-EELS 表征充分证明。在核-壳催化剂表面具有低配位数的边缘和顶点位置定向修饰上钛氧化物分子（TiO_2）后，可有效抑制内层 Au 原子的溶出和表面富集，使得 Ti-Au@Pt/C 催化剂经过稳定性测试后 ESCA 得到了较好的保留，同时，TiO_2 中的 O 与吸附在 Pt 表面的 OH^* 存在排斥作用，有利于 OH^* 的脱附，加速了 ORR 反应动力学，减小 OH^* 在 Pt 表面的附着，从而使 Ti-Au@Pt/C 催化剂具有优异的电催化 ORR 稳定性。

本章介绍了一种新型 Pt 基 ORR 催化剂，该催化剂通过将 TiO_2 锚定在 Au 纳米颗粒上，再在 Au 表面沉积上单原子层 Pt 制成。HRTEM、EELS、EDS 和 XPS 分析证明了 Ti-Au@Pt 纳米粒子具有独特的微观结构，其中 Au 为核，Pt 为壳，保护性二氧化钛位于纳米粒子的低配位数边缘和顶点位置。所制备的 Ti-Au@Pt/C 催化剂比商业 Pt/C 催化剂具有更高的 ORR 性能，其单位质量活性为 3.0 A/mg，单位面积活性为 1.32 mA/cm^2，分别约是商业 Pt/C 催化剂的 13 倍和 5 倍。同时，核-壳催化剂表面低配位数位点锚定上 TiO_2 可有效抑制内层 Au 原子的溶出和表面富集，Ti-Au@Pt/C 催化剂经过 10000 圈循环后半波电位值没有下降，单位质量活性升高，证明其非常优异的电催化稳定性。

9 ORR 催化剂的内核稳定策略

铂作为阴极催化剂的活性和稳定性不足是质子交换膜燃料电池应用面临的关键问题。本章介绍了一种通过对核壳催化剂核金属进行氮化处理提高核壳催化剂 ORR 稳定性的新方法。经过这样处理后制备的 $Pt_{ML}PdNiN/C$ 催化剂稳定性显著提高[342]。

9.1 概　　述

质子交换膜燃料电池（PEMFC）由于其高能量密度、低运行温度、低空气污染和使用可再生燃料，如氢气和酒精，有望成为车辆、固定和便携式电力应用的替代发电方式。尽管 PEMFC 电源技术在过去十年中确实发挥了重要作用，但其阴极氧还原反应（ORR）的缓慢动力学仍然是阻碍 PEMFC 大规模应用的主要障碍之一。铂（Pt）作为最有效的 ORR 催化剂已成为普遍选择。然而，阴极的高铂负载量及在实际应用条件下铂的活性和稳定性不足仍然是 PEMFC 面临的主要难题。为了克服这些问题，必须减少电催化剂中铂的用量，同时提高铂基阴极催化剂的活性和稳定性。为此，开发金属@铂核-壳结构催化剂，可大大减小铂的用量，提高铂的利用率，同时提高其催化性能。

由于应力诱导的铂 d 带中心位移及核金属与铂原子覆盖层之间的电子效应是决定这些核壳催化剂活性的两个主要因素。不同金属表面上铂单层的 ORR 活性与铂的 d 带中心呈火山型依赖关系。开发由不同金属和合金核组成（包括钯、钌、铱、铑、金、钯、镍、铱和铀）的铂单层核壳催化剂是常用策略。然而，同时提高铂基阴极催化剂的电催化活性和稳定性仍然是一个挑战。另一个策略是修饰核壳催化剂的核金属。Gong 等人[343]合成了高度稳定的 $Pt_{ML}AuNi_{0.5}Fe$ 催化剂，在 $Ni_{0.5}Fe$ 核表面包裹上一层金，再沉积单原子层铂，并发现核中的金阻止了 NiFe 暴露于电解质，从而提高了催化剂了电化学稳定性。Kuttiyiel 等人[344]采用金稳定的 PdNi 为核开发了一种高度稳定的 ORR 催化剂。本章介绍了一种通过氮化核心金属来开发具有高稳定性和活性的钯镍@铂核-壳催化剂的新方法。同步辐射 XAS 分析证明了核壳催化剂核中有高稳定性的 Ni_4N 氮化物生成，核金属成分中氮化物的存在有利于同时提高催化剂稳定性和活性，同时降低铂族金属的含量。

9.2 材料的制备及测试技术

9.2.1 材料的制备

9.2.1.1 PdNiN/C 的制备

将 Pd(NO$_3$)$_2$·H$_2$O 和 Ni(HCO$_2$)$_2$·2H$_2$O 盐以 1:1 的摩尔比溶解在超纯水中，再加入一定量的 Vulcan XC-72R 活性炭，使活性炭上的 PdNi 理论负载为 20%（质量分数）。混合液在 Ar 气氛下超声处理 1 h，使活性炭均匀分布在金属盐溶液中，然后将硼氢化钠滴入混合液中，继续超声 1 h，过滤混合液收集固体物质，经多次清水洗涤后置于真空烘箱中于 60 ℃下干燥。将干燥后的样品在氮气气氛下于 250 ℃退火 1 h，然后在氨气气氛下于 510 ℃继续退火 2 h，得到 PdNiN/C 样品。

9.2.1.2 Pt$_{ML}$PdNiN/C 的制备

使用 Volta PGZ402 型恒电位仪在三电极测试池中进行电化学测量。将 20 μL PdNiN/C 浆料滴在旋转圆盘玻碳电极（RDE）表面制备催化剂薄膜，待浆料在室温下干燥后，利用 Cu 欠电位沉积（UPD）在 PdNiN 纳米颗粒表面形成 Cu 的单原子层，再利用 Pt 置换 Cu，制备出 Pt$_{ML}$PdNiN/C。Pt$_{ML}$PdNiN/C 催化剂中 Pd 和 Pt 负载量分别为 3.75 μg/cm^2 和 1.13 μg/cm^2。

9.2.2 材料结构表征方法

材料结构表征方法请参见 8.2.2 节。

9.2.3 材料性能测试方法

材料性能测试方法请参见 8.2.3 节。

9.3 材料的结构及性能

9.3.1 材料设计与结构分析

如图 9-1 所示，PdNiN/C 样品的 HAADF-STEM 图像中明显可见金属纳米颗粒，纳米颗粒粒径较大，约为 11 nm。对 PdNiN/C 样品中单个纳米颗粒进行深入分析，如图 9-2 所示的元素分布图可见纳米颗粒中 Pd 和 Ni 元素的存在，由图 9-2（a）中斜线处的元素线扫图可知，Pd 和 Ni 元素在纳米颗粒中存在偏析，纳米颗粒的中心以镍为核，而钯分布在纳米颗粒的壳层，钯壳层厚度为 0.6 ~ 1.5 nm。

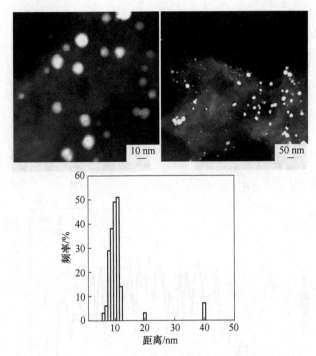

图 9-1　PdNiN/C 样品的 HAADF-STEM 图片及粒径分布图

为了验证 PdNiN 纳米颗粒的结构，进行了同步辐射 X 射线吸收光谱（XAS）测量，并将获得的光谱与金属箔参照物的光谱进行比较。如图 9-3（a）所示，PdNiN 纳米颗粒的镍 X 射线吸收近边结构谱（XANES）表明 PdNiN 纳米颗粒中 Ni 的氧化态程度显著高于 Ni 箔中 Ni 的氧化态程度。图 9-3（c）镍的 X 射线精细结构谱（EXAFS）显示，纯金属镍箔参照物在约 0.24 nm 处有明显的峰，对应于 Ni—Ni 键，而 PdNiN/C 样品除含有 Ni—Ni 键峰，还有一个高强度的 0.16 nm 处的峰，对应于 Ni—N 键，证明 PdNiN/C 样品中 Ni 核被部分氮化[345]。如图 9-3（b）所示，PdNiN 纳米颗粒的钯 X 射线吸收近边结构谱与钯箔略有不同，PdNiN/C 样品中 Pd 与 Ni 的合金化和电子交换改变了钯的电子结构，使其 XANES 谱表现出比钯箔更高的氧化态。图 9-3（d）钯的 X 射线精细结构谱显示了 0.20 nm 处明显的 Pd—Pd/Pd—Ni 键峰，证明 PdNiN/C 样品中 Pd 仍以金属态存在。

9.3.2　材料电化学性能分析

在 PdNiN/C 上采用 Cu UPD - 置换方法沉积上一层单原子层 Pt 制成 Pt_{ML}PdNiN/C 催化剂。由图 9-4（a）所示的 CV 曲线在 0.1~0.35 V 的氢 UPD 区间可见 Pt 的氢吸附/脱附峰，证明 PdNiN 纳米颗粒表面 Pt 壳的成功制备。催化剂

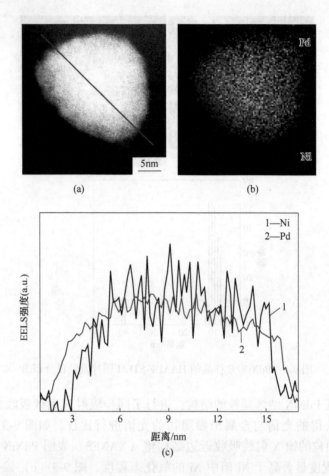

图 9-2 PdNiN/C 样品中单个纳米颗粒的 HAADF-STEM 图（a）、EELS 元素面扫图（b）
及沿图（a）斜线方向的元素线扫图（c）

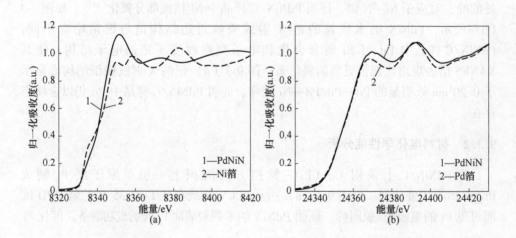

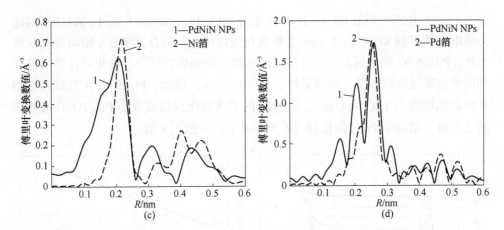

图 9-3 PdNiN/C 和 Ni 箔的 Ni-*K* 边 XANES 谱（a）、PdNiN/C 和 Pd 箔的 Pd-*K* 边
XANES 谱（b）、PdNiN/C 和 Ni 箔的 Ni-*K* 边 FT-EXAFS 谱（c）和 PdNiN/C 和 Pd 箔的
Pd-*K* 边 FT-EXAFS 谱（d）

（1 Å=0.1 nm）

的电化学 CV 曲线测试均在 Ar 饱和的 0.1 mol/L HClO$_4$ 溶液中进行。将 Pt$_{ML}$PdNiN/C
催化剂的 CV 曲线与不含氮化镍成分的 Pt$_{ML}$Pd/C 催化剂及商业 Pt/C 催化剂对比
可以发现三种催化剂的氧脱附峰位置稍有不同，其中以 Pt$_{ML}$PdNiN/C 催化剂的
氧脱附峰对应的电位值最大，与核成分中不含 NiN 的 Pt$_{ML}$Pd/C 催化剂相比，
其值正移了 37 mV，而与商业 Pt/C 催化剂相比，其值正移了 60 mV，表明
Pt$_{ML}$PdNiN/C 催化剂表面更有利于氧中间体脱附[346]。

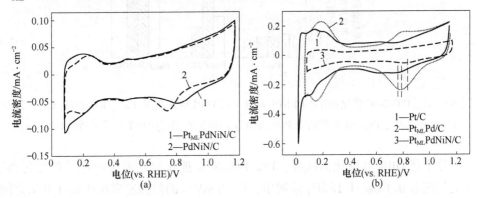

图 9-4 PdNiN/C 与 Pt$_{ML}$PdNiN/C（a）及 Pt$_{ML}$PdNiN/C、Pt$_{ML}$Pd/C
和商业 Pt/C 催化剂（b）的 CV 曲线

在 O$_2$ 饱和的 0.1 mol/L HClO$_4$ 溶液中，以 10 mV/s 的扫描速率，测试了
Pt$_{ML}$PdNiN/C 催化剂在不同 RDE 转速下的 ORR 极化曲线。如图 9-5（a）所示，
随着 RDE 转速的升高，Pt$_{ML}$PdNiN/C 催化剂 ORR 极限电流密度不断增大。如

图 9-5（b）所示，对 0.80 V、0.85 V 和 0.90 V Pt$_{ML}$PdNiN/C 在不同转速下的动力学电流值根据 Koutecky-Levich 方程进行线性拟合，拟合直线与 y 轴的交点对应于 Pt$_{ML}$PdNiN/C 催化剂在不同电位时的动力学电流密度[347]，由此可计算出催化剂的单位质量活性和单位面积活性。如图 9-5（c）所示，Pt$_{ML}$PdNiN/C 催化剂的单位面积活性为 1.17 mA/cm^2，是相应的不含氮化镍核成分的 Pt$_{ML}$Pd/C 催化剂的 2.8 倍，是商业 Pt/C 催化剂（0.24 mA/cm^2）的 4.8 倍。

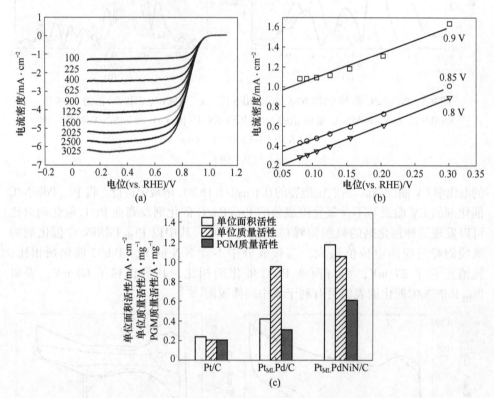

图 9-5   Pt$_{ML}$PdNiN/C 催化剂在不同 RDE 转速下的 ORR 极化曲线（a）、K-L 曲线（b），以及 Pt$_{ML}$PdNiN/C、Pt$_{ML}$Pd/C 和商业 Pt/C 催化剂的单位面积活性和单位质量活性对比（c）

除了高 ORR 电催化活性外，Pt$_{ML}$PdNiN/C 催化剂还表现出优异的稳定性。在空气饱和 0.1 mol/L HClO$_4$ 溶液中，以 50 mV/s 的扫描速率在 0.6~1.0 V 之间进行电位循环扫描。图 9-6（a）显示了 Pt$_{ML}$PdNiN/C 催化剂在 30000 圈和 50000 圈电位循环之前和之后的 ORR 极化曲线。可见，经过 30000 圈循环后，Pt$_{ML}$PdNiN/C 催化剂的半波电位几乎保持在初始值，且 50000 圈循环后，ORR 半波电位值仅损失 10 mV。图 9-6（b）显示了在 0.1 mol/L HClO$_4$ 溶液中 Pt$_{ML}$PdNiN/C 催化剂循环前后的循环伏安曲线对比，表明 Pt$_{ML}$PdNiN/C 催化剂的电化学活性表面积略有下降，这一点也可以从图9-6（c）中看出。正如文献中所报道的，由于钯从核中溶解，$Pt_{ML}Pd/C$ 催化剂在经过 5000 圈循环后 ECSA 值急剧下降 27%，15000 圈循环后下降 34%[332]。如果加入镍与钯形成合金可以减缓钯的溶解，$Pt_{ML}PdNi/C$ 催化剂在经历 5000 圈循环后，ECSA 下降 11.5%。但是，在 15000 圈循环之后，$Pt_{ML}PdNi/C$ 催化剂的 ECSA 下降依然较大，为 28%[348-349]。如图 9-6（c）所示，将核金属进行氮化处理后，$Pt_{ML}PdNiN/C$ 催化剂经过 50000 圈循环其 ECSA 值仅下降了 11%，远高于商业 Pt/C 催化剂的稳定性（经过 30000 圈循环，ECSA 下降 45%[346]），这表明通过氮改性金属核是提高催化剂稳定性的有效策略。

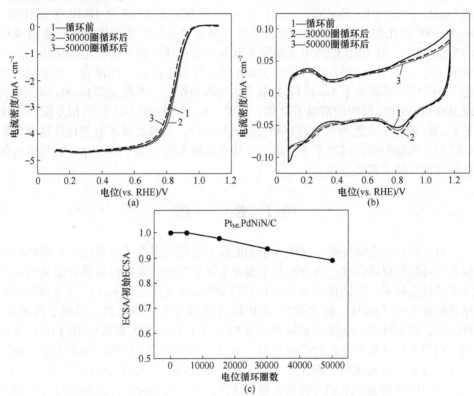

图 9-6 $Pt_{ML}PdNiN/C$ 催化剂在 30000 圈和 50000 圈后稳定性测试前后的
ORR 极化曲线（a）、CV 曲线（b）和 ECSA 对比（c）

本章介绍了一种开发氮化物稳定的铂单原子层核壳催化剂的有效策略，该方法在保持高 ORR 活性和稳定性的同时显著降低了铂的负载量。使用 STEM-EELS、XAS 等技术研究了催化剂的精细结构表征，结果表明经过氮化处理后核成分中产生的氮化镍物种，能有效提高催化剂表面对含氧中间体的脱附，保留催化剂的电化学活性表面积，同时提高催化剂的活性和稳定性。

10　ORR 催化剂的去贵金属化策略

铁基纳米结构是一种新兴的高活性氧还原反应（ORR）催化剂，在能量存储和转化技术中具有广泛的应用前景。然而，由于在碱性和酸性环境中的稳定性不足，铁基非贵金属 ORR 催化剂的实际应用受到了限制。本章介绍的氮掺杂碳负载 Fe_2Mo 合金（Fe_2Mo/NC）可作为一种高效、超稳定的 ORR 电催化剂。Fe_2Mo/NC 催化剂在酸性和碱性介质中具有高的动力学电流密度和半波电位及低的 Tafel 斜率，对 ORR 的四电子路径具有很高的选择性和显著的电催化活性。它显示了优异的长期稳定性，即使在 10000 圈循环后也没有活性损失。密度泛函理论（DFT）计算证实了 Mo 对 Fe 的电子结构调制作用，所形成的 Fe_2Mo 催化剂表现出有利于 ORR 反应的富电子结构。同时，Fe 和 Mo 中心之间的相互保护保证了 Fe_2Mo 催化剂高效的电子转移和长期的稳定性，为解决铁基电催化剂高电化学活性和长期稳定性之间的矛盾提供了一种有效的策略，为今后研究开发新型电催化剂体系开辟了新的方向。

10.1　概　　述

日益严重的全球变暖、环境污染和能源安全危机引发了对替代化石燃料的环保和可持续发展的需求。高效燃料电池和金属空气电池可以说是最有前途的可持续能源转换技术，但阴极电化学氧还原反应的缓慢动力学，阻碍了它们的应用。尽管铂族金属（PGM）催化剂是 ORR 最有效和首选的催化剂，但由于高成本、稀缺性、稳定性差，促使人们探索不含 PGM 的替代品作为高效耐用的 ORR 催化剂。科学家们已努力寻找替代催化剂，包括非金属碳纳米结构、非贵金属、金属大环、过渡金属氧化物、碳化物、硫化物、氮化物和单原子金属催化剂。其中，铁基材料因其资源丰富和有前途的催化活性，被认为是最有潜力的铂族金属催化剂替代品之一。然而，因为铁原子会在酸性和碱性介质中快速溶解，铁基催化剂的 ORR 性能仍然有限。对于新的非 PGM 电催化剂的当前发展，尤其是对于在热解步骤期间赋予 ORR 催化性能的铁基电催化剂，ORR 活性位点的确定是最关键的内容之一。拥有孤立活性位点的单原子催化剂可以大大提高原子利用率。研究集中于单原子铁，特别是 $Fe—N_4$，它在碱性介质中充当有效 ORR 电催化的活性位点，证明氮掺杂多孔碳载体中的 C—N 键合环境和边缘托管的 Fe 位点之间的协同效应。有趣的是，Wu 等人发现 Fe—N—C 位在酸性介质中也具有类似 Pt 的 ORR 催化性能[350-353]。最近，Li 等人报告了基于 $Fe—N_4/Pt—N_4@NC$ 的双原子位点，其中 Pt 位点可通过 Fe-3d 和 O-2p 轨道的优化杂化有效提高性能，从而使锌空气电池具有显著的性能和稳定性[354]。而且，合成高活性和耐用的铁基 ORR 催化剂仍然是一个关键的挑战[355]。

Bao 等人将铁纳米颗粒封装到碳纳米管（CNT）中，并发现电子可以从铁颗粒转移到 CNT，导致碳表面的局部功函数降低，因此，豆荚状 CNT 覆盖的铁纳米颗粒的催化性能提高[356]。最近大量的研究证据表明，与相应的未受保护的催化剂相比，将催化剂纳米粒子封装到氮掺杂的碳纳米壳中可致使催化剂活性增强，这是由于 O$_2$ 的吸附和过氧化物中间体的分解及碳壳保护使催化剂稳定性改善。此外，双金属颗粒催化剂，如 Mn-Co、Fe-Co、Fe-Pt 和 Ni-Pt，已被证明优于其纯单金属组分催化剂。Huang 等人将 Pt$_3$Ni 八面体负载在具有过渡金属如 Mo、V、Mg、Fe、Co、W 和 Ru 的碳上，并且揭示了 Mo 的掺杂可以将热力学有利位置处的氧结合能移动到更接近火山曲线的峰值。作为这些转变的结果，一些位点的 ORR 催化变得高度活跃。掺杂钼还可以通过形成相对较强的 Mo—Ni 和 Mo—Pt 键来稳定镍和铂原子，防止溶解[197]。

本章介绍了将氮掺杂碳上的双金属 Fe$_2$Mo 纳米颗粒（Fe$_2$Mo/NC）作为一种高效和超稳定的 ORR 电催化剂。坚固的碳封装的 Fe$_2$Mo 双金属催化剂具有高效的 ORR 催化活性，并且在碱性和酸性环境中都具有稳定性，该催化剂源自沸石咪唑盐骨架（ZIF）。ZIF 作为金属有机框架的一个子类，具有丰富的碳和氮物种，是纳米碳结构的优秀前驱体。高度石墨化的碳框架或具有石墨边缘平面的准无定型碳可以通过 ZIF 的热解来制备。通常，碳化过程后，被碳壳覆盖与暴露在碳框架外的金属纳米颗粒共存。强酸浸出可以去除暴露的金属颗粒，留下碳封装的金属纳米颗粒，其被认为是 ORR 电催化的活性成分。与单金属 Fe/NC 和商业 Pt/C 催化剂相比，所得碳包封的 Fe$_2$Mo 双金属催化剂在 ORR 催化活性和稳定性方面表现出显著的增强，其 ORR 催化半波电位在 0.1 mol/L KOH 溶液中为 0.91 V，在 0.5 mol/L H$_2$SO$_4$ 溶液中为 0.8 V，动力学电流密度在 0.1 mol/L KOH 溶液中 0.85 V 时为 82.28 mA/cm^2、在 0.5 mol/L H$_2$SO$_4$ 溶液中 0.75 V 时为 37.62 mA/cm^2，与迄今报道的大多数高活性非贵金属 ORR 催化剂相比，具有明显的优势。密度泛函理论计算研究了所形成的 Fe$_2$Mo 催化剂的电活性，其优化的电子结构，有利于从电催化剂到反应中间体的快速电子转移。此外，Fe-3d 和 Mo-4d 轨道形成电子层来保护电催化剂以获得优异的稳定性。

10.2 材料的制备及测试技术

10.2.1 材料的制备

10.2.1.1 FeMo-ZIF-8 前驱体的制备

在 ZIF-8 制备过程中，通过在甲醇溶液中添加钼和铁，合成了钼、铁共掺杂的 ZIF-8 前驱体（FeMo-ZIF-8）。具体的操作步骤为，将 1.695 g Zn（NO_3）$_2$·6H_2O、0.06 g Fe（NO_3）$_3$·9H_2O 和 0.006 g Na_2MoO_4·2H_2O 溶解在 150 mL 甲醇中。同时，将 1.97 g 2-甲基咪唑溶解在另一个 150 mL 甲醇中。然后将两种溶液混合在一起，在 60 ℃下搅拌 12 h，然后在室温下再搅拌 12 h。过滤沉淀物，用乙醇彻底冲洗，然后在 60 ℃的真空烘箱中干燥。用同样的方法合成了单独铁掺杂的 ZIF-8 前驱体（Fe-ZIF-8）和不掺杂铁和钼的 ZIF-8 前驱体（ZIF-8），唯一的区别是在 Fe-ZIF-8 前驱体的合成中没有添加钼盐，在 ZIF-8 前驱体的合成中没有添加钼、铁盐。

10.2.1.2　Fe_2Mo/NC 催化剂的制备

将 ZIF-8、Fe-ZIF-8 和 FeMo-ZIF-8 前驱体转移到石英舟并置于管式炉中。在氩气气氛下以 5 ℃/min 的加热速率在 1000 ℃加热 1 h，然后在 0.5 mol/L H_2SO_4 溶液中进行 12 h 的酸浸步骤，分别合成 NC、Fe/NC 和 Fe_2Mo/NC 催化剂。收集样品，用超纯去离子水洗涤并干燥，不再进行第二次热处理。

10.2.2　材料结构表征方法

材料结构表征方法请参见 3.2.2 节。

在 PhilipsPW-1830 型 X 射线衍射仪上用 Cu K_α（$K = 0.15418$ nm）对合成的样品进行了 X 射线粉末衍射（XRD）分析。在 Perkin-Elmer 型 PHI-5600XPS 系统上，用 Mo K_α（1486.6 eV）的单色铝阳极 X 射线源进行 X 射线光电子能谱（XPS）测试。用 JEOL JSM-6700F 在 200 kV 的加速电压下表征了透射电子显微镜（TEM）、高分辨率透射电子显微镜（HRTEM）表征和高角度环形暗场扫描透射电子显微镜−能量色散 X 射线光谱（HAADF-STEM-EDX）。

10.2.3　材料性能测试方法

材料性能测试方法请参见 8.2.3 节。

以 Pt 箔为对电极，分别以 Hg/HgO 和 Ag/AgCl 为参比电极在碱性和酸性电解质中，用 CHI760D 电化学工作站对合成样品进行了电化学测试。在 99.999% 高纯 H_2 饱和电解质溶液中，通过开路电位扫描进行 RHE 校准。电催化 ORR 性能是在 O_2 饱和的 0.1 mol/L KOH 和 0.5 mol/L H_2SO_4 溶液中测试的，扫描速率为 10 mV/s，转速为 1600 r/min。在空气饱和的 0.1 mol/L KOH 和 0.5 mol/L H_2SO_4 溶液中，以及 0.6~1.0 V 的电位区间测试 CV，扫描速率为 50 mV/s，在室温下进行了稳定性测试（ADT）。在相同的测定条件下，以商业 Pt/C（HISPEC4000，40%Pt（质量分数））为对照，Pt 负载量为 20.4 $\mu g/cm^2$。电化学测试均在室温下进行，电位参考可逆氢电极（RHE）的电位，数据不进行 iR 补偿。

动力学电流密度 j_k 是用以下方程计算的：

$$\frac{1}{j} = \frac{1}{j_{lim}} + \frac{1}{j_k} \tag{10-1}$$

式中，j、j_{lim} 分别为测得的电流密度和传质极限电流密度，mA/cm^2。

环电流是在环电位为 1.48 V 时测量的。H_2O_2 的产率和转移的电子数（n）用下列公式计算：

$$H_2O_2\ 产率(\%) = 200\% \times (I_r/N)/(I_d + I_r/N) \tag{10-2}$$

$$n = 4I_d/(I_d + I_r/N) \tag{10-3}$$

式中，I_d、I_r、N 分别为 RRDE 盘电流、环电流和收集效率（0.37）。

10.2.4 密度泛函理论计算参数设置

密度泛函理论计算参数设置请参见 3.2.4 节。

为了揭示 Fe_2Mo 合金的电子结构和能量趋势，通过 CASTEP 软件包进行了 DFT 计算[209]。采用 PBE 的广义梯度近似（GGA）来描述交换相关能[2-4]。在考虑自旋极化的情况下，基于超软赝势的超精细性质，截止能被设定为 380 eV。使用 Broyden-Fletcher-gold farb-Shannon（BFGS）算法，粗质量 k 点用于能量最小化[5]。FeMo 合金是基于包含 144 个原子的 Fe_2Mo 晶格结构（$Fe_{96}Mo_{48}$）的（103）晶面构建的。所有型号的 z 轴上都设置了 2.0 nm 真空空间。为了实现几何优化，收敛测试要求总能量差应小于 5×10^6 eV/nm，离子间位移为每原子 0.0005 nm。

10.3 材料的结构及性能

10.3.1 材料设计与结构分析

铁掺杂的 ZIF-8（Fe-ZIF-8）和钼、铁共掺杂的 ZIF-8（FeMo-ZIF-8）前驱体在相同的条件下合成，并遵循与 ZIF-8 合成相同的合成流程。Fe-ZIF-8 和 FeMo-ZIF-8 的粉末 XRD 谱图与 ZIF-8 很好地匹配，在 2θ 为 7.2°、10.1°、12.5°、17.9°处的衍射峰分别为 ZIF-8 的（011）、（002）、（112）、（222）晶面[357]，表明添加 Fe 和 Mo 预计不会导致晶体结构的变化（见图 10-1（a））。在 1000 ℃ 的热解将 ZIF-8、Fe-ZIF-8 和 FeMo-ZIF-8 前驱体转化为氮修饰的碳基材料，再经过酸浸制得 NC、Fe-NC 和 FeMo-NC 催化剂。如图 10-1（b）所示，酸浸后 NC 样品的 XRD 图在 2θ 为 25°、31° 和 44°处呈现三个衍射峰，其对应于石墨化碳（JCPDS 卡：46-0944 号）。Fe/NC 样品在 49.5°和 56.6°处的衍射峰分别与金属铁的（102）和（103）晶面相关（JCPDS 卡：50-1275 号），表明在 Fe/NC 催化剂中存在金属 Fe。在 NC 和 Fe/NC 的 XRD 图中没有检测到标准 Fe_2Mo/NC 样品才有的 38.1°、41.4° 和 45.9° 处的衍射峰，它们分别对应于 Fe₂Mo 的（110）、（103）和（201）晶面，表明在 Fe₂Mo/NC 催化剂中生成了双金属 Fe₂Mo（JCPDS 卡：06-0622 号）合金。

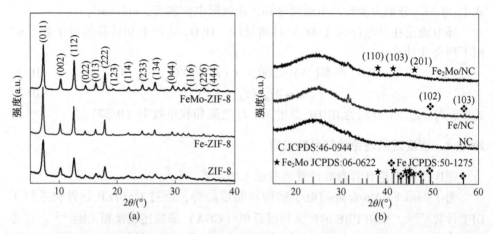

图 10-1 ZIF-8、Fe-ZIF-8 和 FeMo-ZIF-8（a）及 NC、Fe/NC 和 Fe₂Mo/NC（b）的 XRD 谱图

用扫描电子显微镜（SEM）和透射电子显微镜（TEM）对 Fe/NC 和 Fe₂Mo/NC 催化剂的形貌进行了表征。对于 Fe/NC 和 Fe₂Mo/NC 催化剂，SEM 图像呈现均匀的十二面体形态，尺寸约为 50 nm，这类似于 NC 的形态（见图 10-2 及图 10-3（a）（b）），显然 Fe/NC 和 Fe₂Mo/NC 催化剂与 Fe-ZIF8 和 FeMo-ZIF-8 前驱体没有明显的形态差异，表明催化剂在热解和酸浸过程后可以保持其初始的十二面体形貌。Fe/NC 和 Fe₂Mo/NC 催化剂中的 Fe、Mo 和 Zn 负载量通过电感耦合等离子体发射光谱（ICP-OES）分析进行定量，Fe/NC（0.024%）和 Fe₂Mo/NC（0.023%）中的超低锌含量（质量分数）证明了在热解和酸浸步骤后 Zn 的完全去除。还注意到，对于 Fe₂Mo/NC 催化剂，从 ICP-OES 获得的 Fe 和 Mo 的摩尔比为 2∶1，这接近于 Fe₂Mo 分子的化学计量系数 2。通过 Fe/NC 和 Fe₂Mo/NC 的扫描透射电子显微镜（STEM）图像观察到金属纳米颗粒（见图 10-4 和图 10-5），它们由图中标有圆圈的亮点识别。TEM 图像显示 Fe/NC 中金属颗粒直径约为 14 nm，而 Fe₂Mo/NC 中金属颗粒直径约为 8 nm。图 10-3（c）的高分辨率透射电子显微镜（HRTEM）图像显示，Fe/NC 催化剂中金属颗粒呈现晶格间距为 0.18 nm 的晶格相，对应于 Fe 的（102）晶面，证实了铁纳米颗粒的存在。如图 10-3（d）所示，Fe₂Mo/NC 催化剂的 HRTEM 图像中的高度有序的晶格面清晰可见。晶格间距为 0.22 nm 的晶格条纹对应于 Fe₂Mo 的（103）晶面，证实了 Fe₂Mo/NC 催化剂中 Fe₂Mo 纳米颗粒的存在，这与 XRD 和 ICP 的分析很好地吻合。图 10-3（e）所示的 HAADF-STEM-EDX 元素面扫图呈现 Fe₂Mo/NC 催化剂中 C、N、Fe 和 Mo 的均匀分布。

图 10-2　酸浸 NC 样品的 SEM（a）和 HRTEM（b）图像

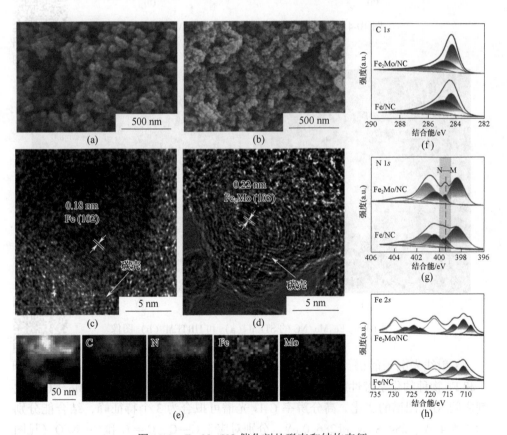

图 10-3　Fe₂Mo/NC 催化剂的形态和结构表征

（a）（b）Fe/NC、Fe₂Mo/NC 的场发射扫描电镜（FESEM）图像；（c）（d）Fe/NC、Fe₂Mo/NC 的 HRTEM 图像；（e）Fe₂Mo/NC 催化剂中的碳、氮、铁和钼的 STEM 图像和相应的元素分布图；（f）~（h）Fe/NC 和 Fe₂Mo/NC 催化剂的高分辨率 C 1s、N 1s 和 Fe 2p XPS 谱图

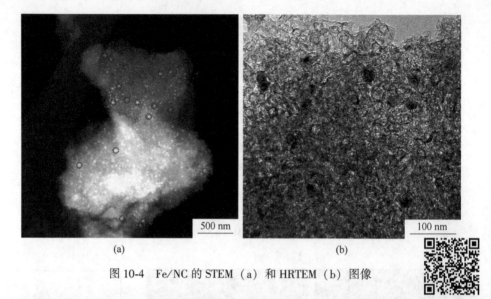

图 10-4 Fe/NC 的 STEM (a) 和 HRTEM (b) 图像

图 10-4 彩图

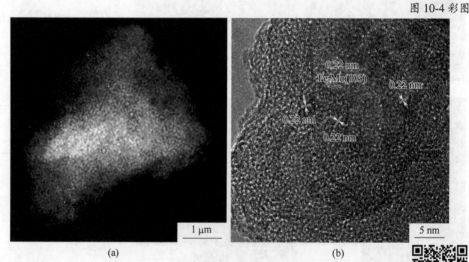

图 10-5 Fe₂Mo/NC 的 STEM (a) 和 HRTEM (b) 图像

图 10-5 彩图

X 射线光电子能谱 (XPS) 被证明可以有效地确定催化剂中 C、N 和 Fe 物种的化学键性质。图 10-3 (f) ~ (h) 显示了 Fe/NC 和 Fe₂Mo/NC 催化剂之间 XPS 图谱的变化。高分辨率 C 1s 光谱可拟合为 3 个特征峰，结合能分别为 284.4 eV、284.8 eV 和 286.0 eV，分别对应于 C—C、C≡C 和 C—N/O (见图 10-3 (f))[358]。N 1s 光谱揭示了 5 种氮物种的共存，吡啶氮 (398.3 eV)、金属—N_x (399.4 eV)、吡咯氮 (400.3 eV)、石墨氮 (401.1 eV) 和氧化氮 (403.3 eV)，表明在 Fe/NC 和 Fe₂Mo/NC 催化剂中都存在金属—N_x 物种 (见图

10-3（g））[359]。N 1s 光谱的定量分析揭示了 Fe/NC（0.60%）比 Fe$_2$Mo/NC（0.29%）中具有更高摩尔分数的金属—N$_x$ 物质。图 10-6 显示了 Fe/NC 和 Fe$_2$Mo/NC 的 Mo 3d 谱图。227.8 eV 和 231.8 eV（分别为 3d$_{3/5}$ 和 3d$_{2/5}$）处的双峰为零价钼，228.9 eV 和 234.6 eV 处的另一个双峰归因于 Fe$_2$Mo/NC 催化剂的 Mo^{4+}，进一步表明 Fe$_2$Mo/NC 催化剂中存在金属相钼[360]。Fe/NC 和 Fe$_2$Mo/NC 的高分辨 Fe 2p 谱显示出 3 个双峰（2p$_{3/2}$ 和 2p$_{1/2}$）。713.8 eV 和 726.7 eV 处的双峰对应于 Fe^{3+}，711.0 eV 和 724.5 eV 处的双峰与 Fe^{2+} 有关，进一步支持 Fe/NC 和 Fe$_2$Mo/NC 中存在 Fe—N$_x$ 物种（见图 10-3（h））[361]。708.9 eV 和 722.4 eV 处的双峰对应于零价铁，这进一步支持了 Fe/NC 和 Fe$_2$Mo/NC 催化剂中金属铁的存在，这与 TEM 和 XRD 的结果一致。

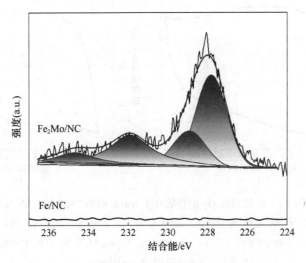

图 10-6　Fe/NC 和 Fe$_2$Mo/NC 的 Mo 3d XPS 谱比较

10.3.2　材料电化学性能分析

在 O$_2$ 饱和的 0.1 mol/L KOH 溶液中，Fe/NC 和 Fe$_2$Mo/NC 的循环伏安曲线（见图 10-7）显示出明显的氧脱附峰，但在 N$_2$ 饱和的 KOH 溶液中没有。当与 Fe/NC 催化剂相比时，Fe$_2$Mo/NC 催化剂的氧脱附峰的电位略微正移，表明氧中间体从 Fe$_2$Mo 双金属表面的脱附自由能降低。不同催化剂之间的 ORR 活性可以通过使用非贵金属催化剂的双电层电容（C_{dl}）反映的电化学活性表面积来解释。如图 10-8 所示，Fe/NC 和 Fe$_2$Mo/NC 催化剂的 C_{dl} 值几乎相同，表明 Fe/NC 和 Fe$_2$Mo/NC 催化剂具有相似的电化学活性表面积。

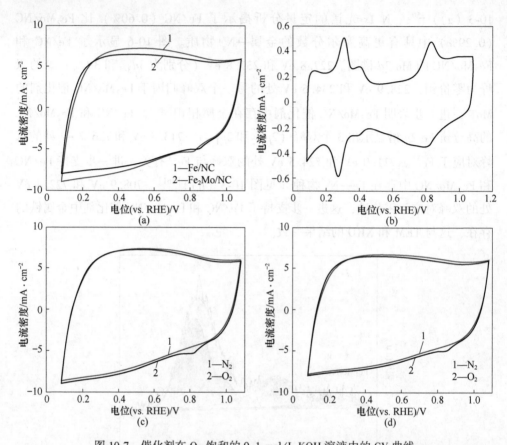

图 10-7　催化剂在 O_2 饱和的 0.1 mol/L KOH 溶液中的 CV 曲线

(a) Fe/NC 和 Fe_2Mo/NC 在 O_2 饱和的 0.1 mol/L KOH 溶液中的 CV 曲线；(b) 商业 Pt/C 在 N_2 饱和 0.1 mol/L KOH 溶液中的 CV 曲线；(c) (d) Fe/NC、Fe_2Mo/NC 在 N_2 和 O_2 饱和的 0.1 mol/L KOH 溶液中的 CV 曲线的比较

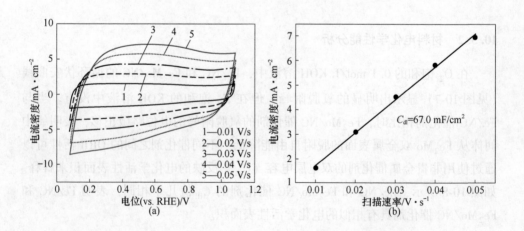

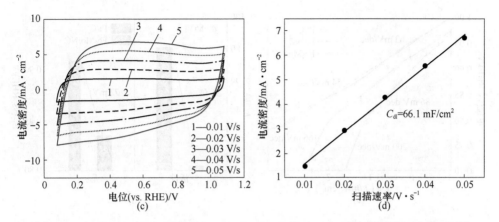

图 10-8 Fe/NC（a）和 Fe₂Mo/NC（c）在 N₂ 饱和 0.1 mol/L KOH 溶液中在不同扫描
速率下的 CV 曲线，以及 Fe/NC（b）和 Fe₂Mo/NC（d）的 C_{dl} 拟合曲线

图 10-9（a）显示了 O₂ 饱和 0.1 mol/L KOH 溶液中及 1600 r/min 转速下，Fe₂Mo/NC、Fe/NC 和商业 Pt/C 催化剂的 ORR 极化曲线。Fe₂Mo/NC 催化剂的半波电位（$E_{1/2}$）为 0.91 V，分别比商业 Pt/C 和 Fe/NC 催化剂的半波电位高 72 mV 和 32 mV，表明 Fe₂Mo/NC 催化剂的 ORR 电催化活性高得多。扩散电流密度的值表明在 Fe₂Mo/NC 催化剂的表面 O₂ 经历四电子反应路径完全还原成 H₂O。为了评估 Fe₂Mo/NC 的 ORR 反应路径，进行了不同转速下的 RDE 测量。图 10-10 为 Fe₂Mo/NC 催化剂的 j_k^{-1} 和 $\omega^{-1/2}$（ω 为电极转速）之间线性关系 Koutecky-Levich 图，在 0.3~0.7 V 的电势范围内，计算出电子转移数（n）约为 4，接近四电子 ORR 途径的理论值。在 O₂ 饱和的 0.1 mol/L KOH 电解质中，使用旋转环盘电极（RRDE）进一步评价所有催化剂的 ORR 选择性。RRDE 测量表明，Fe/NC 和 Fe₂Mo/NC 催化剂表现出约 2.5% 的低 HO₂⁻ 产率，具有约 3.95 的高电子转移数，表明了高效率的四电子 ORR 途径（见图 10-9（b））。为了更深入地了解不同

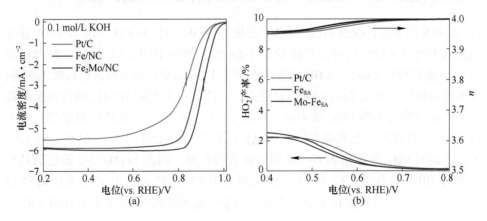

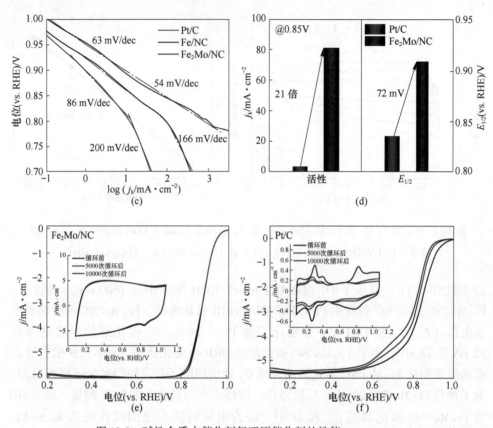

图 10-9　碱性介质中催化剂氧还原催化剂的性能

（a）在 O_2 饱和 0.1 mol/L KOH 中 Pt/C、Fe/NC 和 Fe_2Mo/NC 催化剂的 ORR 极化曲线；
（b）Pt/C、Fe/NC 和 Fe_2Mo/NC 催化剂 RRDE 测量计算的电子转移数和过氧化物产率；
（c）Pt/C、Fe/NC 和 Fe_2Mo/NC 催化剂的 Tafel 曲线；（d）Pt/C 和 Fe_2Mo/NC 催化剂在
0.85 V 和半波电势下的动力学电流密度比较；（e）（f）Fe_2Mo/NC 和商业 Pt/C 催化剂在
0.6~1.0 V 之间 5000 次、10000 次循环前后的 ORR 极化曲线和相应的 CV 曲线（插图）

图 10-9 彩图

Fe_2Mo 双金属表面上 ORR 活性的增强，分析了 Fe_2Mo/NC、Fe/NC 和商业 Pt/C 催化剂的基于动力学电流密度的传质校正 Tafel 图。如图 10-9（c）所示，Fe/NC 和 Pt/C 催化剂在 0.1 mol/L KOH 溶液中有两个 Tafel 斜率：高电位区的较低 Tafel 斜率和低电位区的较高 Tafel 斜率，这是由于活性位点上吸附的 OH_{ad} 的位点阻断和电子效应导致的缓慢 ORR 动力学。从图 10-9（c）中可以清楚地观察到，对于 Fe_2Mo/NC 催化剂，在高电位区和低电位区都只有一个低的 Tafel 斜率（54 mV/dec），表明 OH_{ad} 更容易从 Fe_2Mo 双金属表面解吸，因此 Fe_2Mo/NC 催化剂具有有利的 ORR 动力学。Fe_2Mo/NC 催化剂在 0.85 V 时的动力学电流密度高达 82.28 mA/cm²，比商业 Pt/C 催化剂的动力学电流密度高 21 倍（见图 10-9（d））。

有趣的是，如图 10-11 所示，具有更少 ORR 活性金属—N 位点的 Fe_2Mo/NC 催化剂在 0.85 V 时表现出比 Fe/NC 催化剂高 5.2 倍的动力学电流密度，这表明 Fe_2Mo/NC 的能量上更有利于 ORR。采用加速稳定性试验（ADT）对 Fe_2Mo/NC、Fe/NC 和 Pt/C 催化剂的稳定性进行评估[362]，如图 10-9（e）~（f）和图 10-12 所示，Fe_2Mo/NC 催化剂在碱性电解质中表现出优异的稳定性，在 10000 圈电位循环后 $E_{1/2}$ 仅损失 3 mV，比 Pt/C 催化剂的损失（29 mV）低得多。

在 O_2 饱和 0.5 mol/L H_2SO_4 溶液中，Fe_2Mo/NC 催化剂显示出比 Fe/NC 更正的氧脱附峰（见图 10-13）和更高的半波电位值（$E_{1/2}$）（见图 10-14（a））。Fe_2Mo/NC 催化剂的 ORR $E_{1/2}$ 为 0.80 V，分别比商业 Pt/C 和 Fe/NC 的高 6 mV 和 12 mV，表明了 Fe_2Mo/NC 催化剂在酸性介质中的 ORR 电催化活性与 Pt/C 相当。RRDE 测量和 Koutecky-Levich 图证明了 Fe_2Mo/NC 催化剂显示出 3.75% 的低 H_2O_2 产率，电子转移数约为 3.9，表明了四电子 ORR 反应路径（见图 10-14（b）和图 10-15）。Fe_2Mo/NC 催化剂具有比 Fe/NC（70 mV/dec）和 Pt/C（86 mV/dec）催化剂更低的 Tafel 斜率，为 57 mV/dec，表明 Fe_2Mo/NC 催化剂在酸性介质中具有良好的 ORR 电催化动力学。Fe_2Mo/NC 催化剂在 0.75 V 下的动力学电流密度分别是商业 Pt/C 和 Fe/NC 催化剂的 4 倍和 3.6 倍，进一步支持了 Fe_2Mo/NC 比 Fe/NC 和 Pt/C 在能量上更有利的 ORR 催化过程（见图 10-14（d）和图 10-16）。如图 10-14（e）、图 10-17 和图 10-18 所示，Fe_2Mo/NC 催化剂在酸性电解质中也表现出优异的稳定性，如 10000 次循环后 $E_{1/2}$ 只减小 19 mV，这低于 Fe/NC（$E_{1/2}$ 损失 21 mV）和 Pt/C（$E_{1/2}$ 损失 26 mV）。在测试的催化剂中，Fe_2Mo/NC 催化剂在酸性和碱性电解质中均表现出最高的半波电位（1600 r/min 下，在 0.5 mol/L H_2SO_4 中为 0.8 V，在 0.1 mol/L KOH 中为 0.91 V），这甚至显

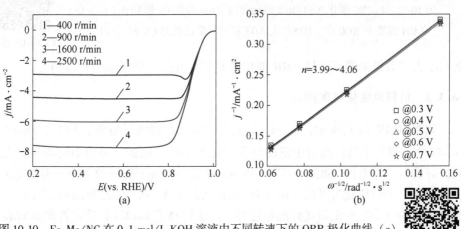

图 10-10　Fe_2Mo/NC 在 0.1 mol/L KOH 溶液中不同转速下的 ORR 极化曲线（a）和 Fe_2Mo/NC 在不同电位下的相应 Koutecky-Levich 图（b）

图 10-10 彩图

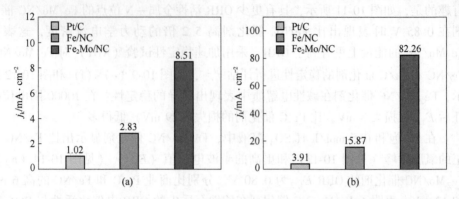

图 10-11 0.1 mol/L KOH 电解质中 Fe/NC、Fe$_2$Mo/NC 和商业 Pt/C 的 ORR 动力学电流密度比较

(a) 0.9 V; (b) 0.85 V

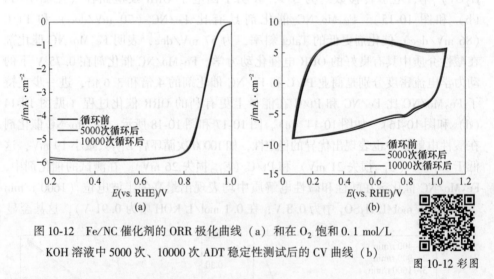

图 10-12 Fe/NC 催化剂的 ORR 极化曲线 (a) 和在 O$_2$ 饱和 0.1 mol/L

KOH 溶液中 5000 次、10000 次 ADT 稳定性测试后的 CV 曲线 (b)

图 10-12 彩图

著高于大多数报道的高活性 ORR 催化剂的半波电位 (见图 10-14 (f))。

10.3.3 材料电催化机理探讨

如图 10-19 (a) 所示，Fe$_2$Mo 合金表面显示出富电子特性，同时，Fe-3d 和 Mo-4d 轨道都位于具有高电子密度的费米能级 (E_F) 附近，导致中间体与电极之间良好的电子导电性。此外，Fe-3d 和 Mo-4d 轨道实现了充分的重叠，表明 d-d 耦合使快速电子转移成为可能。由于在 ORR 条件下 Fe 和 Mo 之间的相互保护，这种电子结构赋予电催化剂优异的稳定性。这也解释了 Fe$_2$Mo 在稳定性测试时表现出的优异稳定性 (见图 10-19 (b))。进一步研究了 Fe$_2$Mo 的电子结构，与纯 Fe 相比，Fe$_2$Mo 合金中从体相到近表面 Fe-3d 轨道显示了更大的 e_g-t_{2g} 分裂和更低的

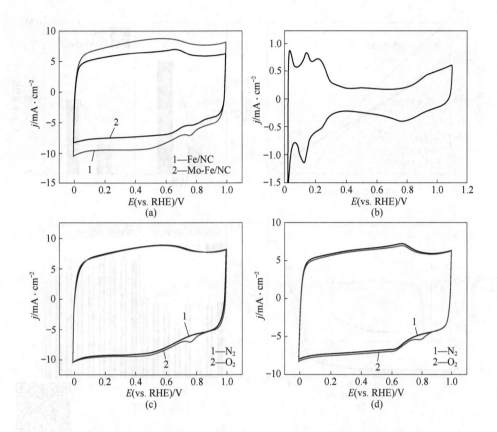

图 10-13 催化剂在 O_2 饱和 0.5 mol/L H_2SO_4 溶液中的 CV 曲线

(a) 在 O_2 饱和 0.5 mol/L H_2SO_4 溶液中 Fe/NC 和 Fe_2Mo/NC 的 CV 曲线；(b) 商业 Pt/C 在 N_2 饱和的 0.5 mol/L H_2SO_4 溶液中的 CV 曲线；(c) (d) Fe/NC、Fe_2Mo/NC 在 N_2 和 O_2 饱和的 0.5 mol/L H_2SO_4 溶液中的 CV 曲线比较

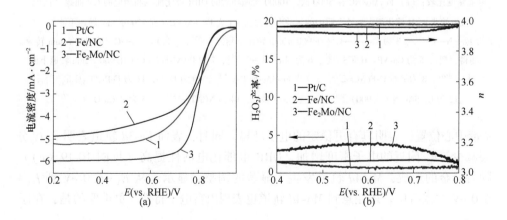

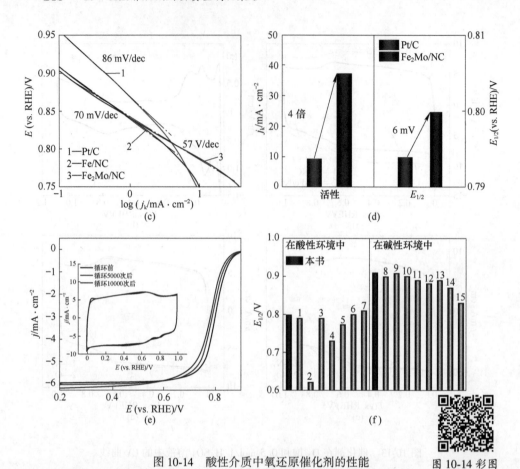

图 10-14 酸性介质中氧还原催化剂的性能

（a）在 O_2 饱和 0.5 mol/L H_2SO_4 中 Pt/C、Fe/NC 和 Fe_2Mo/NC 催化剂的 ORR 极化曲线；（b）Pt/C、
Fe/NC 和 Fe_2Mo/NC 催化剂 RRDE 测量计算的电子转移数和过氧化物产率；（c）Pt/C、Fe/NC 和
Fe_2Mo/NC 催化剂的 Tafel 曲线；（d）Pt/C 和 Fe_2Mo/NC 催化剂在 0.75 V 和半波电势下的动力学
电流密度比较；（e）Fe_2Mo/NC 在 5000 次、10000 次循环后的 ORR 极化曲线和相应的 CV 曲线（插图）；
（f）报道的非 PGM 催化剂在酸性介质中的半波电位比较（1 为 Fe—N—C（在 1200 r/min 转速下测得）[363]，
2 为 Fe—N—C[352]，3 为 Fe—N—C（在 900 r/min 转速下测得）[353]，4 为 Co—N—C（在 900 r/min 转速下
测得）[364]，5 为 Co-NPs/HNCS[365]，6 为 Mn—N—C[355]，7 为 PANI-FeCo-C（在 900 r/min 转速下测
得）[366]，8 为 Fe@ C-FeNCs-2[367]，9 为 Fe-SAs-N/C-x[139]，10 为 FePc，11 为 FePc/$Ti_3C_2T_x$[368]，
12 为 Co SAs/N-C（900）[369]，13 为 CoFe 颗粒，14 为 NCNTFs[370]，15 为 PcCu-O_8-Co[371]）

d 带中心位置，表明具有更稳定的电子环境。同时，表面 Fe-3d 轨道表明 e_g-t_{2g} 分
裂减少，E_F 附近的电子密度增加，ORR 电催化电活性提高（见图 10-19（c））。
随着合金的形成，Mo-4d 轨道发生了显著的调整，显示了从 E_V-6.0 eV 到 E_V+
6.0 eV 的宽占位。还注意到 Mo-4d 轨道也表现出富电子特性。更重要的是，在还

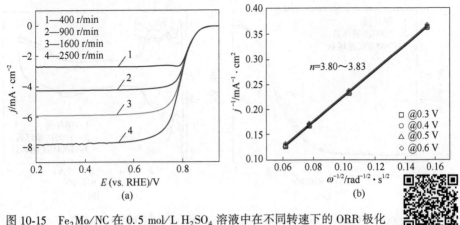

图 10-15　Fe$_2$Mo/NC 在 0.5 mol/L H$_2$SO$_4$ 溶液中在不同转速下的 ORR 极化

曲线（a）和在不同电位下的相应 Koutecky-Levich 图（b）

图 10-15 彩图

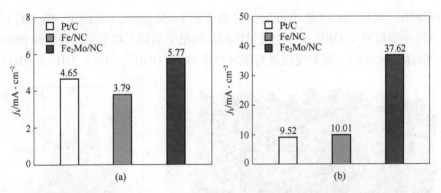

图 10-16　0.5 mol/L H$_2$SO$_4$ 电解质中 Fe/NC、Fe$_2$Mo/NC 和商业 Pt/C 的 ORR 动力学电流密度比较

（a）0.8 V；（b）0.75 V

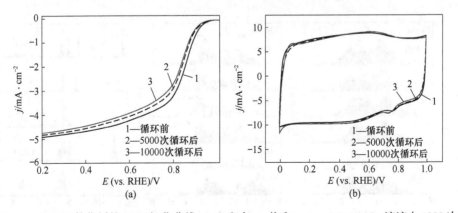

图 10-17　Fe/NC 催化剂的 ORR 极化曲线（a）和在 O$_2$ 饱和 0.5 mol/L H$_2$SO$_4$ 溶液中 5000 次、

10000 次 ADT 稳定性测试后的 CV 曲线（b）

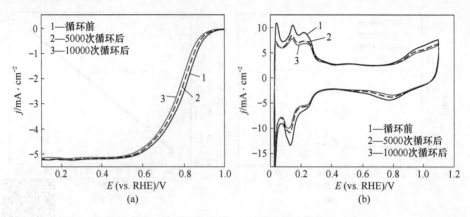

图 10-18 商业 Pt/C 催化剂的 ORR 极化曲线（a）和在 O_2 饱和的 0.5 mol/L H_2SO_4 溶液中
5000 次、10000 次 ADT 稳定性测试后的 CV 曲线（b）

原环境中，宽的 Mo-4d 轨道可以很好地保护 Fe-3d 轨道（见图 10-19（d））。然后，进一步研究了 ORR 过程中关键中间体的电子结构。对于碱性和酸性 ORR，关键中间体是相同的，随着反应进行依次产生 O_2^*、OOH^*、O^*、OH^* 和 H_2O^* 中

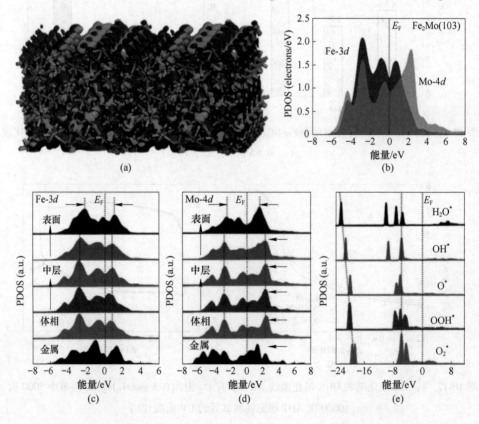

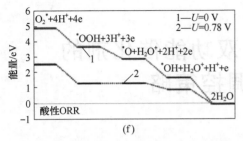
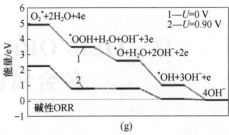

图 10-19　催化剂的电子结构 DFT 理论计算结果分析

（a）Fe_2Mo 费米能级附近的成键轨道（蓝色）与反键轨道（绿色）的实际空间轮廓图；

（b）Fe_2Mo 的 PDOS 图；（c）（d）Fe_2Mo 从体相到表面的 Fe-3d、Mo-4d 的 PDOS 图；

（e）ORR 关键中间体的 PDOS 图；（f）$U=0$ V 下 OER 能垒图；（g）$U=1.23$ V 下 OER 能垒图

图 10-19 彩图

间体。因此，中间体转化之间的电子转移效率决定了催化剂 ORR 性能。值得注意的是，依次产生的中间体 PDOS 存在明显的线性相关性（见图 10-19（e）），表明每个反应步骤之间更高的电子转移效率，支持了具有更多富电子结构的中间体的成功还原，可见优化的 Fe_2Mo 合金电子结构不仅实现了高效的电子转移，而且优化了电催化剂的稳定性。

另一方面，分别计算了酸性和碱性环境中 ORR 的反应能级图。在 $U=0$ V 时，所有的反应都是强放热的。然而，如果应用 1.23 V 的平衡电势，以酸性环境下 0.45 eV 的最大势垒（从 $[OOH^* + 3H^+ + 3e]$ 到 $[O^* + 2H^+ + H_2O + 2e]$ 的基元反应）来估计过电位。该结果表明 0.78 V 应该是所有放热反应步骤的最高电位，这与实验结果接近（见图 10-19（f））。在碱性环境中，在从 OOH^* 到 O^* 的转变为速率决定步骤，$U=1.23$ V 时显示 0.33 eV 的最大势垒，表明 ORR 自发反应所需的电势为 0.90 eV，这与实验结果高度相似（见图 10-19（g）），揭示了 Fe_2Mo 电催化剂在酸性和碱性环境中优越性能的原因。

本章介绍了一种具有高活性和高稳定性的 ORR 电催化 Fe_2Mo 催化剂。HRTEM 和 XPS 分析证明了 Fe_2Mo/NC 催化剂具有以 Fe_2Mo 纳米粒子为核，氮掺杂碳为壳的独特微观结构。与商业 Pt/C 及单金属 Fe/NC 催化剂相比，所制备的 Fe_2Mo/NC 催化剂在其 Fe_2Mo 表面上具有更高的 OH^* 加氢效率，在碱性和酸性环境中具有更低的 Tafel 斜率和更高的半波电位。Fe_2Mo/NC 催化剂在 0.1 mol/L KOH 溶液中在 0.85 V 时表现出 82.28 mA/cm^2 的高动力学电流密度，在 0.5 mol/L H_2SO_4 溶液中在 0.75 V 时表现出 37.62 mA/cm^2 的高动力学电流密度，这分别是商业 Pt/C 的 21 倍和 4 倍。此外，Fe_2Mo/NC 催化剂在 10000 次循环后仍能在很大程度上保持 ORR 活性，表明其优异的长期稳定性。DFT 计算表明，所形成的 Fe_2Mo 合金在酸性和碱性环境中都表现出对 ORR 过程的高电活性归因于优异 Fe 和 Mo 之间的 d-d 轨道耦合，这种耦合形成了具有长期应用稳定性的电催化剂。

11 OER/ORR 双功能催化剂的多金属调控策略

由于不断增长的能源需求和日益严重的环境问题，新型能源转换技术如燃料电池、锌空气电池等引起了人们的广泛关注。这两种能源转换技术的关键涉及两个电催化半反应，即反应动力学缓慢的氧还原反应（ORR）和高过电位的析氧反应（OER）。因此，通常需要高性能催化剂加速反应的进行。目前具有较好 ORR 催化活性的 Pt 基贵金属催化剂，以及具有较好 OER 催化活性的 Ir 基、Ru 基贵金属催化剂等，受到资源匮乏和高昂成本的限制，阻碍了上述两种能源转化技术的大规模应用。因此，降低催化剂中贵金属原子的使用量及开发各种非贵金属催化剂尤为重要。近年来，许多研究者将目光投向了 FeM—N—C（M = Co、Ni、Cu）等催化剂，多种金属之间存在的强相互作用会进一步提升催化剂的催化活性。本章介绍了一种简单的用高温热解制备三金属掺杂多孔碳 ORR/OER 双功能催化剂的方法。通过对催化剂进行表征分析，探索了在催化剂合成过程中多金属掺杂对催化剂形貌、性能，以及对催化剂中金属颗粒尺寸大小的影响[372]。

11.1 概　　述

随着人们对能源转换的需求逐渐迫切，使得人们不断去开发新型能源及发展新型的能源转换技术。其中，使用 H_2 为燃料的 PEMFC 及锌-空气电池作为两种比较典型的能源转换技术而受到广泛关注。PEMFC 具有燃料电池来源广泛、高效、绿色无污染等优点，是氢能这一理想能源的最佳使用方式。锌-空气电池以其相对广泛的应用前景、高的比能量、安全性较高等优势而成为较有前途的能量转换装置之一。锌-空气电池在充电和放电的过程中，电极上分别发生 OER 和 ORR，这两个过程都涉及 4e 转移，动力学缓慢的 OER、ORR 同样制约了上述能源转换装置的迅速发展。加快 ORR、OER 反应速率被证明能够有效地提高其能量转换效率，所以，探索高效的双功能催化剂是解决上述问题的关键方法。目前，商用的 ORR 催化剂普遍为 Pt 基贵金属碳材料催化剂，并且 Pt 的含量相对较高，这就使得催化剂的成本居高不下。另外，Pt 基催化剂也受到 CO 中毒失活等影响，导致其活性变差，稳定性有待提高。目前，高效的商用 OER 催化剂主要为 Ir/RuO$_2$ 基催化剂，贵金属昂贵的价格及稀缺性同样制约了贵金属催化剂的广泛应用。鉴于此，研究具有高催化活性、低成本的 ORR、OER 催化剂，对开发高效的能源转化设备具有非常重要的意义。

碳基载体材料由于具有资源丰富、合成方法多等诸多优势，受到众多研究者的广泛关注。但是纯碳材料的活性比较有限，为了满足催化反应的高要求，需要对碳材料进行合理地改性处理。目前，有关碳材料的改性调控已有相关报道。对碳材料进行改性使其具有较大的比表面积。大的比表面积、丰富的孔洞结构能够促进电子传输，并且能够提供更多的活性位点，进而去增强催化剂的催化活性；杂原子或者金属元素的掺杂，可以同时提高催化剂的 ORR、OER 性能。N、S、B、P 等杂原子掺杂碳存在相互协同作用，能够增强催化剂的催化性能。金属元素（如过渡金属 Fe、Co、Ni 等）及其化合物修饰碳材料催化剂存在更多的活性位点；多金属元素的共同掺杂使得金属元素之间存在强相互作用，从而改变金属元素的电子结构及配位环境，最后呈现出更为理想的催化活性。

离子液体（IL）由于其独特的性质而受到广泛关注。人们普遍认为，IL 的离子特性可以为催化剂提供独特的离子环境，在稳定反应性催化物质或反应中间体方面起到积极作用。利用 IL 的蒸气压低、溶解性高，且特性一定的 IL 的结构有序性等特点，将其作为催化剂合成中的保护剂来制备超细纳米颗粒，是一种非常绿色的方法。并且离子液体中有一些杂原子存在，能作为杂原子掺杂剂用于催化剂的合成[373-374]。Nastaran 等人[375]通过 IL 前体及三氯化铁制备的氮掺杂和氮掺杂-硫、氮-磷和氮-硼共掺杂碳材料发现，杂原子类型和金属在提高最终碳材料的催化活性方面起着重要作用。更重要的是，离子液体在高温下分解产生的气体还能促进催化剂孔结构的形成。Wang 等人[376]报道了一种利用 IL 在氧化物网格内的空间限制，通过受限碳化从传统离子液体中形成功能性多孔碳和碳氧化物复合材料的策略，它允许合理调整相应的碳氧化物复合材料和衍生碳材料的孔结构，其范围为从微孔到介孔到大孔结构。

通过在多孔 Fe-N-C 活性材料制备过程中引入第二种金属元素掺杂，能够很好地提升催化剂的 ORR 性能，并且两种元素物种之间存在的强相互作用同样也是增强催化剂 ORR 性能的关键因素。但是其电催化性能单一，催化剂的 OER 性能较差，这可能与掺杂的金属元素种类有关。根据催化剂的 OER 活性火山图可以看出，Ru、Ir、Co、Ni 等金属元素对催化剂的 OER 性能有积极的影响。本章在对催化剂的 ORR 性能影响不大的前提下，通过引入第三种金属元素（Co、Ni、Ru 三种），合成了一种三金属掺杂活性炭材料的 OER/ORR 双功能催化剂，并且探索了 Ru 的不同含量对催化剂活性的影响。所制备的三金属掺杂碳材料催化剂在碱性环境中具有优异的双功能催化活性和稳定性。

11.2 材料的制备及测试技术

11.2.1 材料的制备

材料的制备需用到（甲基二茂铁）三甲基碘化铵（$C_{14}H_{20}FeIN$）、$Zr(NO_3)_4$、硫脲、三聚氰胺及 1-丁基-3-甲基咪唑双（三氟甲磺酰）亚胺盐（[BMIM] [Tf_2N]）离子液体。取 50 mg 的少层氧化石墨烯超声分散在 10 mL 超纯水中，超声至少 3 h 使得氧化石墨烯在水中均匀分散。同时将称量好的 $C_{14}H_{20}FeIN$ 超声溶解在无水乙醇中配成 50 mg/mL 的均匀澄清溶液备用。配制 0.1 mol/L 的 $Zr(NO_3)_4$ 溶液、0.1 mol/L 的 $Co(NO_3)_2$ 溶液、0.1 mol/L $Ni(NO_3)_2$ 溶液及 8 mmol/L 的 $RuCl_3$ 溶液备用。以 FeZrRu 催化剂制备为例，分别取出与 Fe、Zr 原子比 1∶1 的 $C_{14}H_{20}FeIN$ 与 $Zr(NO_3)_4$ 溶液加入石墨烯分散液中于室温下搅拌，同时加入 $RuCl_3$ 溶液，使 Ru 的理论质量分数为 2%，并加入 1 mL [BMIM] [Tf_2N]、250 mg 三聚氰胺和 150 mg 硫脲搅拌 24 h。后续再进行退火、酸洗、再退火处理。具体实验流程如图 11-1 所示。按照第三种掺杂元素的种类不同，在上述制备操作时，用 $Co(NO_3)_2$ 或 $Ni(NO_3)_2$ 替代 $RuCl_3$，所制备的催化剂分别命名为 FeZrCo、FeZrNi。

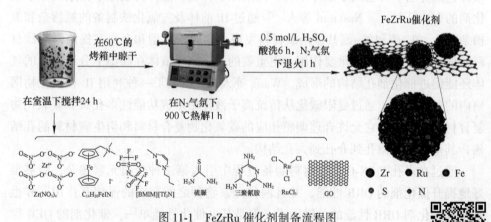

图 11-1 FeZrRu 催化剂制备流程图

由于 Ru 属于贵金属，容易在高温热解的过程中发生团聚而形成粒径较大的纳米颗粒，从而影响催化剂的电催化性能。所以制备了一组 FeZrRu，选取的理论 Ru 的含量分别为 0.5%、1%、1.5%、2%、5%、10%。制备过程与上述制备流程一致。通过测试其电化学性能，探索了不同 Ru 含量对催化剂 ORR、OER 性能的影响。

11.2.2 材料结构表征方法

材料结构表征方法请参见 3.2.2 节。

采用美国 FEI 公司生产的 NOVA-Nano450 场发射扫描电子显微镜（FE-SEM）观察样品的表面形貌。除观察形貌外，还能够分析样品表面元素的分布状态，得到 EDS 能谱图。测试样品制样方法：用电子天平称取一定量的样品，研磨成粉末，用导电胶粘到表面干净的样品台上，然后放入电镜室进行测试。

采用美国 FEI 公司生产的 Tecnia G2 TF30 透射电子显微镜（TEM）进一步直观地观测样品的形状、大小及分散度等细节，加速电压为 200 kV。测试样品的制样过程：取少量催化剂粉末至玻璃小瓶中，加入一定量的乙醇混合，超声至少1 h 分散均匀，随后取少量悬浊液至铜网上，等待其自然晾干后，进行测试。

样品的 X 射线衍射（XRD）图谱采用日本理光生产的 Rigaku miniFlex600 进行测试。分析材料的成分、原子或分子的内部结构等，采用 Cu K_α 辐射，扫描角度范围是 $10°\sim90°$，扫描速度为 $5°/min$。拉曼光谱仪是法国 HORIBA 公司生产的，型号为 LabRAM HR Evolution，辐射源波长为 532 nm。通过拉曼光谱来测试催化剂碳材料的石墨化程度及材料的碳缺陷密度。使用德国布鲁克（Bruker）生产的 ALPHA 红外光谱仪进行材料的测试，测试波长范围为 $4000\sim400$ cm^{-1}。通过对基团的特征吸收频率及特征峰的强度来对材料进行结构解析。使用日本 ULVAC-PHI，INC 生产的 PHI5000 VersaProbe II 型 XPS 仪器，以 Mg K_α 为射线源对催化剂材料表面进行测试，从而获得催化剂材料的元素组成、化学价态和官能团的种类等。利用 XPS 分析软件 MultiPak 对所得的数据进行拟合和分析。使用美国康塔（Quantachrome）生产的 Quantachrome NOVA 2000 比表面积孔径分布仪，在对催化剂进行预处理之后直接进行测试。使用上海力晶科学仪器有限公司生产的 STA449 F3 Jupiter 热重分析仪，将高温热解前的混合物取一小部分放在测试热重专用的小坩埚中进行测试，通过热重测试来检测催化剂高温碳化过程中前驱体的质量损失、吸放热和催化剂产率。

11.2.3 材料性能测试方法

材料性能测试方法请参见 3.2.3 节和 8.2.3 节。

所有电化学测试均在标准的三电极测试系统中进行，通过辰华 760E 电化学工作站进行测试。三电极测试体系为：Hg/HgO（碱性电解液）或者 Ag/AgCl（酸性电解液）为参比电极，铂片（1 cm×1 cm）为对电极，玻碳电极为工作电极（直径为 5 mm）（测试催化剂 ORR 性能），或者使用夹泡沫镍（1 cm×1 cm）的电极夹为工作电极（测试催化剂的 OER 性能）。本章中，所有电势（通过氢标）都换算成了可逆氢电极电势（RHE），换算公式如下：电解质为 0.1 mol/L

KOH 时，$E(RHE) = E(Hg/HgO) + 0.9003$ V；电解质为 1 mol/L KOH 时，$E(RHE) = E(Hg/HgO) + 0.9255$ V；电解质为 0.5 mol/L H_2SO_4 时，$E(RHE) = E(Ag/AgCl) + 0.212$ V。在室温下完成所有电化学测试。所制备催化剂的电化学测试的负载量为 0.8 mg/cm²，而商业 Pt/C 中的 Pt 在玻碳电极上的负载量为 60 μg/cm²，商品化 IrO_2 中的 Ir 在泡沫镍上的负载量为 40 μg/cm²。

采用循环伏安法（CV）对催化剂的 ORR 极化曲线进行测试，在 O_2 饱和的 0.1 mol/L KOH（或 0.5 mol/L H_2SO_4）电解液中，电位区间为 -0.8~0.2 V（或 -0.3~0.85 V），同时 Pine 的转速为 1600 r/min，扫速为 10 mV/s。

以 10 mV/s 的扫描速率在 400 r/min、625 r/min、900 r/min、1225 r/min、1600 r/min 和 2025 r/min 的不同转速下测试 ORR 极化曲线，并通过 Koutecky-Levich（K-L）方程（式（11-1）和式（11-2））计算动力学电流密度（J_k）：

$$J^{-1} = J_L^{-1} + J_K^{-1} = B^{-1}\omega^{-1/2} + J_K^{-1} \tag{11-1}$$

$$B = 0.62nFC_0D_0^{2/3}\nu^{-1/6} \tag{11-2}$$

式中，J 为测得的电流密度；J_K、J_L 分别为动力学电流密度和极限扩散电流密度；ω 为角速度，rad/s；n 为转移电子数；F 为法拉第常数，值为 96485 C/mol；C_0 为 O_2 的体积浓度，在 0.1 mol/L KOH 溶液中 C_0 值为 $1.2×10^{-3}$ mol/L；D_0 为 O_2 的扩散系数，在 0.1 mol/L KOH 溶液中 D_0 为 $1.9×10^{-5}$ cm²/s；ν 为电解质的运动黏度（0.01 cm²/s）。

旋转环盘电极测试（RRDE）：采用带 Pt 环的玻碳电极进行旋转环盘电极（RRDE）的测量。在 O_2 饱和的电解质中通过 RRDE 技术测量 ORR 过程中的转移电子数（n）及过氧化氢产率（$S_{H_2O_2}$）。环电势恒定为 1.3 V（vs. RHE）。测试完成之后，使用式（11-3）和式（11-4）计算 n 和 $S_{H_2O_2}$：

$$S_{H_2O_2} = 200\frac{I_r/N}{I_d + I_r/N} \tag{11-3}$$

$$n = 4\frac{I_d}{I_d + I_r/N} \tag{11-4}$$

式中，I_d、I_r 分别为盘电流和环电流；N 为环电极的电流收集效率（0.37）。

稳定性测试：为了测试催化剂的稳定性，在 0.6~1.0 V（vs. RHE）的电位范围内进行了 10000 次的 CV 循环，扫描速率为 50 mV/s。通过比较 10000 次 CV 循环前后的 ORR 极化曲线的变化来评估催化剂的稳定性。

耐甲醇测试：电极活化后，分别在碱性及酸性电解液中，通过在 -0.3 V（vs. Hg/HgO）和 0.3 V（vs. Ag/AgCl）电势下以 5 mV/s 的扫描速率进行 1000 s 的 I-t 曲线测试而得，电极的转速为 1600 r/min，在时间为 100 s 时滴加 1 mL 甲醇。

11.2.4 锌-空气电池测试方法

以 FeZrRu/C-2%催化剂为空气阴极，锌板（纯度 99.9%，厚度 1 mm）为阳极，6 mol/L KOH 和 0.2 mol/L Zn(Ac)$_2$ 溶液为电解质，制成锌-空气电池。其性能通过电化学工作站（CHI 760E）进行测试。通过将催化剂浆料滴在泡沫镍上并干燥过夜来获得空气阴极。同样，商业 Pt/C 和 IrO$_2$ 被用作空气阴极和阳极来制造锌-空气电池，进行比较测试。在 50 mA/cm^2 的电流密度下测量 5 min 放电和 5 min 充电的恒电流放电和充电循环。

11.3 材料的结构及性能

11.3.1 材料设计与结构分析

首先对 FeZrCo、FeZrNi、FeZrRu 三种催化剂进行了 XRD 测试，测试结果如图 11-2 所示。

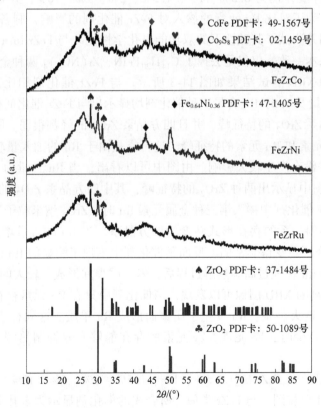

图 11-2 FeZrCo、FeZrNi、FeZrRu 三种催化剂的 XRD 谱图

由图 11-2 所示，FeZrCo、FeZrNi、FeZrRu 三种催化剂中，Zr 的主要存在形式仍然为 ZrO_2，不同的是，催化剂中 ZrO_2 不再是以单斜晶系 ZrO_2 为主，而是单斜晶系 ZrO_2（PDF 卡：37-1484 号）和四方晶系 ZrO_2（PDF 卡：50-1089 号）共同存在。这可能是由于第三种掺杂金属的影响。同时，分析 Fe 的主要存在形式，FeZrRu 催化剂的 XRD 中并未检测到明显的 Fe 物种的峰，这与 FeZr 催化剂相似。相反，在 FeZrCo 催化剂的 XRD 图像中，出现了 CoFe 的特征峰（PDF 卡：49-1567 号），同样，催化剂 FeZrNi 中出现了 $Fe_{0.64}Ni_{0.36}$ 的特征峰（PDF 卡：47-1405 号）。这说明，当掺入第三种金属之后，对 Fe 原子产生了不同程度的影响，使得 Fe 在催化剂中的主要存在形式发生了变化，形成其他物质。除此之外，催化剂 FeZrCo 的 XRD 图像中也显示出了第三种掺杂元素 Co 的主要存在形式 Co_9S_8（PDF 卡：02-1459 号）。而且在 FeZrRu 催化剂中的 XRD 图像并未显示出与 Ru 元素相关的特征峰，这主要与 Ru 元素的加入量少有关。

由于 Ru 贵金属元素的性质，并且在催化剂制备过程中有高温热解步骤，考虑到贵金属在高温下易团聚的特点，同时做了一组 Ru 掺杂的浓度梯度的催化剂，其中，Ru 的含量分别为 0.5%、1%、1.5%、2%、5%、10%，并且进行了相关测试。同时，为了对比 Ru 元素的掺入对 FeZr 催化剂的影响，制备了只含有 Ru 元素的催化剂并测试了其碱性下的双功能电化学性能。与 FeZrRu（2%）催化剂的制备过程基本一致，仅仅是去掉了 $C_{14}H_{20}FeIN$、$Zr(NO_3)_4$ 两种金属盐。

催化剂的 XRD 测试结果如图 11-3 所示。与 FeZr 催化剂相比，0.5%Ru 含量、1%Ru 含量及 1.5%Ru 含量三种催化剂均显示出与 FeZr 催化剂相似的峰，都显示出单斜晶系 ZrO_2 的特征峰，并且四方晶系 ZrO_2 的峰都很弱。除此之外，没有观察到 Fe 元素和 Ru 元素的特征峰。这可能是由于 Ru 的加入量较少，因此对 FeZr 催化剂并没有产生较大影响。由图中可以看出，当 Ru 含量为 2% 和 5% 时，催化剂 XRD 图中显示出两种 ZrO_2 的特征峰，其中四方晶系 ZrO_2 的特征峰变强。说明当在 FeZr 催化剂中掺入第三种金属元素 Ru 时，ZrO_2 纳米粒子受到影响，并且由主要的单斜晶系的存在形式转变为四方晶系。当 Ru 的含量增加到 10% 时，ZrO_2 的特征峰已经变得非常弱，反而是催化剂中出现了明显的 Ru 的峰。这说明 10% 高含量的 Ru 在经过高温热解过程后，发生团聚并形成了较大的 Ru 颗粒。观察单 Ru 催化剂的 XRD 图像可以发现，当催化剂中只有 Ru 元素存在时，经过高温热解及二次退火步骤，Ru 发生了团聚而形成 Ru 单质。这同样也说明，当掺入的 Ru 含量较少时，Fe 元素、Zr 元素的存在能够有效抑制热解过程中 Ru 的团聚。

图 11-4 显示了 FeZrRu（0.5%、1%、1.5%、2%、5%、10%）六种催化剂的场发射 SEM 形貌图。与 FeZr 类似，所合成的催化剂显示为多孔非晶碳，并且保留了部分石墨烯的光滑表面。由图 11-4（a）~（h）所示，催化剂 FeZrRu

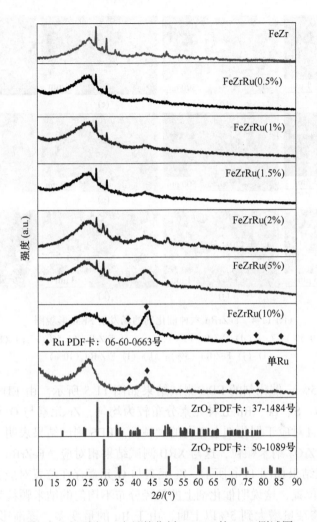

图 11-3　不同 Ru 含量催化剂 FeZrRu 的 XRD 测试图

（0.5%、1%、1.5%、2%）显示出非常丰富的孔结构。由于反应物前驱体中存在
IL，并且 IL 在高温下分解会产生气体，使得催化剂中存在较为丰富的孔洞结构。
丰富的孔结构能够提供更高的比表面积和更大的孔体积，不仅最大限度地提高了
纳米电催化剂表面电子转移的可用性，还提供了更好的反应物到电催化剂的质量
传输[377]。图 11-4（i）和（j）显示的 FeZrRu（5%）催化剂，以及图 11-4（k）
和（l）显示的 FeZrRu（10%）催化剂，由于 IL 的存在，同样显示出比较丰富的
孔结构。明显看出，催化剂中有很多纳米颗粒的存在，并且这些纳米颗粒粒径大
小都不均匀。与 FeZrRu 其余四种较低浓度 Ru 掺杂的催化剂形成鲜明对比，为了
进一步确认这些纳米颗粒的物相，对催化剂进行了 EDS 测试。

图 11-4 FeZrRu 六种催化剂的场发射 SEM 形貌图

(a)（b）FeZrRu（0.5%）；（c）（d）FeZrRu（1%）；（e）（f）FeZrRu（1.5%）；（g）（h）FeZrRu（2%）；
（i）（j）FeZrRu（5%）；（k）（l）FeZrRu（10%）

　　FeZrRu（5%）催化剂的 EDS 测试结果如图 11-5 所示。由 EDS 测试结果可以看出，C、N、S、Fe、Ru 五种元素分布较为均匀，Zr 元素与 O 元素存在位置对应关系，并且对应于催化剂上存在的大颗粒。EDS 测试结果表明，催化剂中存在的大颗粒为 ZrO_2 纳米颗粒，这与 XRD 测试结果相对应。FeZrRu（10%）催化剂的 EDS 测试结果如图 11-6 所示。Zr 元素与 O 元素存在位置对应关系，同时对应于纳米颗粒位置，这说明催化剂上的粒径分布不均匀的纳米颗粒为 ZrO_2。也就是说，当 Ru 掺杂量增大到 5% 以上时，由于 Ru 的量变多，逐渐影响到 ZrO_2 周围电子排布，使得部分 ZrO_2 纳米颗粒存在于催化剂的表面。并且仔细观察同样可以发现，Ru 的掺入量越多，催化剂表面上的 ZrO_2 数目越多，颗粒越大。通过对比几种催化剂酸洗前后的质量差来看（见表 11-1），Ru 的掺入量为 5% 和 10% 时，酸洗后催化剂损失较多，这说明在酸洗过程中，部分存在于催化剂表面上的 ZrO_2 纳米颗粒被洗掉。失去了部分 ZrO_2 活性物质的两种较高 Ru 掺入的催化剂，其 ORR 性能可能变差，可从后续电化学测试结果看出。

　　对催化剂 FeZrRu（2%）进行了 TEM 测试分析，进一步分析催化剂中 Ru 的主要存在形式。如图 11-7（a）~（c）所示，催化剂主要由无定型碳及部分光滑石墨烯表面组成，虽然在催化剂的制备过程中经过了高温热解阶段，但是仍然有部分光滑的石墨烯结构存在。由图 11-7（b）和（c）可以明显看出，催化剂中存

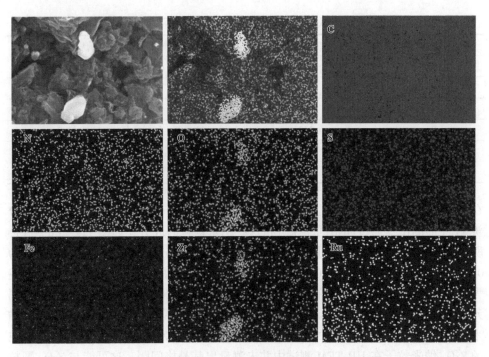

图 11-5 FeZrRu（5%）催化剂的 EDS 测试图

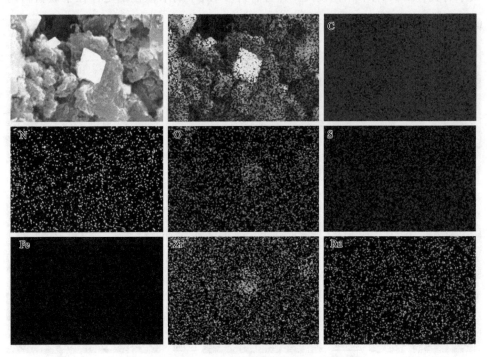

图 11-6 FeZrRu（10%）催化剂的 EDS 测试图

表 11-1　催化剂酸洗前后的质量差对比

催化剂名称	酸洗前质量/mg	酸洗后质量/mg	酸洗前后质量损失/mg
FeZrRu（0.5%）	220	176	44
FeZrRu（1%）	230	192.4	37.6
FeZrRu（1.5%）	210	179.4	30.6
FeZrRu（2%）	240	196.8	43.2
FeZrRu（5%）	230	169.4	60.6
FeZrRu（10%）	250	189.9	60.1

在很多细小的纳米颗粒，并且这些纳米颗粒大小不均。进一步对催化剂进行高分辨 TEM 的测试，通过晶格间距来分析这些纳米颗粒的成分，如图 11-7 (d)~(i) 所示。分别取了三个大小不同的颗粒进行晶格间距的分析，测量晶格间距分别为 0.205 nm、0.206 nm 和 0.204 nm，都对应于 Ru 单质的 (101) 晶面，说明这些大小不一的纳米颗粒为 Ru 单质。也就是说，当在 FeZr 催化剂中掺入第三种金属元素 Ru 后，在经过高温热解处理之后，形成了大小不一的 Ru 单质，这些 Ru 纳米粒子尺寸分布在 2~5 nm 之间。值得注意的是，FeZrRu（2%）催化剂中存在的 ZrO$_2$ 纳米粒子在 HR-TEM 测试中并未测量出其晶格间距。这可能与 ZrO$_2$ 颗粒大小有关，ZrO$_2$ 纳米颗粒较大，并且有许多 ZrO$_2$ 纳米颗粒都是存在于碳材料内

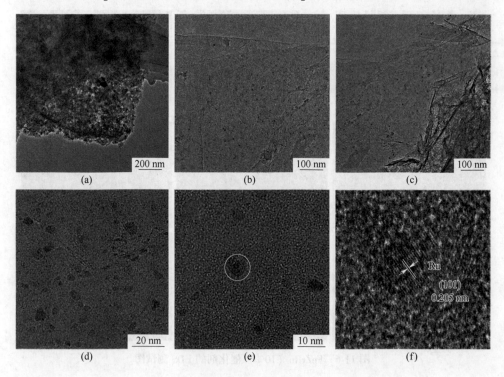

图 11-7 FeZrRu（2%）催化剂的 TEM 图像（a）~（f）及 HRTEM 图像（g）~（i）

部，所以在测试过程中，并未找到暴露良好的 ZrO_2 纳米颗粒。对催化剂中存在的大的纳米颗粒进行 EDS 元素分析，具体分析结果如图 11-8 所示，EDS 结果表明，催化剂中存在的较大纳米颗粒为 ZrO_2 纳米颗粒，这与 XRD 测试结果相对应。

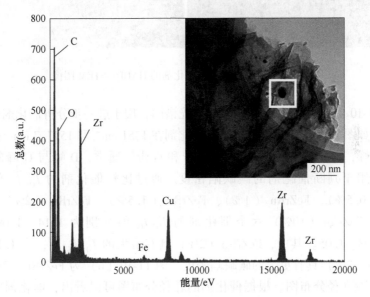

图 11-8 FeZrRu（2%）催化剂的 EDS 元素分析

FeZrRu（2%）催化剂的 HADDF-STEM 测试图像如图 11-9 所示。在此模式下，催化剂中存在的 ZrO_2 纳米颗粒尤其清楚，它们大小形貌不一，随机分布在催化剂材料上。对催化剂进行进一步放大观察，如图 11-9 所示，在催化剂上存在非常多的小颗粒物质，也就是之前进行晶格间距分析的 Ru 单质，所形成的 Ru

单质的粒径较小，并且密集地、均匀地分散在催化剂载体上。虽然在催化剂的制备过程中，进行了高温热解及酸洗退火的步骤，但是 Ru 元素并没有发生严重的聚集现象。结合 XRD 结果来看，只有当 Ru 元素的掺杂量增加到 10% 的时候，催化剂中才形成了较大的 Ru 纳米粒子。与本体纳米团簇相比，超细纳米团簇具有显著的尺寸效应，这是由于它们具有较高的低配位原子与高配位原子的比例，以及金属与反应物之间的强结合能。

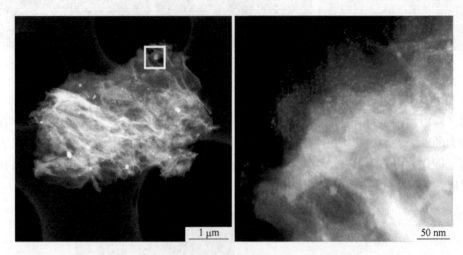

图 11-9 FeZrRu（2%）催化剂的 HADDF-STEM 图像

图 11-10（a）为六种催化剂的拉曼光谱图，用于进一步分析催化剂中碳缺陷的密度。如图 11-10（a）所示，所有催化剂在 1351 cm^{-1} 和 1597.7 cm^{-1} 处都有两个不同的峰，分别对应于石墨碳的 D 带和 G 带。通常，D 峰与 G 峰的强度比（I_D/I_G）用于判断催化剂的碳缺陷密度。通过比较催化剂的 I_D/I_G 值，发现 FeZrRu（0.5%）、FeZrRu（1%）、FeZrRu（1.5%）、FeZrRu（2%）、FeZrRu（5%）和 FeZrRu（10%）六个催化剂的 I_D/I_G 值分别为 1.14、1.09、1.13、1.17、1.08、1.05。其中，FeZrRu（2%）具有最大的 I_D/I_G 值，为 1.17。这表明 FeZrRu（2%）具有更大的碳缺陷密度。图 11-10（b）为 FeZrRu（2%）催化剂的 BET 及孔径分布图。根据催化剂的孔径分布图可以看出，催化剂中存在很多中孔结构，这主要是因为离子液体在热解过程中发生分解产生气体，使得碳载体产生大量孔洞结构，这种结构使得催化剂具有较大的 BET 比表面积（446.73 m^2/g），这些都有利于传质过程及活性位点的暴露。

通过 XPS 测试，分析催化剂的主要化学成分及元素价态。在掺入第三种元素 Ru 之后，通过对比 FeZr 及 FeZrRu（2%）两种催化剂的 XPS 精细谱分峰，判断第三种元素 Ru 掺杂对 FeZr 催化剂产生的影响。如图 11-11（a）所示为两种催

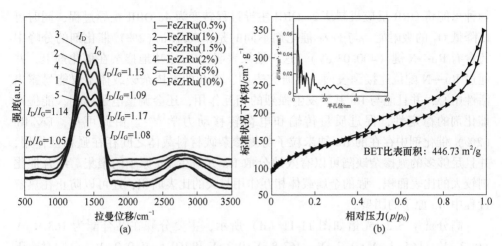

图 11-10　不同 Ru 掺入量的催化剂的结构分析

（a）不同 Ru 掺入量的催化剂的拉曼光谱图；（b）FeZrRu（2%）催化剂的孔径分布图及 BET 测试图

化剂的总谱图，由于 S、Fe、Zr 及 Ru 元素含量较少，因此在 XPS 总谱图中，这四种元素的峰都比较小。相比于 FeZr 催化剂而言，FeZrRu（2%）催化剂显示出非常微弱的 Ru 峰。表 11-2 列出了每种催化剂中所含元素的比例，XPS 元素分析的半定量结果仅仅表示每个元素的相对含量。明显地，C 元素仍然是催化剂材料的主要元素。催化剂中 N 元素主要来源于三聚氰胺，S 元素主要来源于 IL 中少量 S 及硫脲。其次，Fe、Zr 元素含量相对较少，这个主要是由于催化剂在经过酸洗之后，部分催化活性不好的金属纳米颗粒容易被洗掉，从而导致在最终催化剂中的含量较低。值得注意的是，FeZrRu（2%）催化剂中，显示出高达 4.6% 的 Ru 元素含量，远远高于 Fe 元素及 Zr 元素。这可能是由于 Ru 元素以粒径为 2~5 nm 的 Ru 纳米粒子的形式均匀锚定在氮掺杂碳材料上，在酸洗过程中不易被洗掉，相比于被洗掉部分的 Fe 元素及 Zr 元素，Ru 的相对含量便会升高。

表 11-2　由 XPS 分析各个元素的占比（摩尔分数）　　　　（%）

催化剂名称	C 1s	N 1s	O 1s	S 2p	Fe 2p	Zr	Ru
FeZr	87.87	5.33	5.20	0.94	0.58	0.08	—
FeZrRu（2%）	81.1	8.0	5.2	0.4	0.5	0.2	4.6

催化剂的高分辨 C 1s 光谱如图 11-11（b）所示，由 C—C（284.6 eV±0.2 eV）、C—N（284.6 eV±0.2 eV）和 C=O（287.4 eV±0.2 eV）组成。如图 11-11（c）所示，两种催化剂的高分辨 N 1s 光谱的峰值对应于吡啶氮（398.4 eV）、吡咯氮和 Fe-N$_x$（399.75 eV）、石墨氮（401.1 eV）和氧化氮（403.16 eV）。两种催化剂主要氮物种为吡啶氮和石墨氮。石墨氮可以大大增加极限电流密度，而吡啶氮

物种可能将 ORR 反应机制从 2e ORR 主导过程转变为 4e ORR 主导过程，同时可以降低 O_2 的吸附能。与 FeZr 催化剂不同的是，FeZrRu（2%）催化剂的分峰中还含有 Ru—N 键（400.03 eV）。这一结果表明，Ru 成功地掺杂在催化剂上，并通过 Ru—N 配位连接到表面。有研究表明，多孔的氮掺杂碳载体不仅能暴露出活性中心，并且能与 Ru 基团发生强烈的相互作用，还会调整电子结构，能提高催化剂的稳定性，促进质量传输和电荷转移动力学[378]。由此可见，FeZrRu（2%）催化剂中存在的 Ru 纳米粒子与氮掺杂碳材料载体之间存在强相互作用，并且足够多的氮掺杂缺陷可以有效地分散 Ru 并减少 Ru 原子的聚集。结合催化剂较大的比表面积，强的金属载体相互作用与大的比表面积，还可以防止在热解过程中 Ru 原子的团聚。

高分辨率 S 2p 光谱如图 11-11（d）所示，主要分峰在结合能为 163.9 eV ±0.2 eV、165.1 eV±0.2 eV、167.8 eV±0.2 eV 和 169.1 eV±0.2 eV，分别对应于

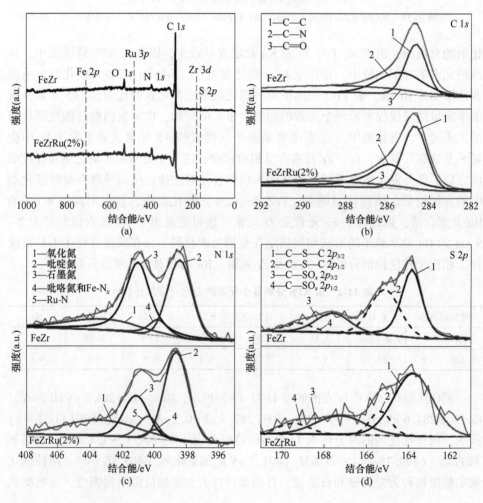

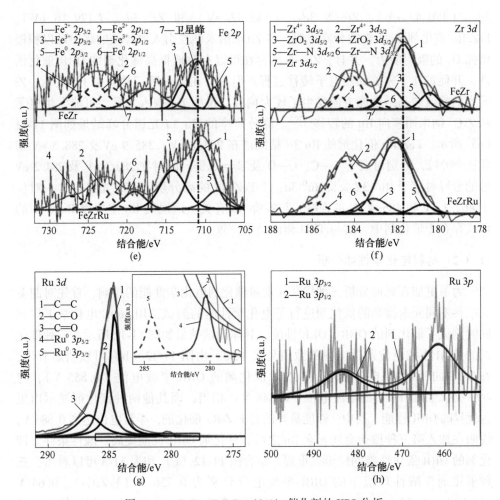

图 11-11　FeZr、FeZrRu（2%）催化剂的 XPS 分析

（a）XPS 总谱图；（b）~（f）C 1s、N 1s、S 2p、Fe 2p 和 Zr 3d 的 XPS 精细谱；（g）（h）FeZrRu（2%）催化剂的 Ru 3d 及 Ru 3p 精细谱

S 2$p_{3/2}$、S 2$p_{1/2}$ 处的 C—S—C，S 2$p_{3/2}$、S 2$p_{1/2}$ 处的 C—SO$_x$。这表明 S 原子成功掺杂到材料的碳晶格中。高分辨率的 Fe 2p 光谱分峰结果如图 11-11（e）所示。分峰结果为 Fe^0 2$p_{3/2}$（708.74 eV）、Fe^{2+} 2$p_{3/2}$（712.81 eV）、Fe^{3+} 2$p_{3/2}$（710.85 eV）、Fe^0 2$p_{1/2}$（721.84 eV）、Fe^{2+} 2$p_{1/2}$（723.95 eV）和 Fe^{3+} 2$p_{1/2}$（725.92 eV）。比较 FeZr 和 FeZrRu 的光谱可以看出，在掺入 Ru 元素之后，FeZrRu 的峰值略微有所正移，但是偏移的范围较小。说明 Ru 掺入之后，Ru 纳米颗粒与 Fe 物种之间存在着相互作用，使得 Ru 与 Fe 之间发生了电子转移，电子结构的调节有助于提高电催化性能。FeZr 催化剂的高分辨的 Zr 3d 分峰为 Zr^{4+} 3$d_{5/2}$（181.96 eV）、Zr^{4+} 3$d_{3/2}$（184.42 eV）、ZrO$_2$ 3$d_{5/2}$（183.62 eV）、ZrO$_2$ 3$d_{3/2}$（186.05 eV）、Zr—N

$3d_{5/2}$（180. 43 eV）、Zr—N $3d_{3/2}$（183. 37 eV）和 Zr^0 $3d_{5/2}$（179. 16 eV）。FeZrRu 催化剂 Zr 元素的分峰类似，将 ZrO_2 纳米颗粒引入氮掺杂的碳中可以积极增强 O_2 的吸附能力。并且，Zr—N 的存在可以有效地提高催化剂的 ORR 催化活性，并促进几乎完美的四电子转移过程。但是，在掺入第三种元素 Ru 之后，Zr 元素的峰值向高结合能方向发生了较大偏移。说明 Ru 掺入之后，可能发生电子从 ZrO_2 纳米团簇向 Ru 的转移[379]。高分辨率的 Ru $3d$ 光谱分峰结果如图 11-11（g）所示。FeZrRu 催化剂的 Ru $3d$ 精细谱在 284. 8 eV、285. 9 eV 及 288. 5 eV 出现三个分峰，分别对应于 C—C、C—O 及 C=O 键。同时在 280. 1 eV 及 284. 2 eV 处的分峰对应于 Ru^0 $3d_{5/2}$ 及 Ru^0 $3d_{3/2}$。FeZrRu 的高分辨 Ru $3p$ 光谱包含一对位于 462. 1 eV 和 485. 4 eV 的强峰，与零价 Ru 有关。这说明 Ru 主要以 Ru 单质的形式存在于催化剂中，这与 TEM 测试结果一致。

11. 3. 2 材料电化学性能分析

为了更加直观地分析三种掺杂元素对催化剂电化学性能的影响，首先对制备的三种不同元素掺杂的催化剂进行了电化学性能的测试，用 760E 电化学工作站同时测试了催化剂的 ORR、OER 性能。具体测试结果如图 11-12 所示。三种催化剂的 ORR 半波电位及过电位的数值见表 11-3。由图 11-12（b）可以明显看出，在 0. 1 mol/L KOH 电解液中，FeZrNi 催化剂的 ORR 半波电位（0. 855 V），与 46% TKK 商业 Pt/C 的半波电位（0. 848 V）相当，而其他两种催化剂显示出更为优异的 ORR 性能。其中，性能最好的是 FeZrRu 催化剂，半波电位达到 0. 886 V，说明在加入第三种掺杂金属元素 Ru 之后，催化剂 ORR 性能提高。酸性条件下催化剂的 ORR 催化性能同样至关重要。结合图 11-12（c）和表 11-3 可以看出，三种催化剂在酸性环境下的 ORR 半波电位分别为 0. 736 V（FeZrCo）、0. 64 V（FeZrNi）、0. 72 V（FeZrRu）。与 46% TKK 商业 Pt/C（0. 82 V）相比较差。其中，碱性性能最好的 FeZrRu 催化剂在酸性电解液中的半波电位与 FeZr 催化剂的半波电位相当。说明第三种金属元素 Ru 的掺杂并没有提高催化剂在酸性环境下的 ORR 催化性能。通过测试其 OER 性能进一步评估其双功能催化活性。如图 11-12（d）所示，三种催化剂均显示出比商品化 IrO_2 更优异的 OER 催化性能，三种催化剂在 10 mA/cm² 下对应的过电位分别为 290 mV（FeZrCo）、280 mV（FeZrNi）、250 mV（FeZrRu），优于商品化 IrO_2（330 mV）催化剂。综合来看，具有最好的 ORR 催化性能的 FeZrRu 催化剂具有最为优异的 OER 电催化性能。以上电化学测试结果表明，当向具有优异 ORR 性能的 FeZr 催化剂中掺入第三种金属元素 Ru 之后，不仅没有对催化剂 ORR 性能造成较大影响，同时还提升了催化剂的 OER 催化性能，实现了设计此实验的初衷，所制备的 FeZrRu 催化剂具有良好的 ORR、OER 双功能催化活性。

表 11-3 FeZrCo、FeZrNi、FeZrRu 三种催化剂的 ORR 半波电位和 OER 过电位

催化剂	ORR 半波电位 (0.1 mol/L KOH)/V	ORR 半波电位 (0.5 mol/L H$_2$SO$_4$)/V	OER 过电位 (10 mA/cm^2)/mV
FeZrCo	0.8763	0.736	290
FeZrNi	0.8553	0.64	280
FeZrRu	0.889	0.72	250
46% TKK Pt/C	0.848	0.82	—
IrO$_2$	—	—	330

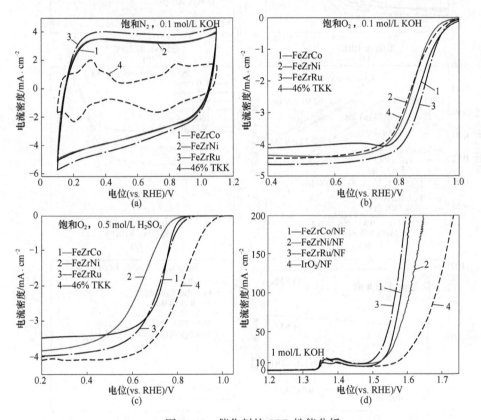

图 11-12 催化剂的 ORR 性能分析

(a) 在 N$_2$ 饱和下的 0.1 mol/L KOH 溶液中的 CV 曲线；(b) 在 O$_2$ 饱和下的 0.1 mol/L KOH 溶液中测试的 ORR 极化曲线；(c) 在 O$_2$ 饱和下的 0.5 mol/L H$_2$SO$_4$ 溶液中测试的 ORR 性能图；(d) 在 1 mol/L KOH 溶液中测试的 OER 极化曲线

进一步进行了催化剂 ORR 性能的测试。通过在 0.1 mol/L KOH 溶液中，在 1600 r/min 下以 10 mV/s 的扫速测试催化剂的 CV 曲线来评估 FeZrRu 催化剂的电化学性能。如图 11-13 (a) 所示，FeZrRu (2%) 催化剂在 0.1 mol/L KOH 下的

ORR 催化性能优于 46% TKK 商业 Pt/C 和其他 Ru 掺杂量的催化剂。6 种 Ru 浓度掺杂的催化剂在 0.1 mol/L KOH 中测试的起始电位及半波电位见表 11-4。

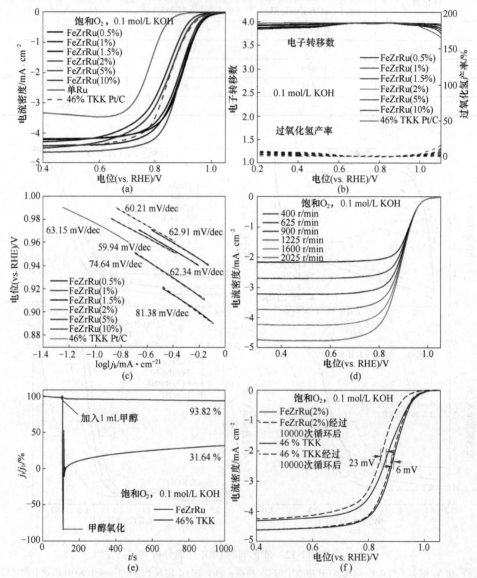

图 11-13 不同 Ru 掺杂量的催化剂 ORR 性能对比

（a）催化剂在 0.1 mol/L KOH 下的 ORR 极化曲线；（b）催化剂经过 RRDE 测试计算的转移电子数（n）和过氧化氢产率（$S_{H_2O_2}$）；（c）催化剂的 Tafel 曲线；（d）FeZrRu（2%）催化剂在 0.1 mol/L KOH 下测试的不同转速的极化曲线；（e）FeZrRu（2%）催化剂的耐甲醇性能；（f）FeZrRu（2%）在碱性电解液中经过 10000 次 CV 循环之后催化剂的 ORR 极化曲线

图 11-13 彩图

表 11-4 FeZrRu 电化学测试数据

催化剂	ORR 起始电位 (0.1 mol/L KOH)/V	ORR 半波电位 (0.1 mol/L KOH)/V	OER 过电位 (1 mol/L KOH, 10 mA/cm^2)/mV
FeZrRu (0.5%)	1.003	0.896	279
FeZrRu (1%)	0.992	0.888	285
FeZrRu (1.5%)	0.998	0.887	287
FeZrRu (2%)	0.988	0.889	250
FeZrRu (5%)	0.971	0.842	266
FeZrRu (10%)	0.952	0.834	280
46% TKK Pt/C	0.977	0.848	—
IrO$_2$	—	—	330

　　仅仅掺入 0.5% 的 Ru 得到的催化剂 FeZrRu (0.5%) 的 ORR 半波电位值为 0.896 V，并且随着 Ru 掺杂量的增多，催化剂的 ORR 半波电位逐渐减小，10% Ru 含量的半波电位值最小。这说明，Ru 的引入对本来优异的 ORR 性能会产生影响，并且含量越多，影响越大。同时，结合 FE-SEM 及 XPS 的分析结果可以得出，当掺入 Ru 元素之后，Zr 的精细谱的峰向结合能大的方向偏移，说明 Ru 元素的引入会使得 ZrO$_2$ 纳米团簇附近的电子向 Ru 单质转移，从而影响到 ZrO$_2$ 纳米团簇的电子结构。负载在氮掺杂碳上的 ZrO$_2$ 纳米团簇对催化剂的 ORR 性能有显著增强的效果。所以这也是为什么在加入过量 Ru 之后催化剂的 ORR 性能会有所降低。催化剂中 Ru 的掺杂量增大到 5% 和 10% 时，Ru 对 ZrO$_2$ 纳米粒子的影响更加直观地显示在催化剂表面（从 FESEM 结果看出），ZrO$_2$ 纳米粒子有很多都存在于催化剂表面。10%Ru 掺入所得到的催化剂具有最差的 ORR 催化性能，除了 Ru 对活性基团 ZrO$_2$ 纳米颗粒的影响之外，也由于在催化剂的制备过程中，涉及高温热解及酸洗的操作，随着 Ru 掺入量变多，催化剂中形成了大颗粒的 Ru 单质，Ru 的聚集比较严重，这在促使 Ru 对催化剂 ORR 性能方面起了相反的作用，最终导致催化剂 ORR 性能变差[380]。这与催化剂 XRD 结果相对应。FeZrRu (0.5%、1%、1.5%、2%) 四种催化剂的 ORR 催化性能相近，都具有比较优异的 ORR 催化性能。最后观察到单 Ru 催化剂的 ORR 性能非常差，不论是起始电位、半波电位或者是极限电流密度，都和 46% TKK Pt/C 有较大区别。

　　单 Ru 催化剂是在 FeZrRu (2%) 催化剂在制备过程中，去掉 C$_{14}$H$_{20}$FeIN、Zr(NO$_3$)$_4$ 两种金属盐所制得的。对比单 Ru 催化剂及 FeZrRu (2%) 催化剂的电催化性能及 XRD 结果不难发现，当催化剂中只有 Ru 元素存在时，催化剂中形成了颗粒较大的 Ru 单质，并且其 ORR 催化性能非常差。但是 FeZrRu（2%）催化剂的 ORR 电催化性能较好，并且催化剂中 Ru 颗粒较小。这就说明，Fe 元素及 Zr 元素的存在，能够有效抑制 Ru 在高温热解过程中的聚集，并且对于 ORR 性能来说，Ru 的掺入会影响催化剂的 ORR 性能，这从以上分析也可得出。催化剂中 ORR 性能活性的主要来源还是负载在氮掺杂碳上的 ZrO_2 纳米团簇、Fe 元素及 ZrO_2 纳米团簇之间的相互作用。

通过 RRDE 测试计算催化剂的转移电子数（n）及过氧化氢产率（$S_{H_2O_2}$），进一步评估催化剂的 ORR 催化性能。6 种 FeZrRu 催化剂的 n 及 $S_{H_2O_2}$ 见表 11-5。由表可以明显看出，FeZrRu（0.5%、1%、1.5%、2%、5%、10%）催化剂的转移电子数分别为 3.94、3.85、3.88、3.87、3.94、3.92、3.97，都接近于四电子转移。FeZrRu（0.5%、1%、1.5%、2%、5%、10%）催化剂的 $S_{H_2O_2}$ 分别为 2.41%、1.02%、1.51%、1.49%、2.82%、3.61%，比 46% TKK Pt/C（4.59%）的小。催化剂的 Tafel 斜率如图 11-13（c）所示，FeZrRu（0.5%、1%、1.5%、2%、5%、10%）的 Tafel 斜率分别为 60.21 mV/dec、62.34 mV/dec、62.91 mV/dec、59.94 mV/dec、74.64 mV/dec、81.38 mV/dec。FeZrRu（2%）催化剂的 Tafel 斜率相对较低，为 59.94 mV/dec，表明了 FeZrRu（2%）催化剂优异的 ORR 动力学性质。FeZrRu（2%）电极上的电流密度随着转速的不同而呈现出典型的增加（见图 11-13（d）），这意味着获得的活性高度依赖于 O_2 的扩散。通过在 0.1 mol/L KOH 电解液中加入 1 mL 甲醇溶液，以测试催化剂的耐甲醇性能。如图 11-13（e）所示，向电解液中添加甲醇后，FeZrRu（2%）催化剂的电流几乎没有变化，最终电流保持在初始电流的 93.82%。然而，对于 46% TKK Pt/C 催化剂，电流衰减很大，1000 s 时最终电流为初始电流的 31.64%，表明 FeZrRu（2%）催化剂具有更好的耐甲醇性能。同时，对催化剂进行了 10000 次的 CV 循环，通过比较循环前后催化剂的 ORR 半波电位的衰减，来评估催化剂的循环稳定性。如图 11-13（f）所示，在 10000 次 CV 循环后，FeZrRu（2%）的 $E_{1/2}$ 仅衰减 6 mV（46% TKK 衰减了 23 mV），这表明 FeZrRu（2%）比 46% TKK Pt/C 具有更好的 ORR 催化稳定性。总而言之，FeZrRu（2%）催化剂具有优于 46% TKK Pt/C 催化剂的优异的 ORR 性能。

表 11-5　**FeZrRu RRDE 测试计算的催化剂的转移电子数（n）和过氧化氢产率（$S_{H_2O_2}$）**

催化剂	FeZrRu (0.5%)	FeZrRu (1%)	FeZrRu (1.5%)	FeZrRu (2%)	FeZrRu (5%)	FeZrRu (10%)	46% TKK Pt/C
n	3.94	3.85	3.88	3.87	3.94	3.92	3.97
$S_{H_2O_2}$	2.41%	1.02%	1.51%	1.49%	2.82%	3.61%	4.59%

随后，对催化剂的 OER 性能进行了测试。通过在 1 mol/L KOH 溶液中以 1 mV/s 的扫描速率测试催化剂的 CV 曲线来测试 FeZrRu（2%）催化剂的 OER 性能。如图 11-14（a）所示为 6 种不同 Ru 掺入量的 FeZrRu 催化剂的 OER 性能曲线，同时统计了催化剂在 10 mA/cm²、50 mA/cm²、100 mA/cm² 三种电流密度下的催化剂的 OER 过电位数值，见表 11-6。由此可以看出，首先单 Ru 催化剂显示出较高的 OER 过电位，几乎与商业 IrO₂ 相当。其次未进行掺杂的 FeZr 催化剂的 OER 在 10 mA/cm² 电流密度下的过电位为 273 mV，但其在 50 mA/cm²、100 mA/cm² 电流密度下的过电位较大，FeZr 催化剂在 1 mol/L KOH 电解液中的 OER 性能一般。当 Ru 元素掺入 FeZr 催化剂中合成 FeZrRu 催化剂后。催化剂的 OER 性能发生了明显的提升。仅仅是理论掺入量为 0.5% Ru 的 FeZrRu 催化剂在 10 mA/cm² 下的过电位为 279 mV，在 50 mA/cm² 下的过电位为 315 mV，在 100 mA/cm² 下的过电位为 337 mV，OER 性能相比于 IrO₂ 催化剂（10 mA/cm² 下的过电位为 330 mV，在 50 mA/cm² 下的过电位为 410 mV，在 100 mA/cm² 下的过电位为 453 mV）及其他两种对比催化剂，均有较大提升。

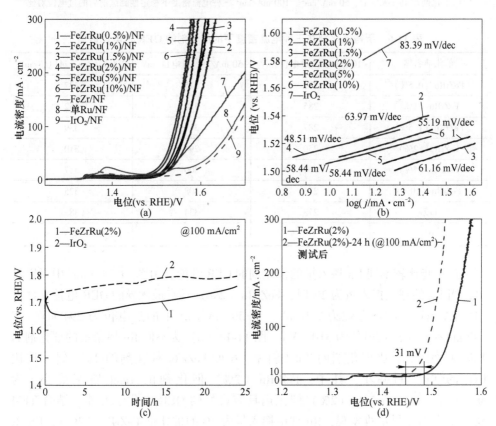

(a)

(b)

(c)

(d)

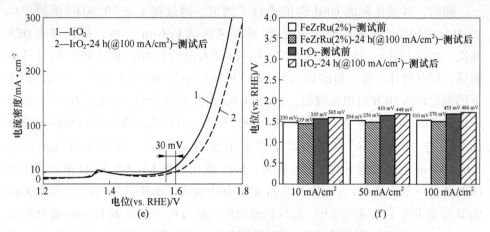

图 11-14 不同 Ru 掺杂量的催化剂 OER 性能对比

（a）6 种不同 Ru 掺入量的 FeZrRu 催化剂、FeZr 催化剂、单 Ru 催化剂在 1 mol/L KOH 中测试的 OER 极化曲线；（b）Tafel 斜率图；（c）FeZrRu（2%）和商业 IrO₂ 催化剂的 *E-t* 曲线；（d）（e）分别为 FeZrRu（2%）催化剂、商业 IrO₂ 催化剂在 1 mol/L KOH 下的稳定性测试前后的极化曲线对比；（f）FeZrRu（2%）催化剂及 IrO₂ 催化剂在 10 mA/cm²、50 mA/cm²、100 mA/cm² 三种电流密度下稳定性测试前后的过电位对比

表 11-6　所得催化剂在三种电流密度下的催化剂的 OER 过电位数值

催化剂名称	10 mA/cm² 过电位/mV	50 mA/cm² 过电位/mV	100 mA/cm² 过电位/mV
FeZrRu（0.5%）	279	315	337
FeZrRu（1%）	285	328	352
FeZrRu（1.5%）	287	319	339
FeZrRu（2%）	250	294	310
FeZrRu（5%）	261	300	317
FeZrRu（10%）	276	308	325
FeZr	273	334	383
IrO₂	330	410	453

进一步比较不同 Ru 掺入量的催化剂的 OER 性能，由图 11-14（a）中可以看出，当 Ru 的理论掺入量为 2% 时，FeZrRu（2%）具有最优异的 OER 电催化性能（10 mA/cm² 下的过电位为 250 mV，在 50 mA/cm² 下的过电位为 294 mV，在 100 mA/cm² 下的过电位为 310 mV）。图 11-14（b）为不同 Ru 掺杂量的催化剂的 Tafel 斜率图。对比催化剂的 Tafel 斜率，6 种 FeZrRu 催化剂的 Tafel 斜率均比 IrO₂ 的 Tafel 斜率小，其中，FeZrRu（2%）催化剂的 Tafel 斜率最小，为 48.51 mV/dec，FeZrRu（2%）催化剂具有最好的 OER 电化学性能。结合 TEM 及 XPS 分析结果不难发现，Ru 理论掺入量为 2% 的催化剂 FeZrRu（2%），Ru 主

要以 2~5 nm 大小的 Ru 颗粒的形式存在，并且与氮掺杂碳材料上的 N 配位锚定在催化剂表面。这种强的金属–载体的相互作用可以通过调节碳的电子结构和金属的 d 轨道来提高催化剂的活性[378]。另外，与 FeZr 催化剂相比，引入 Ru 元素之后，Ru 与 Fe 之间存在相互作用，加速了界面之间的电子转移，从而提高了催化剂的 OER 催化活性。

图 11-14 (c) 所示为 FeZrRu (2%) 催化剂及商品化 IrO_2 催化剂在室温、恒电流密度下 (100 mA/cm²) 的催化剂的稳定性测试图。之前的研究表明，活性较高的 Ru 基催化剂，在施加的 OER 电位下会遭受强烈腐蚀而溶解，从而导致催化剂稳定性较差。由于催化剂 FeZrRu (2%) 中 Ru 的主要存在形式为 Ru 单质，所以测试催化剂的 OER 稳定性同样是催化剂性能中必不可少的一部分，尤其是在高电流密度下的测试。计时电位 ($E\text{-}t$) 曲线显示，催化剂在 100 mA/cm² 的电流密度下运行 24 h 后的电位变化较小，表明催化剂具有良好的稳定性。$E\text{-}t$ 测试之后，再次测试了催化剂 FeZrRu (2%) 的 OER 性能极化曲线，与稳定性测试之前的对比结果如图 11-14 (d) 所示。从图中可以看出，在催化剂稳定性测试之后，FeZrRu (2%) 的 OER 性能不仅没有减弱，反而与测试之前相比有所提高，在 10 mA/cm² 电流密度下的 OER 过电位降低了 31 mV。与商品化 IrO_2 催化剂相比（稳定性测试之后，性能有所变差，在 10 mA/cm² 电流密度下的 OER 过电位增加了 30 mV（见图 11-14 (e)）），FeZrRu (2%) 催化剂的稳定性要好很多。图 11-14 (f) 显示了 FeZrRu (2%) 和商品化 IrO_2 在 $E\text{-}t$ 测试前后的 OER 过电位的变化，对于 FeZrRu (2%) 来说，稳定性测试之后，催化剂的 OER 过电位降低，在 10 mA/cm²、50 mA/cm²、100 mA/cm² 电流密度下的 OER 过电位分别降低了 31 mV、38 mV、40 mV。与商品化 IrO_2 稳定性测试前后的变化相反。值得注意的是，$E\text{-}t$ 测试之后的 1 mol/L KOH 电解液颜色变黄，这说明，在 $E\text{-}t$ 测试过程中，发生了 Ru 的溶解，也就是说，FeZrRu (2%) 催化剂中存在的 Ru 单质，在稳定性测试过程中，和之前报道的一样，都发生了溶解，但是，催化剂的 OER 性能却变好。初步猜想可能是因为 Ru 物种与氮掺杂碳上的 N 强烈配位，存在金属–载体之间的强相互作用，所以即使在测试过程中发生溶解，也不会导致 Ru 物种的完全丢失。同时，从 TEM 测试结果中可以看出，催化剂中 Ru 主要以 2~5 nm 的 Ru 颗粒组成，随着 Ru 颗粒的溶解，Ru 颗粒的粒径变小。有研究表明，超细 Ru 纳米颗粒相比于较大的 Ru 颗粒更能促进催化剂的 OER 反应活性[378,381]。所以随着稳定性测试的进行，Ru 颗粒逐渐变小形成超细 Ru 颗粒，加之与氮掺杂碳之间的强相互作用，以及 Fe 和 Ru 之间的相互作用，稳定性测试之后的催化剂显示出比稳定性测试之前的催化剂更好的 OER 催化活性。

为了验证上述猜想，再次测试了 FeZrRu (2%) 催化剂 $E\text{-}t$ 曲线，并与测试了 60 h 催化剂稳定性之后的 OER 极化曲线进行对比，如图 11-15 所示。FeZrRu

（2%）催化剂在 100 mA/cm² 电流密度下进行 E-t 测试 24 h 之后，催化剂的 OER 性能有所提高（10 mA/cm² 处的过电位降低了 31 mV），由图 11-15 可以明显看出，催化剂在 100 mA/cm² 电流密度下进行 E-t 测试 60 h 之后，催化剂的 OER 性能同样有所提升，50 mA/cm² 处的过电位减小了 10 mV（50 mA/cm² 处的过电位为 284 mV）。60 h E-t 测试之后，催化剂的 OER 性能有所提升。这在一定程度上验证了之前的猜想，也就是在催化剂 OER 稳定性测试过程中，Ru 纳米颗粒发生溶解并形成超细 Ru 纳米颗粒，与稳定性测试之前的催化剂相比，超细 Ru 纳米粒子会增强催化剂的 OER 催化性能。

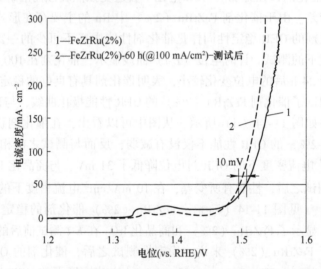

图 11-15 FeZrRu（2%）催化剂在 100 mA/cm² 电流密度下 E-t 测试 60 h
之后 OER 极化曲线的变化

11.3.3 锌–空气电池应用

基于上述 FeZrRu（2%）催化剂优异的双功能催化性能，对其进行了锌–空气电池的测试，以考察其应用性，并且和 Pt/C+IrO₂ 基锌–空气电池进行了对比。图 11-16（a）是锌–空气电池的放电极化曲线和相应的功率密度曲线，可以看出，FeZrRu（2%）基锌–空气电池的最大功率密度高达 221.34 mW/cm²，优于 Pt/C+IrO₂ 基锌–空气电池。图 11-16（b）表明 FeZrRu（2%）基锌–空气电池的开路电位为 1.46 V。同时测试了 FeZrRu（2%）基锌–空气电池的循环稳定性，如图 11-16（c）所示，在充放电循环 10 h 以上时，放电电位和充电电位均保持稳定。测试结果说明，FeZrRu（2%）催化剂不仅具有优异的 ORR 和 OER 催化活性，而且在可逆液态锌–空气电池中表现出理想的电池效率和较好的循环寿命。

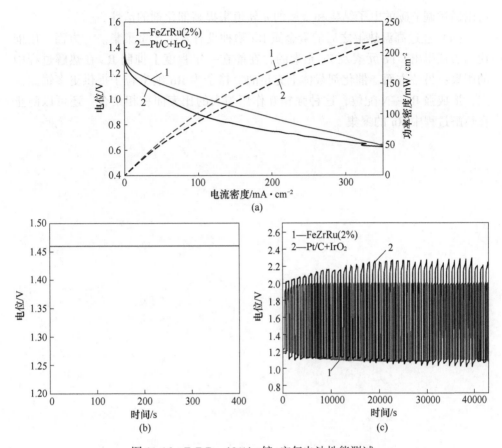

图 11-16 FeZrRu（2%）+锌-空气电池性能测试

（a）FeZrRu（2%）+锌-空气电池和 Pt/C+IrO$_2$ 锌-空气电池的极化曲线和功率密度曲线；

（b）FeZrRu（2%）催化剂开路电位图；（c）FeZrRu（2%）催化剂阴阳极和 Pt/C+IrO$_2$

锌-空气电池的恒流充放电循环曲线

  本章证明了 Fe、Zr、Ru、N、S 共掺杂碳材料催化剂具有优异的 ORR、OER 双功能催化活性。FeZrRu（2%）催化剂的优异双功能催化活性得益于：

  （1）与 FeZr 催化剂类似，FeZrRu（2%）催化剂具有丰富的孔结构和高的比表面积，丰富的对催化剂性能起到促进作用的吡啶氮和石墨氮物种。

  （2）第三种金属元素 Ru 的掺入并没有对 FeZr 催化剂的 ORR 性能产生较大影响，FeZrRu（2%）催化剂仍然保留了促进 ORR 活性的 ZrO$_2$ 纳米团簇。与此同时，具有更加优异的 OER 电催化性能。

  （3）FeZrRu（2%）催化剂各种表征结果显示，Ru 物种与 Fe 元素之间存在着相互作用，电子结构的调节有助于提高催化剂的电催化性能。较小的 Ru 颗粒与氮掺杂碳上的 N 配位牢固地连接到催化剂表面，金属-载体之间的强相互作用可以通过调节碳的电子结构和金属的 d 轨道来提高催化剂的活性。

（4）经过高温热解之后的贵金属 Ru 物种没有发生严重聚集。一方面，由催化剂表征得出，Fe 元素及 Zr 元素的存在能在一定程度上抑制 Ru 在热解过程中的团聚；另一方面，催化剂载体上充足的氮掺杂为 Ru 纳米粒子提供更多锚定位点，形成强 Ru—N 配位，这种强相互作用与大的比表面积相结合，还可以防止在热解过程中 Ru 的聚集。

参 考 文 献

［1］欧阳明高. 面向碳中和的新能源汽车创新与发展［J］. 科学中国人，2021，11：26-31.

［2］ZHAO Y, ADIYERI SASEENDRAN D P, HUANG C, et al. Oxygen evolution/reduction reaction catalysts: From in situ monitoring and reaction mechanisms to rational design［J］. Chemical Reviews, 2023, 123（9）: 6257-6358.

［3］ZHENG Y, JIAO Y, QIAO S Z. Engineering of carbon-based electrocatalysts for emerging energy conversion: From fundamentality to functionality［J］. Advanced Materials, 2015, 27（36）: 5372-5378.

［4］胡觉. 电解水制氢催化剂［M］. 北京：冶金工业出版社，2022.

［5］DAU H, LIMBERG C, REIER T, et al. The mechanism of water oxidation: From electrolysis via homogeneous to biological catalysis［J］. ChemCatChem, 2010, 2（7）: 724-761.

［6］KIM J S, KIM B, KIM H, et al. Recent progress on multimetal oxide catalysts for the oxygen evolution reaction［J］. Advanced Energy Materials, 2018, 8（11）: 1702774.

［7］SAHOO D P, DAS K K, MANSINGH S, et al. Recent progress in first row transition metal layered double hydroxide（LDH）based electrocatalysts towards water splitting: A review with insights on synthesis［J］. Coordination Chemistry Reviews, 2022, 469（15）: 214666.

［8］BINNINGER T, MOHAMED R, WALTAR K, et al. Thermodynamic explanation of the universal correlation between oxygen evolution activity and corrosion of oxide catalysts［J］. Scientific Reports, 2015, 5（1）: 12167.

［9］ZHANG K, ZOU R. Advanced transition metal-based OER electrocatalysts: Current status, opportunities, and challenges［J］. Small, 2021, 17（37）: 2100129.

［10］LEE H J, BACK S, LEE J H, et al. Mixed transition metal oxide with vacancy-induced lattice distortion for enhanced catalytic activity of oxygen evolution reaction［J］. ACS Catalysis, 2019, 9（8）: 7099-7108.

［11］EXNER K S. On the lattice oxygen evolution mechanism: Avoiding pitfalls［J］. ChemCatChem, 2021, 13（19）: 4066-4074.

［12］HUANG Z F, SONG J, DU Y, et al. Chemical and structural origin of lattice oxygen oxidation in Co-Zn oxyhydroxide oxygen evolution electrocatalysts［J］. Nature Energy, 2019, 4（4）: 329-338.

［13］GUO T, LI L, WANG Z. Recent development and future perspectives of amorphous transition metal-based electrocatalysts for oxygen evolution reaction［J］. Advanced Energy Materials, 2022, 12（24）: 2200827.

［14］YANG C, YANG Z D, DONG H, et al. Theory-driven design and targeting synthesis of a highly-conjugated basal-plane 2D covalent organic framework for metal-free electrocatalytic OER［J］. ACS Energy Letters, 2019, 4（9）: 2251-2258.

［15］SPÖRI C, BRIOIS P, NONG H N, et al. Experimental activity descriptors for iridium-based catalysts for the electrochemical oxygen evolution reaction（OER）［J］. ACS Catalysis, 2019, 9（8）: 6653-6663.

[16] MAN I C, SU H Y, CALLE-VALLEJO F, et al. Universality in oxygen evolution electrocatalysis on oxide surfaces [J]. ChemCatChem, 2011, 3 (7): 1159-1165.

[17] CHEN F Y, WU Z Y, ADLER Z, et al. Stability challenges of electrocatalytic oxygen evolution reaction: From mechanistic understanding to reactor design [J]. Joule, 2021, 5 (7): 1704-1731.

[18] JIN H Y, GUO C X, LIU X, et al. Emerging two-dimensional nanomaterials for electrocatalysis [J]. Chemical Reviews, 2018, 118 (13): 6337-6408.

[19] HU C L, ZHANG L, GONG J L. Recent progress made in the mechanism comprehension and design of electrocatalysts for alkaline water splitting [J]. Energy & Environmental Science, 2019, 12 (9): 2620-2645.

[20] ZHOU J, HAN Z K, WANG X K, et al. Discovery of quantitative electronic structure-OER activity relationship in metal-organic framework electrocatalysts using an integrated theoretical-experimental approach [J]. Advanced Functional Materials, 2021, 31 (33): 2102066.

[21] YANG K, XU P, LIN Z, et al. Ultrasmall Ru/Cu-doped RuO_2 complex embedded in amorphous carbon skeleton as highly active bifunctional electrocatalysts for overall water splitting [J]. Small, 2018, 14 (41): 1803009.

[22] ZOU L, WEI Y S, HOU C C, et al. Single-atom catalysts derived from metal-organic frameworks for electrochemical applications [J]. Small, 2021, 17 (16): 2004809.

[23] NIU S, KONG X P, LI S, et al. Low Ru loading $RuO_2/(Co, Mn)_3O_4$ nanocomposite with modulated electronic structure for efficient oxygen evolution reaction in acid [J]. Applied Catalysis B: Environmental, 2021, 297: 120442.

[24] SANCHEZ CASALONGUE H G, NG M L, KAYA S, et al. In situ observation of surface species on iridium oxide nanoparticles during the oxygen evolution reaction [J]. Angewandte Chemie International Edition, 2014, 53 (28): 7169-7172.

[25] ROSSMEISL J, QU Z W, ZHU H, et al. Electrolysis of water on oxide surfaces [J]. Journal of Electroanalytical Chemistry, 2007, 607 (1): 83-89.

[26] CHANDRA D, TAKAMA D, MASAKI T, et al. Highly efficient electrocatalysis and mechanistic investigation of intermediate $IrO_x(OH)_y$ nanoparticle films for water oxidation [J]. ACS Catalysis, 2016, 6 (6): 3946-3954.

[27] SUN W, SONG Y, GONG X Q, et al. An efficiently tuned d-orbital occupation of IrO_2 by doping with Cu for enhancing the oxygen evolution reaction activity [J]. Chemical Science, 2015, 6 (8): 4993-4999.

[28] ZHAO G M, HUNT M B, KELLER H, et al. Evidence for polaronic supercarriers in the copper oxide superconductors $La_{2-x}Sr_xCuO_4$ [J]. Nature, 1997, 385 (6613): 236-239.

[29] DIAZ-MORALES O, RAAIJMAN S, KORTLEVER R, et al. Iridium-based double perovskites for efficient water oxidation in acid media [J]. Nature Communications, 2016, 7 (1): 12363.

[30] DANILOVIC N, SUBBARAMAN R, CHANG K C, et al. Using surface segregation to design stable Ru-Ir oxides for the oxygen evolution reaction in acidic environments [J]. Angewandte

Chemie International Edition, 2014, 53 (51): 14016-14021.

[31] REIER T, PAWOLEK Z, CHEREVKO S, et al. Molecular insight in structure and activity of highly efficient, low-Ir Ir-Ni oxide catalysts for electrochemical water splitting (OER) [J]. Journal of the American Chemical Society, 2015, 137 (40): 13031-13040.

[32] ZHANG Y, WU C, JIANG H, et al. Atomic iridium incorporated in cobalt hydroxide for efficient oxygen evolution catalysis in neutral electrolyte [J]. Advanced Materials, 2018, 30 (18): 1707522.

[33] BABU D D, HUANG Y, ANANDHABABU G, et al. Atomic iridium@cobalt nanosheets for dinuclear tandem water oxidation [J]. Journal of Materials Chemistry A, 2019, 7 (14): 8376-8383.

[34] WILDER J W G, VENEMA L C, RINZLER A G, et al. Electronic structure of atomically resolved carbon nanotubes [J]. Nature, 1998, 391 (6662): 59-62.

[35] CHEN P, ZHOU T, ZHANG M, et al. 3D nitrogen-anion-decorated nickel sulfides for highly efficient overall water splitting [J]. Advanced Materials, 2017, 29 (30): 1701584.

[36] OH H S, NONG H N, REIER T, et al. Electrochemical catalyst-support effects and their stabilizing role for IrO_x nanoparticle catalysts during the oxygen evolution reaction [J]. Journal of the American Chemical Society, 2016, 138 (38): 12552-12563.

[37] SHI Q, ZHU C, DU D, et al. Robust noble metal-based electrocatalysts for oxygen evolution reaction [J]. Chemical Society Reviews, 2019, 48 (12): 3181-3192.

[38] SUN Y, ZHANG X, LUO M, et al. Ultrathin PtPd-based nanorings with abundant step atoms enhance oxygen catalysis [J]. Advanced Materials, 2018, 30 (38): 1802136.

[39] LV F, FENG J, WANG K, et al. Iridium-tungsten alloy nanodendrites as pH-universal water-splitting electrocatalysts [J]. ACS Central Science, 2018, 4 (9): 1244-1252.

[40] ALIA S M, SHULDA S, NGO C, et al. Iridium-based nanowires as highly active, oxygen evolution reaction electrocatalysts [J]. ACS Catalysis, 2018, 8 (3): 2111-2120.

[41] YEO B S. Oxygen evolution by stabilized single Ru atoms [J]. Nature Catalysis, 2019, 2 (4): 284-285.

[42] PARK J, KIM J, YANG Y, et al. RhCu 3D nanoframe as a highly active electrocatalyst for oxygen evolution reaction under alkaline condition [J]. Advanced Science, 2016, 3 (4): 1500252.

[43] CORRIGAN D A. The catalysis of the oxygen evolution reaction by iron impurities in thin film nickel oxide electrodes [J]. Journal of The Electrochemical Society, 1987, 134 (2): 377-384.

[44] ZHU K, LIU H, LI M, et al. Atomic-scale topochemical preparation of crystalline Fe^{3+}-doped β-Ni(OH)$_2$ for an ultrahigh-rate oxygen evolution reaction [J]. Journal of Materials Chemistry A, 2017, 5 (17): 7753-7758.

[45] SUBBARAMAN R, TRIPKOVIC D, CHANG K C, et al. Trends in activity for the water electrolyser reactions on 3d M (Ni, Co, Fe, Mn) hydr(oxy)oxide catalysts [J]. Nature Materials, 2012, 11 (6): 550-557.

[46] OLIVER-TOLENTINO M A, VÁZQUEZ-SAMPERIO J, MANZO-ROBLEDO A, et al. An approach to understanding the electrocatalytic activity enhancement by superexchange interaction toward OER in alkaline media of Ni-Fe LDH [J]. The Journal of Physical Chemistry C, 2014, 118 (39): 22432-22438.

[47] ZHAO X, LIU X, HUANG B, et al. Hydroxyl group modification improves the electrocatalytic ORR and OER activity of graphene supported single and bi-metal atomic catalysts (Ni, Co, and Fe) [J]. Journal of Materials Chemistry A, 2019, 7 (42): 24583-24593.

[48] TANG C, WANG H F, WANG H S, et al. Guest-host modulation of multi-metallic (oxy) hydroxides for superb water oxidation [J]. Journal of Materials Chemistry A, 2016, 4 (9): 3210-3216.

[49] CHEN J, ZHENG F, ZHANG S J, et al. Interfacial interaction between FeOOH and Ni-Fe LDH to modulate the local electronic structure for enhanced OER electrocatalysis [J]. ACS Catalysis, 2018, 8 (12): 11342-11351.

[50] LEE J, JUNG H, PARK Y S, et al. Corrosion-engineered bimetallic oxide electrode as anode for high-efficiency anion exchange membrane water electrolyzer [J]. Chemical Engineering Journal, 2021, 420: 127670.

[51] NA H, ZHAO F, LI Y. Ultrathin nickel-iron layered double hydroxide nanosheets intercalated with molybdate anions for electrocatalytic water oxidation [J]. Journal of Materials Chemistry A, 2015, 3 (31): 16348-16353.

[52] 杨正芳, 张悦, 蔡金霄, 等. 层状双金属氢氧化物及其复合材料的制备与应用研究新进展 [J]. 材料导报, 2021, 35 (19): 19062-19069.

[53] 冯晓磊, 曲宗凯, 陈俊, 等. $NiFe_2O_4/NiO$ 纳米复合材料的制备及电催化水氧化性能 [J]. 高等学校化学学报, 2017, 38 (11): 1999-2005.

[54] HU Y, LUO G, WANG L, et al. Single Ru atoms stabilized by hybrid amorphous/crystalline FeCoNi layered double hydroxide for ultraefficient oxygen evolution [J]. Advanced Energy Materials, 2021, 11 (1): 2002816.

[55] LIU H, LI X, GE L, et al. Accelerating hydrogen evolution in Ru-doped FeCoP nanoarrays with lattice distortion toward highly efficient overall water splitting [J]. Catalysis Science & Technology, 2020, 10 (24): 8314-8324.

[56] FANG L, JIANG Z, XU H, et al. Crystal-plane engineering of $NiCo_2O_4$ electrocatalysts towards efficient overall water splitting [J]. Journal of Catalysis, 2018, 357: 238-246.

[57] LI Y, HASIN P, WU Y. $Ni_xCo_{3-x}O_4$ nanowire arrays for electrocatalytic oxygen evolution [J]. Advanced Materials, 2010, 22 (17): 1926-1929.

[58] PENG S, GONG F, LI L, et al. Necklace-like multishelled hollow spinel oxides with oxygen vacancies for efficient water electrolysis [J]. Journal of the American Chemical Society, 2018, 140 (42): 13644-13653.

[59] ABIDAT I, MORAIS C, COMMINGES C, et al. Three dimensionally ordered mesoporous hydroxylated $Ni_xCo_{3-x}O_4$ spinels for the oxygen evolution reaction: On the hydroxyl-induced

surface restructuring effect [J]. Journal of Materials Chemistry A, 2017, 5 (15): 7173-7183.

[60] CHEN Q, YUAN Z, ZHU Y, et al. One-step synthesis of zinc-cobalt layered double hydroxide (Zn-Co-LDH) nanosheets for high-efficiency oxygen evolution reaction [J]. Journal of Materials Chemistry A, 2015, 3 (13): 6878-6883.

[61] SUN S, LV C, HONG W, et al. Dual tuning of composition and nanostructure of hierarchical hollow nanopolyhedra assembled by NiCo-layered double hydroxide nanosheets for efficient electrocatalytic oxygen evolution [J]. ACS Applied Energy Materials, 2019, 2 (1): 312-319.

[62] ZHANG X, FAN J, LU X, et al. Bridging NiCo layered double hydroxides and Ni_3S_2 for bifunctional electrocatalysts: The role of vertical graphene [J]. Chemical Engineering Journal, 2021, 415: 129048.

[63] CHEN S, DUAN J, JARONIEC M, et al. Three-dimensional N-doped graphene hydrogel/NiCo double hydroxide electrocatalysts for highly efficient oxygen evolution [J]. Angewandte Chemie International Edition, 2013, 52 (51): 13567-13570.

[64] WANG Y, ZHANG B, PAN W, et al. 3D porous nickel-cobalt nitrides supported on nickel foam as efficient electrocatalysts for overall water splitting [J]. ChemSusChem, 2017, 10 (21): 4170-4177.

[65] LIU Z, TAN H, LIU D, et al. Promotion of overall water splitting activity over a wide pH range by interfacial electrical effects of metallic NiCo-nitrides nanoparticle/$NiCo_2O_4$ nanoflake/graphite fibers [J]. Advanced Science, 2019, 6 (5): 1801829.

[66] YAN L, CAO L, DAI P, et al. Metal-organic frameworks derived nanotube of nickel-cobalt bimetal phosphides as highly efficient electrocatalysts for overall water splitting [J]. Advanced Functional Materials, 2017, 27 (40): 1703455.

[67] WANG D, TIAN L, HUANG J, et al. "One for two" strategy to prepare MOF-derived $NiCo_2S_4$ nanorods grown on carbon cloth for high-performance asymmetric supercapacitors and efficient oxygen evolution reaction [J]. Electrochimica Acta, 2020, 334: 135636.

[68] CHEN H, OUYANG S, ZHAO M, et al. Synergistic activity of Co and Fe in amorphous Co_x-Fe-B catalyst for efficient oxygen evolution reaction [J]. ACS Applied Materials & Interfaces, 2017, 9 (46): 40333-40343.

[69] HAN H, KIM K M, CHOI H, et al. Parallelized reaction pathway and stronger internal band bending by partial oxidation of metal sulfide-graphene composites: Important factors of synergistic oxygen evolution reaction enhancement [J]. ACS Catalysis, 2018, 8 (5): 4091-4102.

[70] JIANG H, ALEZI D, EDDAOUDI M. A reticular chemistry guide for the design of periodic solids [J]. Nature Reviews Materials, 2021, 6 (6): 466-487.

[71] ZHAO S, WANG Y, DONG J, et al. Ultrathin metal-organic framework nanosheets for electrocatalytic oxygen evolution [J]. Nature Energy, 2016, 1: 16184

[72] ZHAO S, TAN C, HE C T, et al. Structural transformation of highly active metal-organic framework electrocatalysts during the oxygen evolution reaction [J]. Nature Energy, 2020, 5 (11): 881-890.

[73] HAI G, JIA X, ZHANG K, et al. High-performance oxygen evolution catalyst using two-dimensional ultrathin metal-organic frameworks nanosheets [J]. Nano Energy, 2018, 44: 345-352.

[74] XU J, ZHU X, JIA X. From low-to high-crystallinity bimetal-organic framework nanosheet with highly exposed boundaries: An efficient and stable electrocatalyst for oxygen evolution reaction [J]. ACS Sustainable Chemistry & Engineering, 2019, 7 (19): 16629-16639.

[75] GE K, SUN S, ZHAO Y, et al. Facile synthesis of two-dimensional iron/cobalt metal-organic framework for efficient oxygen evolution electrocatalysis [J]. Angewandte Chemie International Edition, 2021, 60 (21): 12097-12102.

[76] FOMINYKH K, CHERNEV P, ZAHARIEVA I, et al. Iron-doped nickel oxide nanocrystals as highly efficient electrocatalysts for alkaline water splitting [J]. ACS Nano, 2015, 9 (5): 5180-5188.

[77] ZHOU J, HAN Z, WANG X, et al. Discovery of quantitative electronic structure-OER activity relationship in metal-organic framework electrocatalysts using an integrated theoretical-experimental approach [J]. Advanced Functional Materials, 2021, 31 (33): 2102066.

[78] ZHAI X, YU Q, LIU G, et al. Hierarchical microsphere MOF arrays with ultralow Ir doping for efficient hydrogen evolution coupled with hydrazine oxidation in seawater [J]. Journal of Materials Chemistry A, 2021, 9 (48): 27424-27433.

[79] LI Z, DENG S, YU H, et al. Fe-Co-Ni trimetallic organic framework chrysanthemum-like nanoflowers: Efficient and durable oxygen evolution electrocatalysts [J]. Journal of Materials Chemistry A, 2022, 10 (8): 4230-4241.

[80] LI F L, SHAO Q, HUANG X, et al. Nanoscale trimetallic metal-organic frameworks enable efficient oxygen evolution electrocatalysis [J]. Angewandte Chemie-International Edition, 2018, 57 (7): 1888-1892.

[81] ZOU Z, WANG T, ZHAO X, et al. Expediting in-situ electrochemical activation of two-dimensional metal-organic frameworks for enhanced OER intrinsic activity by iron incorporation [J]. ACS Catalysis, 2019, 9 (8): 7356-7364.

[82] GUO C, JIAO Y, ZHENG Y, et al. Intermediate modulation on noble metal hybridized to 2D metal-organic framework for accelerated water electrocatalysis [J]. Chem, 2019, 5 (9): 2429-2441.

[83] ZHAO L, DONG B, LI S, et al. Interdiffusion reaction-assisted hybridization of two-dimensional metal-organic frameworks and $Ti_3C_2T_x$ nanosheets for electrocatalytic oxygen evolution [J]. ACS Nano, 2017, 11 (6): 5800-5807.

[84] WANG Y, YAN L, DASTAFKAN K, et al. Lattice matching growth of conductive hierarchical porous MOF/LDH heteronanotube arrays for highly efficient water oxidation [J]. Advanced

Materials, 2021, 33 (8): 2006351.

[85] DISSEGNA S, EPP K, HEINZ W R, et al. Defective metal-organic frameworks [J]. Advanced Materials, 2018, 30 (37): 1704501.

[86] FU Y, KANG Z, CAO W, et al. Defect-assisted loading and docking conformations of pharmaceuticals in metal-organic frameworks [J]. Angewandte Chemie International Edition, 2021, 60 (14): 7719-7727.

[87] LI X, WANG J, LIU X, et al. Direct imaging of tunable crystal surface structures of MOF MIL-101 using high-resolution electron microscopy [J]. Journal of the American Chemical Society, 2019, 141 (30): 12021-12028.

[88] FANG Z, BUEKEN B, DE VOS D E, et al. Defect-engineered metal-organic frameworks [J]. Angewandte Chemie International Edition, 2015, 54 (25): 7234-7254.

[89] LIU L, CHEN Z, WANG J, et al. Imaging defects and their evolution in a metal-organic framework at sub-unit-cell resolution [J]. Nature Chemistry, 2019, 11 (7): 622-628.

[90] FENG X, JENA H S, KRISHNARAJ C, et al. Creation of exclusive artificial cluster defects by selective metal removal in the (Zn, Zr) mixed-metal UiO-66 [J]. Journal of the American Chemical Society, 2021, 143 (51): 21511-21518.

[91] QI S C, QIAN X Y, HE Q X, et al. Generation of hierarchical porosity in metal-organic frameworks by the modulation of cation valence [J]. Angewandte Chemie International Edition, 2019, 58 (30): 10104-10109.

[92] FERREIRA SANCHEZ D, IHLI J, ZHANG D, et al. Spatio-chemical heterogeneity of defect-engineered metal-organic framework crystals revealed by full-field tomographic X-ray absorption spectroscopy [J]. Angewandte Chemie International Edition, 2021, 60 (18): 10032-10039.

[93] ZHANG Y, LI J, ZHAO W, et al. Defect-free metal-organic framework membrane for precise ion/solvent separation toward highly stable magnesium metal anode [J]. Advanced Materials, 2022, 34 (6): 2108114.

[94] CHEN W, ZHANG Y, CHEN G, et al. Mesoporous cobalt-iron-organic frameworks: A plasma-enhanced oxygen evolution electrocatalyst [J]. Journal of Materials Chemistry A, 2019, 7 (7): 3090-3100.

[95] XUE Z, LIU K, LIU Q, et al. Missing-linker metal-organic frameworks for oxygen evolution reaction [J]. Nature Communications, 2019, 10: 5048.

[96] JI Q, KONG Y, WANG C, et al. Lattice strain induced by linker scission in metal-organic framework nanosheets for oxygen evolution reaction [J]. ACS Catalysis, 2020, 10 (10): 5691-5697.

[97] CHENG W, ZHAO X, SU H, et al. Lattice-strained metal-organic-framework arrays for bifunctional oxygen electrocatalysis [J]. Nature Energy, 2019, 4 (2): 115-122.

[98] CHENG W, WU Z P, LUAN D, et al. Synergetic cobalt-copper-based bimetal-organic framework nanoboxes toward efficient electrochemical oxygen evolution [J]. Angewandte Chemie International Edition, 2021, 60 (50): 26397-26402.

[99] JIANG Y, DENG Y P, LIANG R, et al. Linker-compensated metal-organic framework with electron delocalized metal sites for bifunctional oxygen electrocatalysis [J]. Journal of the American Chemical Society, 2022, 144 (11): 4783-4791.

[100] XUE Z, LI Y, ZHANG Y, et al. Modulating electronic structure of metal-organic framework for efficient electrocatalytic oxygen evolution [J]. Advanced Energy Materials, 2018, 8 (29): 1801564.

[101] WANG H, ZHANG X, YIN F, et al. Coordinately unsaturated metal-organic framework as an unpyrolyzed bifunctional electrocatalyst for oxygen reduction and evolution reactions [J]. Journal of Materials Chemistry A, 2020, 8 (42): 22111-22123.

[102] LIANG J, GAO X, GUO B, et al. Ferrocene-based metal-organic framework nanosheets as a robust oxygen evolution catalyst [J]. Angewandte Chemie International Edition, 2021, 60 (23): 12770-12774.

[103] RODENAS T, BEEG S, SPANOS I, et al. 2D metal organic framework-graphitic carbon nanocomposites as precursors for high-performance O_2 evolution electrocatalysts [J]. Advanced Energy Materials, 2018, 8 (35): 1802404.

[104] LI C F, XIE L J, ZHAO J W, et al. Interfacial Fe-O-Ni-O-Fe bonding regulates the active Ni sites of Ni-MOFs via iron doping and decorating with FeOOH for super-efficient oxygen evolution [J]. Angewandte Chemie International Edition, 2022, 61 (17): e202116934.

[105] SHAH S S A, JIAO L, JIANG H L. Optimizing MOF electrocatalysis by metal sequence coding [J]. Chem Catalysis, 2022, 2 (1): 3-5.

[106] JIA H, HAN Q, LUO W, et al. Sequence control of metals in MOF by coordination number precoding for electrocatalytic oxygen evolution [J]. Chem Catalysis, 2022, 2 (1): 84-101.

[107] YEH J W, CHEN S K, LIN S J, et al. Nanostructured high-entropy alloys with multiple principal elements: Novel alloy design concepts and outcomes [J]. Advanced Engineering Materials, 2004, 6 (5): 299-303.

[108] 李昕. 高熵合金在电催化领域的研究进展 [J]. 广州化工, 2021, 49 (16): 6-7.

[109] 张泉, 刘熙俊, 罗俊. 高熵合金在电解水催化中的应用研究 [J]. 中国有色金属学报, 2022, 32 (11): 3388-3405.

[110] 周鹏飞, 黄宝琪, 牛朋达, 等. 阳极氧化 AlCoCrFeNi 高熵合金用于高效碱性电解水 (英文) [J]. Science China (Materials), 2023, 66 (3): 1033-1041.

[111] FAN L F, JI Y X, WANG G X, et al. High entropy alloy electrocatalytic electrode toward alkaline glycerol valorization coupling with acidic hydrogen production [J]. Journal of the American Chemical Society, 2022, 144 (16): 7224-7235.

[112] ZHAN C H, XU Y, BU L Z, et al. Subnanometer high-entropy alloy nanowires enable remarkable hydrogen oxidation catalysis [J]. Nature Communications, 2021, 12 (1).

[113] CHEN H, GUAN C Q, FENG H B. Pt-based high-entropy alloy nanoparticles as bifunctional electrocatalysts for hydrogen and oxygen evolution [J]. ACS Applied Nano Materials, 2022, 5 (7): 9810-9817.

[114] ZUO X F, YAN R Q, ZHAO L J, et al. A hollow PdCuMoNiCo high-entropy alloy as an

efficient bi-functional electrocatalyst for oxygen reduction and formic acid oxidation [J]. Journal of Materials Chemistry A, 2022, 10 (28): 14857-14865.

[115] WANG X Z, DONG Q, QIAO H Y, et al. Continuous synthesis of hollow high-entropy nanoparticles for energy and catalysis applications [J]. Advanced Materials, 2020, 32 (46).

[116] YAO Y G, HUANG Z N, XIE P F, et al. Carbothermal shock synthesis of high-entropy-alloy nanoparticles [J]. Science, 2018, 359 (6383): 1489-1494.

[117] LI T Y, YAO Y G, KO B H, et al. Carbon-supported high-entropy oxide nanoparticles as stable electrocatalysts for oxygen reduction reactions [J]. Advanced Functional Materials, 2021, 31 (21): 2010561.

[118] LEI Y T, ZHANG L L, XU W J, et al. Carbon-supported high-entropy Co-Zn-Cd-Cu-Mn sulfide nanoarrays promise high-performance overall water splitting [J]. Nano Research, 2022, 15 (7): 6054-6061.

[119] WANG D D, CHEN Z W, HUANG Y C, et al. Tailoring lattice strain in ultra-fine high-entropy alloys for active and stable methanol oxidation [J]. Science China Materials, 2021, 64 (10): 2454-2466.

[120] CLAUSEN C M, BATCHELOR T A A, PEDERSEN J K, et al. What atomic positions determines reactivity of a surface? Long-range, directional ligand effects in metallic alloys [J]. Advanced Science, 2021, 8 (9): 2003357.

[121] GU K Z, WANG D D, XIE C, et al. Defect-rich high-entropy oxide nanosheets for efficient 5-hydroxymethylfurfural electrooxidation [J]. Angewandte Chemie International Edition, 2021, 60 (37): 20253-20258.

[122] NGUYEN T X, LIAO Y C, LIN C C, et al. Advanced high entropy perovskite oxide electrocatalyst for oxygen evolution reaction [J]. Advanced Functional Materials, 2021, 31 (27): 2101632.

[123] CECHANAVICIUTE I A, ANTONY R P, KRYSIAK O A, et al. Scalable synthesis of multi-metal electrocatalyst powders and electrodes and their application for oxygen evolution and water splitting [J]. Angewandte Chemie International Edition, 2023, 62 (12): e202218493.

[124] WANG R, HUANG J Z, ZHANG X H, et al. Two-dimensional high-entropy metal phosphorus trichalcogenides for enhanced hydrogen evolution reaction [J]. ACS Nano, 2022, 16 (3): 3593-3603.

[125] 汪嘉澍, 潘国顺, 郭丹. 质子交换膜燃料电池膜电极组催化层结构 [J]. 化学进展, 2012, 24 (10): 1906-1914.

[126] SHENG H, HERMES E D, YANG X, et al. Electrocatalytic production of H_2O_2 by selective oxygen reduction using earth-abundant cobalt pyrite (CoS_2) [J]. ACS Catalysis, 2019, 9 (9): 8433-8442.

[127] ZHAI L, YANG S, YANG X, et al. Conjugated covalent organic frameworks as platinum nanoparticle supports for catalyzing the oxygen reduction reaction [J]. Chemistry of Materials, 2020, 32 (22): 9747-9752.

[128] CHEN D, CHEN Z, LU Z, et al. Transition metal-N_4 embedded black phosphorus carbide as a high-performance bifunctional electrocatalyst for ORR/OER [J]. Nanoscale, 2020, 12 (36): 18721-18732.

[129] SHEN J, WEN Y, JIANG H, et al. Identifying activity trends for the electrochemical production of H_2O_2 on M—N—C single-atom catalysts using theoretical kinetic computations [J]. Journal of Physical Chemistry C, 2022, 126 (25): 10388-10398.

[130] ARIF KHAN M, SUN C, CAI J, et al. Potassium-ion activating formation of Fe—N—C moiety as efficient oxygen electrocatalyst for Zn-air batteries [J]. ChemElectroChem, 2021, 8 (7): 1298-1306.

[131] LI B, XIE H, YANG C, et al. Unraveling the mechanism of ligands regulating electronic structure of MN_4 sites with optimized ORR catalytic performance [J]. Applied Surface Science, 2022, 595: 153526.

[132] PATNIBOON T, HANSEN H A. Acid-stable and active M—N—C catalysts for the oxygen reduction reaction: The role of local structure [J]. ACS Catalysis, 2021, 11 (21): 13102-13118.

[133] QIAO Y, YUAN P, HU Y, et al. Sulfuration of an Fe—N—C catalyst containing Fe_xC/Fe species to enhance the catalysis of oxygen reduction in acidic media and for use in flexible Zn-air batteries [J]. Advanced Materials, 2018, 30 (46): 1804504.

[134] CHEN P, ZHOU T, XING L, et al. Atomically dispersed iron-nitrogen species as electrocatalysts for bifunctional oxygen evolution and reduction reactions [J]. Angewandte Chemie International Edition, 2017, 56 (2): 610-614.

[135] GUO C, WEN B, LIAO W, et al. Template-assisted conversion of aniline nanopolymers into non-precious metal FeN/C electrocatalysts for highly efficient oxygen reduction reaction [J]. Journal of Alloys and Compounds, 2016, 686: 874-882.

[136] LU Y, HU Z, WANG Y, et al. Facile synthesis of mesoporous carbon materials with a three-dimensional ordered mesostructure and rich FeN_x/C-S-C sites for efficient electrocatalytic oxygen reduction [J]. Colloids and Surfaces A, Physicochemical and Engineering Aspects, 2022, 654: 130103.

[137] QIAO M, WANG Y, WANG Q, et al. Hierarchically ordered porous carbon with atomically dispersed FeN_4 for ultraefficient oxygen reduction reaction in proton-exchange membrane fuel cells [J]. Angewandte Chemie International Edition, 2020, 59 (7): 2688-2694.

[138] CHEN Y, JI S, WANG Y, et al. Isolated single iron atoms anchored on N-doped porous carbon as an efficient electrocatalyst for the oxygen reduction reaction [J]. Angewandte Chemie International Edition, 2017, 56 (24): 6937-6941.

[139] JIANG R, LI L, SHENG T, et al. Edge-site engineering of atomically dispersed Fe-N_4 by selective C—N bond cleavage for enhanced oxygen reduction reaction activities [J]. Journal of the American Chemical Society, 2018, 140 (37): 11594-11598.

[140] LIU S, WANG M, YANG X, et al. Chemical vapor deposition for atomically dispersed and nitrogen coordinated single metal site catalysts [J]. Angewandte Chemie International Edition,

2020, 59 (48): 21698-21705.

[141] LIN X, PENG P, GUO J, et al. A new steric tetra-imidazole for facile synthesis of high loading atomically dispersed FeN$_4$ electrocatalysts [J]. Nano Energy, 2021, 80: 105533.

[142] LAI Q X, ZHENG L R, LIANG Y Y, et al. Meta-organic-framework-derived Fe-N/C electrocatalyst with five-coordinated Fe-N$_x$ sites for advanced oxygen reduction in acid media [J]. ACS Catalysis, 2017, 7 (3): 1655-1663.

[143] XU X, XIA Z, ZHANG X, et al. Atomically dispersed Fe—N—C derived from dual metal-organic frameworks as efficient oxygen reduction electrocatalysts in direct methanol fuel cells [J]. Applied Catalysis B: Environmental, 2019, 259: 118042.

[144] XIAO M, ZHU J, MA L, et al. Microporous framework induced synthesis of single-atom dispersed Fe—N—C acidic ORR catalyst and its in situ reduced Fe-N$_4$ active site identification revealed by X-ray absorption spectroscopy [J]. ACS Catalysis, 2018, 8 (4): 2824-2832.

[145] ZHANG H, CHUNG H T, CULLEN D A, et al. High-performance fuel cell cathodes exclusively containing atomically dispersed iron active sites [J]. Energy & Environmental Science, 2019, 12 (8): 2548-2558.

[146] SA Y J, SEO D J, WOO J, et al. A general approach to preferential formation of active Fe-N$_x$ sites in Fe-N/C electrocatalysts for efficient oxygen reduction reaction [J]. Journal of the American Chemical Society, 2016, 138 (45): 15046-15056.

[147] LU X, XU H, YANG P, et al. Zinc-assisted MgO template synthesis of porous carbon-supported Fe-N$_x$ sites for efficient oxygen reduction reaction catalysis in Zn-air batteries [J]. Applied Catalysis B: Environmental, 2022, 313: 121454.

[148] FU X, JIANG G, WEN G, et al. Densely accessible Fe-N$_x$ active sites decorated mesoporous-carbon-spheres for oxygen reduction towards high performance aluminum-air flow batteries [J]. Applied Catalysis B: Environmental, 2021, 293: 120176.

[149] CHEN G, AN Y, LIU S, et al. Highly accessible and dense surface single metal FeN$_4$ active sites for promoting the oxygen reduction reaction [J]. Energy & Environmental Science, 2022, 15 (6): 2619-2628.

[150] XIAO M, XING Z, JIN Z, et al. Preferentially engineering FeN$_4$ edge sites onto graphitic nanosheets for highly active and durable oxygen electrocatalysis in rechargeable Zn-air batteries [J]. Advanced Materials, 2020, 32 (49): 2004900.

[151] FU X, LI N, REN B, et al. Tailoring FeN$_4$ sites with edge enrichment for boosted oxygen reduction performance in proton exchange membrane fuel cell [J]. Advanced Energy Materials, 2019, 9 (11): 1803737.

[152] WANG Q, LU R, YANG Y, et al. Tailoring the microenvironment in Fe—N—C electrocatalysts for optimal oxygen reduction reaction performance [J]. Science Bulletin, 2022, 67 (12): 1264-1273.

[153] WANG Q, YANG Y, SUN F, et al. Molten NaCl-assisted synthesis of porous Fe—N—C electrocatalysts with a high density of catalytically accessible FeN$_4$ active sites and outstanding oxygen reduction reaction performance [J]. Advanced Energy Materials, 2021, 11

(19): 2100219.

[154] YANG Z, WANG Y, ZHU M, et al. Boosting oxygen reduction catalysis with Fe-N_4 sites decorated porous carbons toward fuel cells [J]. ACS Catalysis, 2019, 9 (3): 2158-2163.

[155] MIAO Z, WANG X, TSAI M C, et al. Atomically dispersed Fe-N_x/C electrocatalyst boosts oxygen catalysis via a new metal-organic polymer supramolecule strategy [J]. Advanced Energy Materials, 2018, 8 (24): 1801226.

[156] SHEN H, GRACIA-ESPINO E, MA J, et al. Atomically FeN_2 moieties dispersed on mesoporous carbon: A new atomic catalyst for efficient oxygen reduction catalysis [J]. Nano Energy, 2017, 35: 9-16.

[157] TAO L, QIAO M, JIN R, et al. Bridging the surface charge and catalytic activity of a defective carbon electrocatalyst [J]. Angewandte Chemie International Edition, 2019, 58 (4): 1019-1024.

[158] JIANG H, WANG Y, HAO J, et al. N and P co-functionalized three-dimensional porous carbon networks as efficient metal-free electrocatalysts for oxygen reduction reaction [J]. Carbon, 2017, 122: 64-73.

[159] QIAO X, JIN J, FAN H, et al. In situ growth of cobalt sulfide hollow nanospheres embedded in nitrogen and sulfur co-doped graphene nanoholes as a highly active electrocatalyst for oxygen reduction and evolution [J]. Journal of Materials Chemistry A, 2017, 5 (24): 12354-12360.

[160] LIU S, LIU L, CHEN X, et al. On an easy way to prepare Fe, S, N tri-doped mesoporous carbon materials as efficient electrocatalysts for oxygen reduction reaction [J]. Electrocatalysis, 2018, 10 (1): 72-81.

[161] TAN Z, LI H, FENG Q, et al. One-pot synthesis of Fe/N/S-doped porous carbon nanotubes for efficient oxygen reduction reaction [J]. Journal of Materials Chemistry A, 2019, 7 (4): 1607-1615.

[162] ZHANG H, HWANG S, WANG M, et al. Single atomic iron catalysts for oxygen reduction in acidic media: Particle size control and thermal activation [J]. Journal of the American Chemical Society, 2017, 139 (40): 14143-14149.

[163] GAO L, XIAO M, JIN Z, et al. Correlating Fe source with Fe—N—C active site construction: Guidance for rational design of high-performance ORR catalyst [J]. Journal of Energy Chemistry, 2018, 27 (6): 1668-1673.

[164] LUO Y, TANG Z, CAO G, et al. Cu-assisted induced atomic-level bivalent Fe confined on N-doped carbon concave dodecahedrons for acid oxygen reduction electrocatalysis [J]. International Journal of Hydrogen Energy, 2021, 46 (2): 1997-2006.

[165] XIE X, HE C, LI B, et al. Performance enhancement and degradation mechanism identification of a single-atom Co-N-C catalyst for proton exchange membrane fuel cells [J]. Nature Catalysis, 2020, 3 (12): 1044-1054.

[166] ZHANG X, YANG Z, LU Z, et al. Bifunctional CoN_x embedded graphene electrocatalysts for OER and ORR: A theoretical evaluation [J]. Carbon, 2018, 130: 112-119.

[167] SUN X, LI K, YIN C, et al. Dual-site oxygen reduction reaction mechanism on CoN_4 and CoN_2 embedded graphene: Theoretical insights [J]. Carbon, 2016, 108: 541-550.

[168] HE Y, GUO H, HWANG S, et al. Single cobalt sites dispersed in hierarchically porous nanofiber networks for durable and high-power PGM-free cathodes in fuel cells [J]. Advanced Materials, 2020, 32 (46): 2003577.

[169] SUN T, ZHAO S, CHEN W, et al. Single-atomic cobalt sites embedded in hierarchically ordered porous nitrogen-doped carbon as a superior bifunctional electrocatalyst [J]. Proceeding of the National Academy of Science of the United States of America, 2018, 115 (50): 12692-12697.

[170] YANG L, SHI L, WANG D, et al. Single-atom cobalt electrocatalysts for foldable solid-state Zn-air battery [J]. Nano Energy, 2018, 50: 691-698.

[171] HE Y, HWANG S, CULLEN D A, et al. Highly active atomically dispersed CoN_4 fuel cell cathode catalysts derived from surfactant-assisted MOFs: Carbon-shell confinement strategy [J]. Energy & Environmental Science, 2019, 12 (1): 250-260.

[172] HAN A, CHEN W, ZHANG S, et al. A polymer encapsulation strategy to synthesize porous nitrogen-doped carbon-nanosphere-supported metal isolated-single-atomic-site catalysts [J]. Advanced Materials, 2018, 30 (15): 1706508.

[173] HE Y, GUO H, HWANG S, et al. Single cobalt sites dispersed in hierarchically porous nanofiber networks for durable and high-power PGM-free cathodes in fuel cells [J]. Advanced Materials, 2020, 32 (46): 2003577.

[174] TIAN H, CUI X, DONG H, et al. Engineering single MnN_4 atomic active sites on polydopamine-modified helical carbon tubes towards efficient oxygen reduction [J]. Energy Storage Materials, 2021, 37: 274-282.

[175] VASHISTHA V K, KUMAR A. Design and synthesis of MnN_4 macrocyclic complex for efficient oxygen reduction reaction electrocatalysis [J]. Inorganic Chemistry Communications, 2020, 112: 107700.

[176] GUO L, HWANG S, LI B, et al. Promoting atomically dispersed MnN_4 sites via sulfur doping for oxygen reduction: Unveiling intrinsic activity and degradation in fuel cells [J]. ACS Nano, 2021, 15 (4): 6886-6899.

[177] LI X, BI W, CHEN M, et al. Exclusive $Ni-N_4$ sites realize near-unity CO selectivity for electrochemical CO_2 reduction [J]. Journal of the American Chemical Society, 2017, 139 (42): 14889-14892.

[178] CAI Z, LI M, HU X, et al. Efficient and stable neutral zinc-air batteries by three-dimensional ordered macroporous N-doped carbon frameworks loading NiN_4 active sites [J]. Materals Letters, 2023, 331: 133462.

[179] LI M, WANG M, LIU D, et al. Atomically-dispersed NiN_4—Cl active sites with axial Ni—Cl coordination for accelerating electrocatalytic hydrogen evolution [J]. Journal of Materials Chemitry A, 2022, 10 (11): 6007-6015.

[180] CAI Z, LIN S, XIAO J, et al. Efficient bifunctional catalytic electrodes with uniformly

distributed NiN$_2$ active sites and channels for long-lasting rechargeable zinc-air batteries [J]. Small, 2020, 16 (32): 2002518.

[181] LUO F, ROY A, SILVIOLI L, et al. P-block single-metal-site tin/nitrogen-doped carbon fuel cell cathode catalyst for oxygen reduction reaction [J]. Nature Materials, 2020, 19 (11): 1215-1223.

[182] LIU S, LI Z, WANG C, et al. Turning main-group element magnesium into a highly active electrocatalyst for oxygen reduction reaction [J]. Nature Communications, 2020, 11 (1): 938.

[183] LIN Z, HUANG H, CHENG L, et al. Tuning the p-orbital electron structure of s-block metal Ca enables a high-performance electrocatalyst for oxygen reduction [J]. Advanced Materials, 2021, 33 (51): 2107103.

[184] TSOUKALOU A, ABDALA P M, STOIAN D, et al. Structural evolution and dynamics of an In$_2$O$_3$ catalyst for CO$_2$ hydrogenation to methanol: An operando XAS-XRD and in situ TEM study [J]. Journal of the American Chemical Society, 2019, 141: 13497.

[185] SERRER M A, GAUR A, JELIC J, et al. Structural dynamics in Ni-Fe catalysts during CO$_2$ methanation-role of iron oxide clusters [J]. Catalysis Science & Technology, 2020, 10: 7542.

[186] LIN S C, CHANG C C, CHIU S Y, et al. Operando time-resolved X-ray absorption spectroscopy reveals the chemical nature enabling highly selective CO$_2$ reduction [J]. Nature Communications, 2020, 11: 3525.

[187] DONG J C, SU M, BRIEGA-MARTOS V, et al. Direct in situ raman spectroscopic evidence of oxygen reduction reaction intermediates at high-index Pt(hkl) surfaces [J]. Journal of the American Chemical Society, 2020, 142 (2): 715-719.

[188] ZHENG X, ZHANG B, DE LUNA P, et al. Theory-driven design of high-valence metal sites for water oxidation confirmed using in situ soft X-ray absorption [J]. Nature Chemistry, 2018, 10: 149.

[189] SHAN J, LING T, DAVEY K, et al. Transition-metal-doped ruir bifunctional nanocrystals for overall water splitting in acidic environments [J]. Advanced Materials, 2019, 31: 1900510.

[190] DREVON D, GÖRLIN M, CHERNEV P, et al. Uncovering the role of oxygen in Ni-Fe(O$_x$H$_y$) electrocatalysts using in situ soft X-ray absorption spectroscopy during the oxygen evolution reaction [J]. Scientific Reports, 2019, 9: 1532.

[191] WU J, ZHUO Z, RONG X, et al. Dissociate lattice oxygen redox reactions from capacity and voltage drops of battery electrodes [J]. Science Advances, 2020, 6: eaaw3871.

[192] DIKLIĆ N, CLARK A H, HERRANZ J, et al. Potential pitfalls in the operando XAS study of oxygen evolution electrocatalysts [J]. ACS Energy Letters, 2022, 7: 1735.

[193] STREIBEL V, HÄVECKER M, YI Y, et al. In situ electrochemical cells to study the oxygen evolution reaction by near ambient pressure X-ray photoelectron spectroscopy [J]. Topics in Catalysis, 2018, 61: 2064.

[194] SHAN H, GAO W, XIONG Y, et al. Nanoscale kinetics of asymmetrical corrosion in core-

shell nanoparticles [J]. Nature Communications, 2018, 9 (1): 1011.

[195] SHI F, GAO W, SHAN H, et al. Strain-induced corrosion kinetics at nanoscale are revealed in liquid: Enabling control of corrosion dynamics of electrocatalysis [J]. Chem, 2020, 6 (9): 2257-2271.

[196] SCHALENBACH M, KASIAN O, LEDENDECKER M, et al. The electrochemical dissolution of noble metals in alkaline media [J]. Electrocatalysis, 2018, 9 (2): 153-161.

[197] HUANG X, ZHAO Z, CAO L, et al. High-performance transition metal-doped Pt_3Ni octahedra for oxygen reduction reaction [J]. Science, 2015, 348 (6240): 1230-1234.

[198] YAN H, LI J, ZHANG M, et al. Enhanced corrosion resistance and adhesion of epoxy coating by two-dimensional graphite-like $g-C_3N_4$ nanosheets [J]. Journal of Colloid and Interface Science, 2020, 579: 152-161.

[199] SUN Y, SUN S, YANG H, et al. Spin-related electron transfer and orbital interactions in oxygen electrocatalysis [J]. Advanced Materials, 2020, 32 (39): 2003297.

[200] ZHANG J Y, YAN Y, MEI B, et al. Local spin-state tuning of cobalt-iron selenide nanoframes for the boosted oxygen evolution [J]. Energy & Environmental Science, 2021, 14 (1): 365-373.

[201] FENG Q, WANG X, KLINGENHOF M, et al. Low-Pt NiNC-supported Pt-Ni nanoalloy oxygen reduction reaction electrocatalysts—In situ tracking of the atomic alloying process [J]. Angewandte Chemie International Edition, 2022, 61 (36) = e202203728.

[202] WANG J, GE X, LIU Z, et al. Heterogeneous electrocatalyst with molecular cobalt ions serving as the center of active sites [J]. Journal of the American Chemical Society, 2017, 139 (5): 1878-1884.

[203] WAN W, TRIANA C A, LAN J, et al. Bifunctional single atom electrocatalysts: Coordination-performance correlations and reaction pathways [J]. ACS Nano, 2020, 14: 13279.

[204] HAO S, SHENG H, LIU M, et al. Torsion strained iridium oxide for efficient acidic water oxidation in proton exchange membrane electrolyzers [J]. Nature Nanotechnology, 2021, 16: 1371.

[205] QI Q, HU J, GUO S, et al. Large-scale synthesis of low-cost bimetallic polyphthalocyanine for highly stable water oxidation [J]. Applied Catalysis B: Environmental, 2021, 299: 120637.

[206] ZHANG C, QI Q, MEI Y, et al. Rationally reconstructed metal-organic frameworks as robust oxygen evolution electrocatalysts [J]. Advanced Materials, 2023, 35 (8): 2208904.

[207] MA C, ZHANG Y, FENG Y, et al. Engineering Fe—N coordination structures for fast redox conversion in lithium-sulfur batteries [J]. Advanced Materials, 2021, 33 (30): 2100171.

[208] ZHAO X, PATTENGALE B, FAN D, et al. Mixed-node metal-organic frameworks as efficient electrocatalysts for oxygen evolution reaction [J]. ACS Energy Letters, 2018, 3 (10): 2520-2526.

[209] CLARK S J, SEGALL M D, PICKARD C J, et al. First principles methods using CASTEP [J]. Zeitschrift für Kristallographie-Crystalline Materials, 2005, 220 (5/6): 567-570.

[210] PERDEW J P, BURKE K, ERNZERHOF M. Generalized gradient approximation made

simple [J]. Physical Review Letters, 1996, 77 (18): 3865-3868.

[211] HASNIP P J, PICKARD C J. Electronic energy minimisation with ultrasoft pseudopotentials [J]. Computer Physics Communications, 2006, 174 (1): 24-29.

[212] PERDEW J P, CHEVARY J A, VOSKO S H, et al. Atoms, molecules, solids, and surfaces: Applications of the generalized gradient approximation for exchange and correlation [J]. Physical Review B, 1992, 46 (11): 6671-6687.

[213] HEAD J D, ZERNER M C. A Broyden—Fletcher—Goldfarb—Shanno optimization procedure for molecular geometries [J]. Chemical Physics Letters, 1985, 122 (3): 264-270.

[214] DU BOIS D R, WRIGHT K R, BELLAS M K, et al. Linker deprotonation and structural evolution on the pathway to MOF-74 [J]. Inorganic Chemistry, 2022, 61: 4550-4554.

[215] XING J, SCHWEIGHAUSER L, OKADA S, et al. Atomistic structures and dynamics of prenucleation clusters in MOF-2 and MOF-5 syntheses [J]. Nature Communications, 2019, 10 (1): 3608.

[216] EMBRECHTS H, KRIESTEN M, ERMER M, et al. In situ Raman and FTIR spectroscopic study on the formation of the isomers MIL-68 (Al) and MIL-53 (Al) [J]. RSC Advances, 2020, 10 (13): 7336-7348.

[217] WANG Y L, JIANG Y L, XIAHOU Z J, et al. Diversity of lanthanide (iii)-2,5-dihydroxy-1, 4-benzenedicarboxylate extended frameworks: Syntheses, structures, and magnetic properties [J]. Dalton Transactions, 2012, 41 (37): 11428-11437.

[218] DE BELLIS J, DELL'AMICO D B, CIANCALEONI G, et al. Interconversion of lanthanide-organic frameworks based on the anions of 2,5-dihydroxyterephthalic acid as connectors [J]. Inorganica Chemica Acta, 2019, 495: 118937.

[219] LU P, WU Y, KANG H, et al. What can pKa and NBO charges of the ligands tell us about the water and thermal stability of metal organic frameworks? [J]. Journal of Materials Chemistry A, 2014, 2 (38): 16250-16267.

[220] ZHANG S, BAKER J, PULAY P. A reliable and efficient first principles-based method for predicting pKa Values. 2. organic acids [J]. Journal of Physical Chemistry A, 2010, 114 (1): 432-442.

[221] KUNDU T, WAHIDUZZAMAN M, SHAH B B, et al. Solvent-induced control over breathing behavior in flexible metal—organic frameworks for natural-gas delivery [J]. Angewandte Chemie International Edition, 2019, 58 (24): 8073-8077.

[222] DEVIC T, HORCAJADA P, SERRE C, et al. Functionalization in flexible porous solids: Effects on the pore opening and the host-guest interactions [J]. Journal of the American Chemical Society, 2010, 132 (3): 1127-1136.

[223] SUN F, WANG G, DING Y, et al. NiFe-based metal-organic framework nanosheets directly supported on nickel foam acting as robust electrodes for electrochemical oxygen evolution reaction [J]. Advanced Energy Materials, 2018, 8 (21): 1800584.

[224] ZHA Q, LI M, LIU Z, et al. Hierarchical Co, Fe-MOF-74/Co/carbon cloth hybrid electrode: Simple construction and enhanced catalytic performance in full water splitting [J]. ACS

Sustainable Chemistry & Engineering, 2020, 8 (32): 12025-12035.

[225] WU F, GUO X, WANG Q, et al. A hybrid of MIL-53 (Fe) and conductive sulfide as a synergistic electrocatalyst for the oxygen evolution reaction [J]. Journal of Materials Chemistry A, 2020, 8 (29): 14574-14582.

[226] RODENAS T, LUZ I, PRIETO G, et al. Metal-organic framework nanosheets in polymer composite materials for gas separation [J]. Nature Materials, 2015, 14 (1): 48-55.

[227] FEI B, CHEN Z, LIU J, et al. Ultrathinning nickel sulfide with modulated electron density for efficient water splitting [J]. Advanced Energy Materials, 2020, 10 (41): 2001963.

[228] ZHANG L, CAI W, BAO N, et al. Implanting an electron donor to enlarge the d-p hybridization of high-entropy (Oxy) hydroxide: A novel design to boost oxygen evolution [J]. Advanced Materials, 2022, 34 (26): 2110511.

[229] BAI L, HSU C S, ALEXANDER D T L, et al. Double-atom catalysts as a molecular platform for heterogeneous oxygen evolution electrocatalysis [J]. Nature Energy, 2021, 6 (11): 1054-1066.

[230] WU Y, DING Y, HAN X, et al. Modulating coordination environment of Fe single atoms for high-efficiency all-pH-tolerated H_2O_2 electrochemical production [J]. Applied Catalysis B: Environmental, 2022, 315: 121578.

[231] LUO Y, ZHANG Z, YANG F, et al. Stabilized hydroxide-mediated nickel-based electrocatalysts for high-current-density hydrogen evolution in alkaline media [J]. Energy & Environmental Science, 2021, 14 (8): 4610-4619.

[232] KANG J, XUE Y, YANG J, et al. Realizing two-electron transfer in Ni(OH)$_2$ nanosheets for energy storage [J]. Journal of the American Chemical Society, 2022, 144 (20): 8969-8976.

[233] LI W, WATZELE S, EL-SAYED H A, et al. Unprecedented high oxygen evolution activity of electrocatalysts derived from surface-mounted metal-organic frameworks [J]. Journal of the American Chemical Society, 2019, 141 (14): 5926-5933.

[234] WANG X, XIAO H, LI A, et al. Constructing NiCo/Fe$_3$O$_4$ heteroparticles within MOF-74 for efficient oxygen evolution reactions [J]. Journal of the American Chemical Society, 2018, 140 (45): 15336-15341.

[235] YAN L, JIANG H, XING Y, et al. Nickel metal-organic framework implanted on graphene and incubated to be ultrasmall nickel phosphide nanocrystals acts as a highly efficient water splitting electrocatalyst [J]. Journal of Materials Chemistry A, 2018, 6 (4): 1682-1691.

[236] ZHUANG L, GE L, LIU H, et al. A surfactant-free and scalable general strategy for synthesizing ultrathin two-dimensional metal-organic framework nanosheets for the oxygen evolution reaction [J]. Angewandte Chemie International Edition, 2019, 58 (38): 13565-13572.

[237] WANG Q, LIU Z, ZHAO H, et al. MOF-derived porous Ni$_2$P nanosheets as novel bifunctional electrocatalysts for the hydrogen and oxygen evolution reactions [J]. Journal of Materials Chemistry A, 2018, 6 (38): 18720-18727.

[238] HE P, XIE Y, DOU Y, et al. Partial sulfurization of a 2D MOF array for highly efficient oxygen evolution reaction [J]. ACS Applied Materials Interfaces, 2019, 11 (44): 41595-41601.

[239] LI F L, WANG P, HUANG X, et al. Large-scale, bottom-up synthesis of binary metal-organic framework nanosheets for efficient water oxidation [J]. Angewandte Chemie International Edition, 2019, 58 (21): 7051-7056.

[240] XU J, ZHU X, JIA X. From low to high-crystallinity bimetal-organic framework nanosheet with highly exposed boundaries: An efficient and stable electrocatalyst for oxygen evolution reaction [J]. ACS Sustainable Chemistry & Engineering, 2019, 7 (19): 16629-16639.

[241] GAO Z, YU Z W, LIU F Q, et al. Stable iron hydroxide nanosheets@cobalt-metal-organic-framework heterostructure for efficient electrocatalytic oxygen evolution [J]. ChemSusChem, 2019, 12 (20): 4623-4628.

[242] HUANG J, LI Y, HUANG R K, et al. Electrochemical exfoliation of pillared-layer metal-organic framework to boost the oxygen evolution reaction [J]. Angewandte Chemie International Edition, 2018, 57 (17): 4632-4636.

[243] GAO Z, YU Z W, LIU F Q, et al. Ultralow-content iron-decorated Ni-MOF-74 fabricated by a metal-organic framework surface reaction for efficient electrocatalytic water oxidation [J]. Inorganic Chemistry, 2019, 58 (17): 11500-11507.

[244] ZHOU W, XUE Z, LIU Q, et al. Trimetallic MOF-74 films grown on Ni foam as bifunctional electrocatalysts for overall water splitting [J]. ChemSusChem, 2020, 13 (21): 5647-5653.

[245] MU X, YUAN H, JING H, et al. Superior electrochemical water oxidation in vacancy defect-rich 1.5 nm ultrathin trimetal-organic framework nanosheets [J]. Applied Catalysis B: Environmental, 2021, 296: 120095.

[246] THANGAVEL P, HA M, KUMARAGURU S, et al. Graphene-nanoplatelets-supported NiFe-MOF: High-efficiency and ultra-stable oxygen electrodes for sustained alkaline anion exchange membrane water electrolysis [J]. Energy & Environmental Science, 2020, 13 (10): 3447-3458.

[247] MORÁN E, BLESA M C, MEDINA M E, et al. Nonstoichiometric spinel ferrites obtained from α-NaFeO$_2$ via molten media reactions [J]. Inorganic Chemistry, 2002, 41 (23): 5961-5967.

[248] WANG Q, WEI F, MANOJ D, et al. In situ growth of Fe(ii)-MOF-74 nanoarrays on nickel foam as an efficient electrocatalytic electrode for water oxidation: A mechanistic study on valence engineering [J]. Chemical Communications, 2019, 55 (75): 11307-11310.

[249] ZHAO S, LI M, HAN M, et al. Defect-rich Ni$_3$FeN nanocrystals anchored on N-doped graphene for enhanced electrocatalytic oxygen evolution [J]. Advanced Functional Materials, 2018, 28 (18): 1706018.

[250] TANG C, ZHANG R, LU W, et al. Fe-doped CoP nanoarray: A monolithic multifunctional catalyst for highly efficient hydrogen generation [J]. Advanced Materials, 2017, 29 (2): 1602441.

[251] WEI B, SHANG C, WANG X, et al. Conductive FeOOH as multifunctional interlayer for

superior lithium-sulfur batteries [J]. Small, 2020, 16 (34): 2002789.

[252] ZHANG E, WANG B, YU X, et al. β-FeOOH on carbon nanotubes as a cathode material for Na-ion batteries [J]. Energy Storage Materials, 2017, 8: 147-152.

[253] HARZANDI A M, SHADMAN S, NISSIMAGOUDAR A S, et al. Ruthenium core-shell engineering with nickel single atoms for selective oxygen evolution via nondestructive mechanism [J]. Advanced Energy Materials, 2021, 11 (10): 2003448.

[254] MEENA A, THANGAVEL P, NISSIMAGOUDAR A S, et al. Bifunctional oxovanadate doped cobalt carbonate for high-efficient overall water splitting in alkaline-anion-exchange-membrane water-electrolyzer [J]. Chemical Engineering Journal, 2022, 430: 132623.

[255] HA M, KIM D Y, UMER M, et al. Tuning metal single atoms embedded in N_xC_y moieties toward high-performance electrocatalysis [J]. Energy & Environmental Science, 2021, 14 (6): 3455-3468.

[256] HU J, ZHANG C, JIANG L, et al. Nanohybridization of MoS_2 with layered double hydroxides efficiently synergizes the hydrogen evolution in alkaline media [J]. Joule, 2017, 1 (2): 383-393.

[257] HU J, ZHANG C, YANG P, et al. Kinetic-oriented construction of MoS_2 synergistic interface to boost pH-universal hydrogen evolution [J]. Advanced Energy Materials, 2020, 30 (6): 1908520.

[258] LYU S, GUO C, WANG J, et al. Exceptional catalytic activity of oxygen evolution reaction via two-dimensional graphene multilayer confined metal-organic frameworks [J]. Nature Communications, 2022, 13 (1): 6171.

[259] LU J N, LIU J, DONG L Z, et al. Exploring the influence of halogen coordination effect of stable bimetallic MOFs on oxygen evolution reaction [J]. Chemistry-A European Journal, 2019, 25 (69): 15830-15836.

[260] LI Y H, WANG C C, WANG F, et al. Nearly zero peroxydisulfate consumption for persistent aqueous organic pollutants degradation via nonradical processes supported by in-situ sulfate radical regeneration in defective MIL-88b (Fe) [J]. Applied Catalysis B: Environmental, 2023, 331: 122699.

[261] ZHANG S, ZHUO Y, EZUGWU C I, et al. Synergetic molecular oxygen activation and catalytic oxidation of formaldehyde over defective MIL-88B (Fe) nanorods at room temperature [J]. Environmental Science & Technology, 2021, 55 (12): 8341-8350.

[262] MA M, BÉTARD A, WEBER I, et al. Iron-based metal-organic frameworks MIL-88B and NH_2-MIL-88B: High quality microwave synthesis and solvent-induced lattice "Breathing" [J]. Crystal Growth & Design, 2013, 13 (6): 2286-2291.

[263] HORCAJADA P, SALLES F, WUTTKE S, et al. How linker's modification controls swelling properties of highly flexible iron(Ⅲ) dicarboxylates MIL-88 [J]. Journal of the American Chemical Society, 2011, 133 (44): 17839-17847.

[264] WANG X, MA Y, JIANG J, et al. Cl-based functional group modification MIL-53(Fe) as efficient photocatalysts for degradation of tetracycline hydrochloride [J]. Journal of Hazardous

Materials, 2022, 434: 128864.

[265] QI Q, TAI J, HU J, et al. Ligand functionalized iron-based metal-organic frameworks for efficient electrocatalytic oxygen evolution [J]. ChemCatChem, 2021, 13 (23): 4976-4984.

[266] ZHU J, HE B, WANG M, et al. Elimination of defect and strain by functionalized CQDs dual-engineering for all-inorganic HTMs-free perovskite solar cells with an ultrahigh voltage of 1.651 V [J]. Nano Energy, 2022, 104: 107920.

[267] FANG C, SUN J, ZHANG B, et al. Preparation of positively charged composite nanofiltration membranes by quaternization crosslinking for precise molecular and ionic separations [J]. Journal of Colloid and Interface Science, 2018, 531: 168-180.

[268] TANG Y, HAN Y, ZHAO J, et al. A rational design of metal-organic framework nanozyme with high-performance copper active centers for alleviating chemical corneal burns [J]. Nano-Micro Letters, 2023, 15 (1): 112.

[269] TU M, XIA B, KRAVCHENKO D E, et al. Direct X-ray and electron-beam lithography of halogenated zeolitic imidazolate frameworks [J]. Nature Materials, 2021, 20 (1): 93-99.

[270] MA Y, MU G M, MIAO Y J, et al. Hydrangea flower-like nanostructure of dysprosium-doped Fe-MOF for highly efficient oxygen evolution reaction [J]. Rare Metals, 2022, 41 (3): 844-850.

[271] LI C F, ZHAO J W, XIE L J, et al. Surface-adsorbed carboxylate ligands on layered double hydroxides/metal-organic frameworks promote the electrocatalytic oxygen evolution reaction [J]. Angewandte Chemie International Edition, 2021, 60 (33): 18129-18137.

[272] LIU Y, LI X, ZHANG S, et al. Molecular engineering of metal-organic frameworks as efficient electrochemical catalysts for water oxidation [J]. Advanced Materials, 2023, 35 (22): 2300945.

[273] MA X, ZHENG D J, HOU S, et al. Structure-activity relationships in Ni-carboxylate-type metal-organic frameworks' metamorphosis for the oxygen evolution reaction [J]. ACS Catalysis, 2023, 13 (11): 7587-7596.

[274] WANG Y, ZHOU Z, LIN Y, et al. Molecular engineering of Fe-MIL-53 electrocatalyst for effective oxygen evolution reaction [J]. Chemical Engineering Journal, 2023, 462: 142179.

[275] FA D, YUAN J, FENG G, et al. Regulating the synergistic effect in bimetallic two-dimensional polymer oxygen evolution reaction catalysts by adjusting the coupling strength between metal centers [J]. Angewandte Chemie International Edition, 2023, 62 (18): e202300532.

[276] ALJABOUR A, AWADA H, SONG L, et al. A bifunctional electrocatalyst for OER and ORR based on a cobalt (Ⅱ) triazole pyridine bis-[cobalt (Ⅲ) corrole] complex [J]. Angewandte Chemie International Edition, 2023, 62 (21): e202302208.

[277] WANG H, GU M, HUANG X, et al. Ligand-based modulation of the electronic structure at metal nodes in MOFs to promote the oxygen evolution reaction [J]. Journal of Materials Chemistry A, 2023, 11 (13): 7239-7245.

[278] LIANG X, WANG S, FENG J, et al. Structural transformation of metal-organic frameworks and identification of electrocatalytically active species during the oxygen evolution reaction under neutral conditions [J]. Inorganic Chemistry Frontiers, 2023, 10 (10): 2961-2977.

[279] HE W, LI D, GUO S, et al. Redistribution of electronic density in channels of metal-organic frameworks for high-performance quasi-solid lithium metal batteries [J]. Energy Storage Materials, 2022, 47: 271-278.

[280] MEI Y, FENG Y, ZHANG C, et al. High-entropy alloy with Mo-coordination as efficient electrocatalyst for oxygen evolution reaction [J]. ACS Catalysis, 2022, 12 (17): 10808-10817.

[281] BAE S H, KIM J E, RANDRIAMAHAZAKA H, et al. Seamlessly conductive 3D nanoarchitecture of core-shell Ni-Co nanowire network for highly efficient oxygen evolution [J]. Advanced Energy Materials, 2017, 7 (1): 1601492.

[282] YANG Y, LIN Z, GAO S, et al. Tuning electronic structures of nonprecious ternary alloys encapsulated in graphene layers for optimizing overall water splitting activity [J]. ACS Catalysis, 2017, 7 (1): 469-479.

[283] ZENG K, ZHENG X, LI C, et al. Recent advances in non-noble bifunctional oxygen electrocatalysts toward large-scale production [J]. Advanced Functional Materials, 2020, 30 (27): 2000503.

[284] ZHANG S L, GUAN B Y, LOU X W. Co-Fe alloy/N-doped carbon hollow spheres derived from dual metal-organic frameworks for enhanced electrocatalytic oxygen reduction [J]. Small, 2019, 15 (13): 2000503.

[285] LI Y K, ZHANG G, LU W T, et al. Amorphous Ni-Fe-Mo suboxides coupled with Ni network as porous nanoplate array on nickel foam: A highly efficient and durable bifunctional electrode for overall water splitting [J]. Advanced Science, 2020, 7 (7): 1902034.

[286] JIN Z, LYU J, ZHAO Y L, et al. Rugged high-entropy alloy nanowires with in situ formed surface spinel oxide as highly stable electrocatalyst in Zn-air batteries [J]. ACS Materials Letters, 2020, 2 (12): 1698-1706.

[287] DAI W, LU T, PAN Y. Novel and promising electrocatalyst for oxygen evolution reaction based on MnFeCoNi high entropy alloy [J]. Journal of Power Sources, 2019, 430: 104-111.

[288] TAN Y, YAN L, HUANG C, et al. Fabrication of an Au_{25}-Cys-Mo electrocatalyst for efficient nitrogen reduction to ammonia under ambient conditions [J]. Small, 2021, 17 (21): e2100372.

[289] POLANI S, MACARTHUR K E, KLINGENHOF M, et al. Size and composition dependence of oxygen reduction reaction catalytic activities of Mo-doped PtNi/C octahedral nanocrystals [J]. ACS Catalysis, 2021, 11 (18): 11407-11415.

[290] FANG M, GAO W, DONG G, et al. Hierarchical NiMo-based 3D electrocatalysts for highly-efficient hydrogen evolution in alkaline conditions [J]. Nano Energy, 2016, 27: 247-254.

[291] HUANG K, ZHANG B, WU J, et al. Exploring the impact of atomic lattice deformation on oxygen evolution reactions based on a sub-5 nm pure face-centred cubic high-entropy alloy electrocatalyst [J]. Journal of Materials Chemistry A, 2020, 8 (24): 11938-11947.

[292] LI H, HAN Y, ZHAO H, et al. Fast site-to-site electron transfer of high-entropy alloy nanocatalyst driving redox electrocatalysis [J]. Nature Communications, 2020, 11 (1): 5437.

[293] XIN Y, LI S, QIAN Y, et al. High-entropy alloys as a platform for catalysis: Progress, challenges, and opportunities [J]. ACS Catalysis, 2020, 10 (19): 11280-11306.

[294] CHANG X, ZENG M, LIU K, et al. Phase engineering of high-entropy alloys [J]. Advanced Materials, 2020, 32 (14): e1907226.

[295] JIN Z, LV J, JIA H, et al. Nanoporous Al-Ni-Co-Ir-Mo high-entropy alloy for record-high water splitting activity in acidic environments [J]. Small, 2019, 15 (47): e1904180.

[296] LIU H, XI C, XIN J, et al. Free-standing nanoporous NiMnFeMo alloy: An efficient non-precious metal electrocatalyst for water splitting [J]. Chemical Engineering Journal, 2021, 404: 126530.

[297] YAN M, ZHAO Z, CUI P, et al. Construction of hierarchical $FeNi_3$@(Fe, Ni)S_2 core-shell heterojunctions for advanced oxygen evolution [J]. Nano Research, 2021, 14 (11): 4220-4226.

[298] LUO M, ZHAO Z, ZHANG Y, et al. PdMo bimetallene for oxygen reduction catalysis [J]. Nature, 2019, 574 (7776): 81-85.

[299] NAIRAN A, ZOU P, LIANG C, et al. NiMo solid solution nanowire array electrodes for highly efficient hydrogen evolution reaction [J]. Advanced Functional Materials, 2019, 29 (44): 1903747.

[300] ZHAN C, XU Y, BU L, et al. Subnanometer high-entropy alloy nanowires enable remarkable hydrogen oxidation catalysis [J]. Nature Communications, 2021, 12 (1): 6261.

[301] TAO H B, XU Y, HUANG X, et al. A general method to probe oxygen evolution intermediates at operating conditions [J]. Joule, 2019, 3 (6): 1498-1509.

[302] ZHANG Y, ZHU X, ZHANG G, et al. Rational catalyst design for oxygen evolution under acidic conditions: Strategies toward enhanced electrocatalytic performance [J]. Journal of Materials Chemistry A, 2021, 9 (10): 5890-5914.

[303] FANG H, HUANG T, LIANG D, et al. Prussian blue analog-derived 2D ultrathin $CoFe_2O_4$ nanosheets as high-activity electrocatalysts for the oxygen evolution reaction in alkaline and neutral media [J]. Journal of Materials Chemistry A, 2019, 7 (13): 7328-7332.

[304] ZHAI L L, SHE X J, ZHUANG L, et al. Modulating built-In electric field via variable oxygen affinity for robust hydrogen evolution reaction in neutral media [J]. Angewandte Chemie International Edition, 2022, 61: e202116057.

[305] LIU H, QIN H Y, KANG J L, et al. A freestanding nanoporous NiCoFeMoMn high-entropy alloy as an efficient electrocatalyst for rapid water splitting [J]. Chemical Engineering Journal, 2022, 435: 134898.

[306] ZHANG Z, HU J, LI B, et al. Recent research progress on high-entropy alloys as electrocatalytic materials [J]. Journal of Alloys and Compounds, 2022, 918: 165585.

[307] LI P, WAN X, SU J, et al. A single-phase FeCoNiMnMo high-entropy alloy oxygen evolution anode working in alkaline solution for over 1000 h [J]. ACS Catalysis, 2022, 12 (19): 11667-11674.

[308] WANG D, LIU Z, DU S, et al. Low-temperature synthesis of small-sized high-entropy oxides for water oxidation [J]. Journal of Materials Chemistry A, 2019, 7 (42): 24211-24216.

[309] SHARMA L, KATIYAR N K, PARUI A, et al. Low-cost high entropy alloy (HEA) for high-

efficiency oxygen evolution reaction (OER) [J]. Nano Research, 2021, 15 (6): 4799-4806.

[310] ZHAO X, XUE Z, CHEN W, et al. Eutectic synthesis of high-entropy metal phosphides for electrocatalytic water splitting [J]. ChemSusChem, 2020, 13 (8): 2038-2042.

[311] TANG J, XU J L, YE Z G, et al. Microwave sintered porous CoCrFeNiMo high entropy alloy as an efficient electrocatalyst for alkaline oxygen evolution reaction [J]. Journal of Materials Science & Technology, 2021, 79: 171-177.

[312] DING Z, BIAN J, SHUANG S, et al. High entropy intermetallic-oxide core-shell nanostructure as superb oxygen evolution reaction catalyst [J]. Advanced Sustainable Systems, 2020, 4 (5): 1900105.

[313] YANG J X, DAI B H, CHIANG C Y, et al. Rapid fabrication of high-entropy ceramic nanomaterials for catalytic reactions [J]. ACS Nano, 2021, 15 (7): 12324-12333.

[314] LIU F, YU M, CHEN X, et al. Defective high-entropy rocksalt oxide with enhanced metal-oxygen covalency for electrocatalytic oxygen evolution [J]. Chinese Journal of Catalsis, 2022, 43 (1): 122-129.

[315] ZHAO X, XUE Z, CHEN W, et al. Ambient fast, large-scale synthesis of entropy-stabilized metal-organic framework nanosheets for electrocatalytic oxygen evolution [J]. Journal of Materials Chemitry A, 2019, 7 (46): 26238-26242.

[316] CUI X, ZHANG B, ZENG C, et al. Electrocatalytic activity of high-entropy alloys toward oxygen evolution reaction [J]. MRS Communications, 2018, 8 (3): 1230-1235.

[317] QIU H J, FANG G, GAO J, et al. Noble metal-free nanoporous high-entropy alloys as highly efficient electrocatalysts for oxygen evolution reaction [J]. ACS Materials Letters, 2019, 1 (5): 526-533.

[318] LIU L H, LI N, HAN M, et al. Scalable synthesis of nanoporous high entropy alloys for electrocatalytic oxygen evolution [J]. Rare Metals, 2021, 41 (1): 125-131.

[319] WANG H, WEI R, LI X, et al. Nanostructured amorphous $Fe_{29}Co_{27}Ni_{23}Si_9B_{12}$ high-entropy-alloy: An efficient electrocatalyst for oxygen evolution reaction [J]. Jounal of Materials Science & Technology, 2021, 68: 191-198.

[320] ZHAO S, WU H, YIN R, et al. Preparation and electrocatalytic properties of $(FeCrCoNiAl_{0.1})O_x$ high-entropy oxide and NiCo-$(FeCrCoNiAl_{0.1})O_x$ heterojunction films [J]. Journal of Alloys and Compounds, 2021, 868: 159108.

[321] MA P, ZHANG S, ZHANG M, et al. Hydroxylated high-entropy alloy as highly efficient catalyst for electrochemical oxygen evolution reaction [J]. Science China Materials, 2020, 63 (12): 2613-2619.

[322] GU K, ZHU X, WANG D, et al. Ultrathin defective high-entropy layered double hydroxides for electrochemical water oxidation [J]. Journal of Energy Chemistry, 2021, 60: 121-126.

[323] CHEN Z, WEN J, WANG C, et al. Convex cube-shaped $Pt_{34}Fe_5Ni_{20}Cu_{31}Mo_9Ru$ high entropy alloy catalysts toward high-performance multifunctional electrocatalysis [J]. Small, 2022, 18

(45): 2204255.

[324] ZHANG C, QI Q, MEI Y, et al. Rationally reconstructed metal-organic frameworks as robust oxygen evolution electrocatalysts [J]. Advanced Materials, 2023, 35 (8): 2208904.

[325] HU J, WU L, KUTTIYIEL K A, et al. Increasing stability and activity of core-shell catalysts by preferential segregation of oxide on edges and vertexes: Oxygen reduction on Ti-Au@ Pt/C [J]. Journal of the American Chemical Society, 2016, 138 (29): 9294-9300.

[326] WAGNER F T, LAKSHMANAN B, MATHIAS M F. Electrochemistry and the future of the automobile [J]. Journal of Physical Chemistry Letters, 2010, 1 (14): 2204-2219.

[327] CARRETTE L, FRIEDRICH K A, STIMMING U. Fuel cells-fundamentals and applications [J]. Fuel Cells, 2001, 1 (1): 5-39.

[328] SHAO M, CHANG Q, DODELET J P, et al. Recent advances in electrocatalysts for oxygen reduction reaction [J]. Chemical Reviews, 2016, 116 (6): 3594-3657.

[329] ZHANG J, VUKMIROVIC M B, XU Y, et al. Controlling the catalytic activity of platinum-monolayer electrocatalysts for oxygen reduction with different substrates [J]. Angewandte Chemie International Edition, 2005, 44 (14): 2132-2135.

[330] SHAO M, SHOEMAKER K, PELES A, et al. Pt monolayer on porous Pd-Cu alloys as oxygen reduction electrocatalysts [J]. Journal of the American Chemical Society, 2010, 132 (27): 9253-9255.

[331] SHAO M H, SMITH B H, GUERRERO S, et al. Core-shell catalysts consisting of nanoporous cores for oxygen reduction reaction [J]. Physical Chemistry Chemical Physics, 2013, 15 (36): 15078-15090.

[332] SASAKI K, NAOHARA H, CAI Y, et al. Core-protected platinum monolayer shell high-stability electrocatalysts for fuel-cell cathodes [J]. Angewandte Chemie International Edition, 2010, 49 (46): 8602-8607.

[333] JOHNSON C L, SNOECK E, EZCURDIA M, et al. Effects of elastic anisotropy on strain distributions in decahedral gold nanoparticles [J]. Nature Materials, 2008, 7 (2): 120-124.

[334] WANG Z L. Transmission electron microscopy of shape-controlled nanocrystals and their assemblies [J]. Journal of Physical Chemistry B, 2000, 104 (6): 1153-1175.

[335] KUTTIYIEL K A, SASAKI K, CHOI Y, et al. Bimetallic IrNi core platinum monolayer shell electrocatalysts for the oxygen reduction reaction [J]. Energy & Environmental Science, 2012, 5 (1): 5297-5304.

[336] ZHANG L, PERSAUD R, MADEY T E. Ultrathin metal films on a metal oxide surface: Growth of Au on TiO_2 (110) [J]. Physical Review B, 1997, 56 (16): 10549-10557.

[337] ZHANG P, SHAM T K. X-ray studies of the structure and electronic behavior of alkanethiolate-capped gold nanoparticles: The interplay of size and surface effects [J]. Physical Review Letters, 2003, 90 (24): 245502.

[338] NIU W, LI L, LIU X, et al. Mesoporous N-doped carbons prepared with thermally removable nanoparticle templates: An efficient electrocatalyst for oxygen reduction reaction [J]. Journal of the American Chemical Society, 2015, 137 (16): 5555-5562.

[339] WANG J X, MARKOVIC N M, ADZIC R R. Kinetic analysis of oxygen reduction on Pt(111) in acid solutions: Intrinsic kinetic parameters and anion adsorption effects [J]. Journal of Physical Chemistry B, 2004, 108 (13): 4127-4133.

[340] GREELEY J, STEPHENS I E L, BONDARENKO A S, et al. Alloys of platinum and early transition metals as oxygen reduction electrocatalysts [J]. Nature Chemistry, 2009, 1 (7): 552-556.

[341] ZHANG J, VUKMIROVIC M B, SASAKI K, et al. Mixed-metal Pt monolayer electrocatalysts for enhanced oxygen reduction kinetics [J]. Journal of the American Chemical Society, 2005, 127 (36): 12480-12481.

[342] HU J, KUTTIYIEL K A, SASAKI K, et al. Pt monolayer shell on nitrided alloy core-A path to highly stable oxygen reduction catalyst [J]. Catalysts, 2015, 5 (3): 1321-1332.

[343] GONG K, SU D, ADZIC R R. Platinum-monolayer shell on $AuNi_{0.5}Fe$ nanoparticle core electrocatalyst with high activity and stability for the oxygen reduction reaction [J]. Journal of the American Chemical Society, 2010, 132 (41): 14364-14366.

[344] KUTTIYIEL K A, SASAKI K, SU D, et al. Pt monolayer on Au-stabilized PdNi core-shell nanoparticles for oxygen reduction reaction [J]. Electrochimica Acta, 2013, 110: 267-272.

[345] SUBBARAMAN R, TRIPKOVIC D, STRMCNIK D, et al. Enhancing hydrogen evolution activity in water splitting by tailoring Li^+-Ni(OH)$_2$-Pt interfaces [J]. Science, 2011, 334 (6060): 1256-1260.

[346] ZHANG J, SASAKI K, SUTTER E, et al. Stabilization of platinum oxygen-reduction electrocatalysts using gold clusters [J]. Science, 2007, 315 (5809): 220-222.

[347] KUTTIYIEL K A, SASAKI K, CHOI Y M, et al. Nitride stabilized PtNi core-shell nanocatalyst for high oxygen reduction activity [J]. Nano Letters, 2012, 12 (12): 6266-6271.

[348] WANG J X, INADA H, WU L J, et al. Oxygen reduction on well-defined core-shell nanocatalysts: Particle size, facet, and Pt shell thickness effects [J]. Journal of the American Chemical Society, 2009, 131 (47): 17298-17302.

[349] WANG J X, MA C, CHOI Y M, et al. Kirkendall effect and lattice contraction in nanocatalysts: A new strategy to enhance sustainable activity [J]. Journal of the American Chemical Society, 2011, 133 (34): 13551-13557.

[350] XUE J, LI Y, HU J. Nanoporous bimetallic Zn/Fe-N-C for efficient oxygen reduction in acidic and alkaline media [J]. Journal of Materials Chemistry A, 2020, 8 (15): 7145-7157.

[351] ZHANG H, HWANG S, WANG M, et al. Single atomic iron catalysts for oxygen reduction in acidic media: Particle size control and thermal activation [J]. Journal of the American Chemical Society, 2017, 139 (40): 14143-14149.

[352] FERRERO G A, PREUSS K, MARINOVIC A, et al. Fe-N-doped carbon capsules with outstanding electrochemical performance and stability for the oxygen reduction reaction in both acid and alkaline conditions [J]. ACS Nano, 2016, 10 (6): 5922-5932.

[353] LI Q, XU P, GAO W, et al. Graphene/graphene-tube nanocomposites templated from cage-containing metal-organic frameworks for oxygen reduction in Li-O_2 batteries [J]. Advanced Materials, 2014, 26 (9): 1378-1386.

[354] HAN A, WANG X, TANG K, et al. An adjacent atomic platinum site enables single-atom iron with high oxygen reduction reaction performance [J]. Angewandte Chemie-International Edition, 2021, 60 (35): 19262-19271.

[355] LI J, CHEN M, CULLEN D A, et al. Atomically dispersed manganese catalysts for oxygen reduction in proton-exchange membrane fuel cells [J]. Nature Catalysis, 2018, 1 (12): 935-945.

[356] DENG D, YU L, CHEN X, et al. Iron encapsulated within pod-like carbon nanotubes for oxygen reduction reaction [J]. Angewandte Chemie-International Edition, 2013, 52 (1): 371-375.

[357] WANG X X, CULLEN D A, PAN Y T, et al. Nitrogen-coordinated single cobalt atom catalysts for oxygen reduction in proton exchange membrane fuel cells [J]. Advanced Materials, 2018, 30 (11): 1706758.

[358] HU J, MENG Y, ZHANG C, et al. Plasma-polymerized alkaline anion-exchange membrane: Synthesis and structure characterization [J]. Thin Solid Films, 2011, 519 (7): 2155-2162.

[359] JIAO L, WAN G, ZHANG R, et al. From metal-organic frameworks to single-atom Fe implanted N-doped porous carbons: Efficient oxygen reduction in both alkaline and acidic media [J]. Angewandte Chemie-International Edition, 2018, 57 (28): 8525-8529.

[360] HUANG Y, GE J, HU J, et al. Nitrogen-doped porous molybdenum carbide and phosphide hybrids on a carbon matrix as highly effective electrocatalysts for the hydrogen evolution reaction [J]. Advanced Energy Materials, 2018, 8 (6): 1701601.

[361] WANG B, WANG X, ZOU J, et al. Simple-cubic carbon frameworks with atomically dispersed iron dopants toward high-efficiency oxygen reduction [J]. Nano Lett, 2017, 17 (3): 2003-2009.

[362] LI J, SOUGRATI M T, ZITOLO A, et al. Identification of durable and non-durable FeN_x sites in Fe-N-C materials for proton exchange membrane fuel cells [J]. Nature Catalysis, 2020, 4 (1): 10-19.

[363] SEROV A, ARTYUSHKOVA K, ATANASSOV P. Fe-N-C oxygen reduction fuel cell catalyst derived from carbendazim: Synthesis, structure, and reactivity [J]. Advanced Energy Materials, 2014, 4 (10): 1301735.

[364] FU X, CHOI J Y, ZAMANI P, et al. Co-N decorated hierarchically porous graphene aerogel for efficient oxygen reduction reaction in acid [J]. ACS Applied Materials & Interfaces, 2016, 8 (10): 6488-6495.

[365] HAN Y, WANG Y G, CHEN W, et al. Hollow N-doped carbon spheres with isolated cobalt single atomic sites: Superior electrocatalysts for oxygen reduction [J]. Journal of the American

Chemical Society, 2017, 139 (48): 17269-17272.

[366] WU G, MORE K L, JOHNSTON C M, et al. High-performance electrocatalysts for oxygen reduction derived from polyaniline, iron, and cobalt [J]. Science, 2011, 332 (6028): 443-447.

[367] STRICKLAND K, MINER E, JIA Q, et al. Highly active oxygen reduction non-platinum group metal electrocatalyst without direct metal-nitrogen coordination [J]. Nature Communications, 2015, 6 (1): 7343.

[368] LI Z, ZHUANG Z, LV F, et al. The marriage of the FeN_4 moiety and MXene boosts oxygen reduction catalysis: Fe 3d electron delocalization matters [J]. Advanced Materials, 2018, 30 (43): 1803220.

[369] YIN P, YAO T, WU Y, et al. Single cobalt atoms with precise N-coordination as superior oxygen reduction reaction catalysts [J]. Angewandte Chemie International Edition, 2016, 55 (36): 10800-10805.

[370] XIA B Y, YAN Y, LI N, et al. A metal-organic framework-derived bifunctional oxygen electrocatalyst [J]. Nature Energy, 2016, 1: 15006.

[371] ZHONG H, LY K H, WANG M, et al. A phthalocyanine-based layered two-dimensional conjugated metal-organic framework as a highly efficient electrocatalyst for the oxygen reduction reaction [J]. Angewandte Chemie International Edition, 2019, 58 (31): 10677-10682.

[372] ZHANG Y, WANG Z, GUO S, et al. FeZrRu trimetallic bifunctional oxygen electrocatalysts for rechargeable Zn-air batteries [J]. Electrochimica Acta, 2023, 437: 141502.

[373] CHEN Y, FU L, LIU Z, et al. Ionic-liquid-derived boron-doped cobalt-coordinating nitrogen-doped carbon materials for enhanced catalytic activity [J]. ChemCatChem, 2016, 8 (10): 1782-1787.

[374] SHE Y, LU Z, NI M, et al. Facile synthesis of nitrogen and sulfur codoped carbon from ionic liquid as metal-free catalyst for oxygen reduction reaction [J]. ACS Applied Materials & Interfaces, 2015, 7 (13): 7214-7221.

[375] RANJBAR SAHRAIE N, PARAKNOWITSCH J P, GÖBEL C, et al. Noble-metal-free electrocatalysts with enhanced ORR performance by task-specific functionalization of carbon using ionic liquid precursor systems [J]. Journal of the American Chemical Society, 2014, 136 (41): 14486-14497.

[376] WANG X, DAI S. Ionic liquids as versatile precursors for functionalized porous carbon and carbon-oxide composite materials by confined carbonization [J]. Angewandte Chemie International Edition, 2010, 49 (37): 6664-6668.

[377] ZHU C, LI H, FU S, et al. Highly efficient nonprecious metal catalysts towards oxygen reduction reaction based on three-dimensional porous carbon nanostructures [J]. Chemical Society Reviews, 2016, 45 (3): 517-531.

[378] LI Y, LIU H, LI B, et al. Ru single atoms and nanoclusters on highly porous N-doped carbon as a hydrogen evolution catalyst in alkaline solutions with ultrahigh mass activity and turnover frequency [J]. Journal of Materials Chemistry A, 2021, 9 (20): 12196-12202.

[379] HAO Y R, XUE H, SUN J, et al. Tuning the electronic structure of CoP embedded in N-doped porous carbon nanocubes via Ru doping for efficient hydrogen evolution [J]. ACS Applied Materials & Interfaces, 2021, 13 (47): 56035-56044.

[380] REIER T, OEZASLAN M, STRASSER P. Electrocatalytic oxygen evolution reaction (OER) on Ru, Ir, and Pt catalysts: A comparative study of nanoparticles and bulk materials [J]. ACS Catalysis, 2012, 2 (8): 1765-1772.

[381] WU Y L, LI X, WEI Y S, et al. 381 with ultrafine Ru nanoclusters for efficient pH-universal hydrogen evolution reaction [J]. Advanced Materials, 2021, 33 (12): 2006965.